今日から
モノ知り
シリーズ
トコトンやさしい

# 色彩工学の本

前田秀一

色彩に関しては、間違って理解しやすい部分が沢山あります。例えば、色は物質ではありません。物質に付いているものでもありません。したがって、科学的には「黄色をみる」という表現はおかしいし、「黄色がみえる」というのも正確ではないと思います。色は、脳内で合成されるものです。

B&Tブックス
日刊工業新聞社

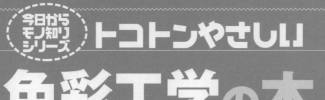

# はじめに

「私は自分の目でみたことしか信じない」という人がいます。こういう人が一番間違いやすい。最もマジックにかかりやすい人です。「少しだけ科学に携わっているからといって偉そうなことをいうな」とお叱りを受けるかもしれません。しかし、日夜実験に明け暮れ、その結果を自分なりに考察している私たち研究者なら大丈夫ということではありません。

実は研究者でも、一部の天才を除いては、危ない。本書では、ニュートンのプリズム実験を挙げています。この実験結果からだけでは、「光の成分を波長ごとに分割したものが色の正体だ」と考える研究者がほとんどだと思います。しかし、ニュートンは「光に色はない。光の中にあるのは色という感覚を引き出す一種の性質だ」といっています。詳細は本書をお読みいただくとして、結論だけいいます。色は光の中にあるのではなく、私たちの脳内でつくられる一種の感覚です。いくら実験を重ねても、ニュートンのような天才でない限り、光が色そのものではないことには気がつかないと思います。この例でわかりにくければ、「天動説」と「地動説」を思い出してください。天体を観測しているだけで、「地動説」に行き着く人がどれだけいるでしょうか。

自分でみて、そして考えることは重要です。でもそれだけでは、勝手な思い込みや間違った解釈につながる危険性があります。特に、色彩に関しては、間違って理解しやすい部分が沢山あります。例えば、色は物質ではありません。物質に付いているものでもありません。したがって、科学的には「黄色をみる」という表現はおかしいし、「黄色がみえる」というのも正確ではないと思います。色は、脳内で合成されるものです。したがって、「黄色を感じる」はオーケー、「黄色にみえる」はどうにかセーフといったところでしょうか。

ニュートンやガリレオのような天才ではない私たちは、色彩に関しても先人の残してくれた知恵に大いに学ぶ必要があると思います。さて、先人の知恵の学び方です。体系化された書物から学ぶのが最もよい方法です。色彩の分野でも、いくつかの名著があります。本書の作成においても参照させていただきました。ただ、これらの名著は、専門でない人にはハードルが高すぎる場合があります。私自身も、理解に苦労しながら読んで学んだクチです。名著の出来の悪い読者だった著者が、苦しみながら理解したところも含めてできるだけわかりやすく解説したのが本書です。ただ、わかりやすさを優先し深入りするのを避けたため、厳密性を犠牲にした部分もあります。本書を通して色彩に少しでも興味を感じていただけたならば、より深く学ぶために巻末に挙げた参考文献をご覧になることをお勧めします。

本書を執筆するにあたり、多くの方々のご協力を得ました。特にわかりやすさ重視の観点から、学生たちの意見を取り入れました。その中でも、長村君、木山君、山岸君、野田君、橋本君、馬場君、樽木君、翔君、慶君は、色彩に関する情報の収集とそのまとめ、原稿のチェックと大活躍してくれました。さらにプロの方々にも、原稿の確認をお願いしました。吉成伸一技術士、福井寛博士・技術士、面谷信教授、虎谷充浩教授、室谷裕志教授に、この場を借りてお礼申し上げます。また、日刊工業新聞社の阿部正章氏には、本書の企画から出版に至るまで、大変お世話になりました。本当にありがとうございます。

前田秀一

2016年9月

トコトンやさしい

# 色彩工学の本

目次

# 目次 CONTENTS

## 第1章 色の正体と色覚



## 第2章 色の科学

# 第3章 色のポジショニング

第6章
# 進化する色をあやつる技術

# 第1章

# 色の正体と色覚

# 1 リンゴが赤いのはなぜ？

## 色の発現に必要なものは、①光、②物体、③観察者

あなたの目の前に真っ赤なリンゴがあります。このリンゴはなぜ赤いのでしょう。「リンゴの上に赤い色が付いているからだよ」と答える人がいるかもしれません。色を一種の物質と思っているのかもしれません。この考え方は正しくありません。別の人は、「色は物質ではないよ。光の波長だよ。リンゴが赤いのは赤い波長の光を反射しているからでしょ」と答えるかもしれません。確かに、ニュートンのプリズム実験では、白色光は虹のようにさまざまな色に分割されます（13項、14項参照）。波長ごとに光線に色が付いていると考えるのも無理はありません。しかし、この答えも正確ではありません。ニュートン自身は、「赤い光」という表現を使わずに「赤をつくる光」といっています。非常に深い言葉です。

ここで思い出していただきたいのは、私たち自身の存在です。色を認識しているのは誰でしょうか。色は、私たちの目によって検知された光の情報をもとに脳内でデータ処理が行われることによって、はじめて成立するものです。視覚は一種の感覚である点においては、匂いを感じる嗅覚や、音を聞き分ける聴覚等の五感と変わりません。したがって、厳密には個々人によって色の感じ方は異なります（10項参照）。また、他の動物は人間とは異なる色の感じ方をします（11項参照）。さらに、観察者たる個人が同一で、観察対象も同一でも、周囲の環境によって色は変化します（5項参照）。

以上を整理すると、色の発現に必要なのは、①光、②物体（ここでは光の一部を反射するリンゴ）、③観察者、の三つになります。①光、②物体だけなら、色を物理量として扱うことができますが、③観察者が入ってきたことによって、色は「心理物理量」として扱われることになります。工学系の人でも、というよりは工学系の人ほど、③観察者を忘れがちです。

**要点BOX**
- ●色は物質ではない
- ●色は光ではない
- ●色は感覚である

## リンゴが赤いのはなぜ?

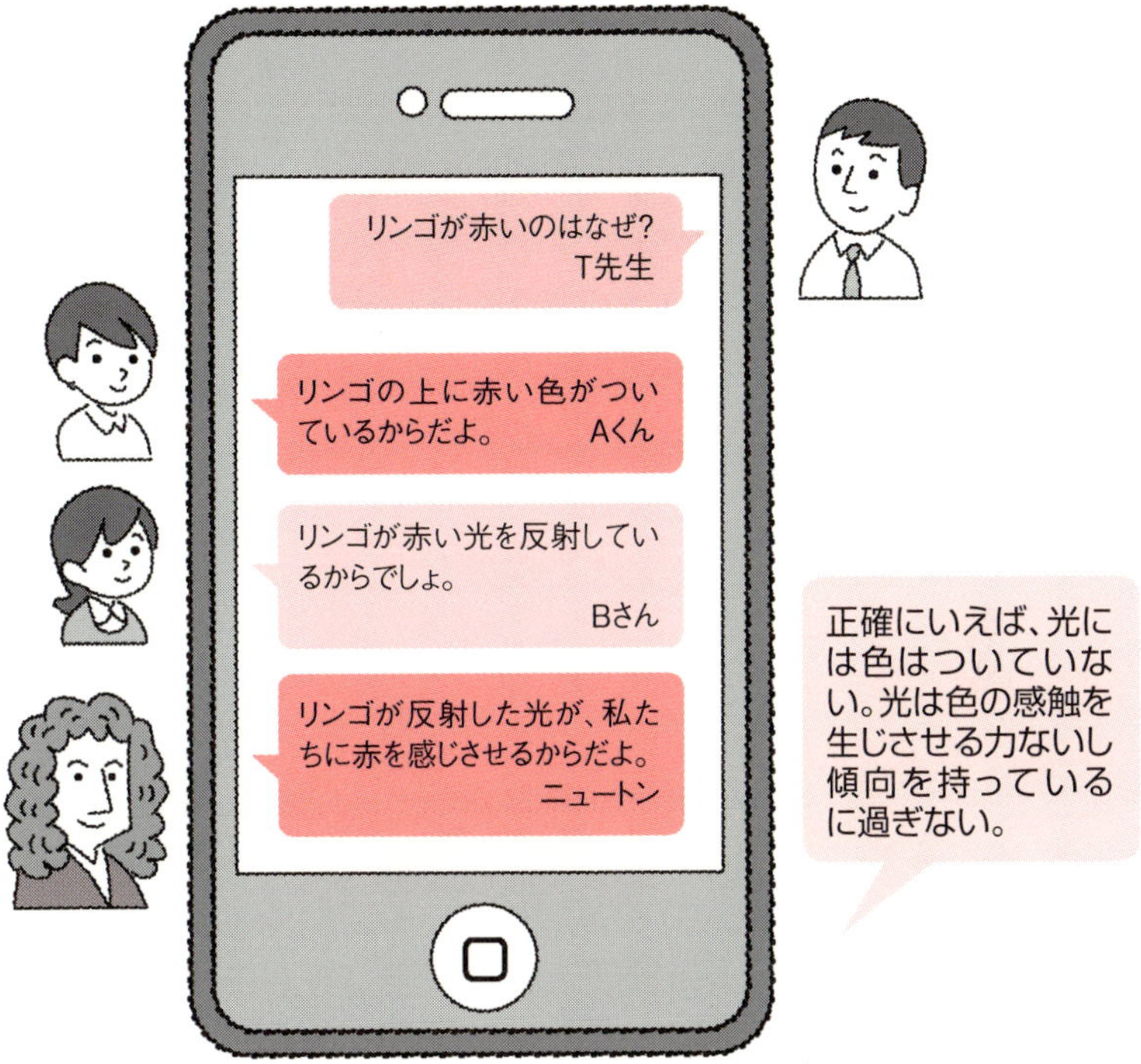


## 色の発現に必要な要素

**用語解説**

**心理物理量**：心理量は主観的に経験される量で、観測者の個人差等による変動を含んでいる。一方、心理物理量は平均的な標準観測者について、標準化された手続きに則って測定された客観的なもの。心理物理量は物理量との対応関係が明確になっているため物理量に準ずるものとして扱うことができる。

# 2 リンゴの色を決定する三つの要素

「光源の分光分布」×「物体の分光反射率」×「錐体の分光感度」で色が決まる

リンゴには赤いものもあれば青いものもあります。この色の違いを認識し、そこにあるリンゴが赤いと知るには何が必要でしょうか。前項（1項）では、色の発現には、①光、②物体、③観察者、の三つの要素が必要としました。ここでは、その内容をもう少し科学的に深掘りしてみましょう。

まず光が必要ということは、その光を発する光源が必要ということです。ここでは、太陽光で考えましょう。光源にどのような波長の光がどれくらいの割合で含まれているかを示す「分光分布」から、太陽光は波長領域がおよそ400～800㎚にある可視光を含んでいることがわかります。

次に物体についてです。物体に光を当てた場合、散乱、反射、透過、光吸収、発光（蛍光、燐光）等さまざまな現象が起きます。しかしここでは、単純に反射と吸収だけを考えましょう。赤いリンゴは、赤を感じさせる光をだけを反射し、緑や青を感じさせる光は吸収します。つまり、物体に色が付いているわけではなく、物体ごとに反射する光（吸収する光）が異なるわけです。どの波長の光がどれくらい反射するかは、物体ごとの「分光反射率」からわかります。

最後に観察者についてです。人間の目の網膜には、色を認識するために、錐体《すいたい》とよばれる光を検出するセンサーが3種類（L錐体、M錐体、S錐体）あります。錐体のL、M、Sは、Long、Middle、Shortの略で、それぞれ長い波長の赤色光、中くらいの波長の緑色光、短い波長の青色光に感度のピークを持ちます。これらの錐体が受けた信号の強度を組み合わせて脳内で色が合成されるわけです。したがって、錐体がどの波長の光をどれくらいの強さで認識するかを現す「分光感度」も、色の感じ方に大きく影響します。

以上、光源からの光を、物体が反射と吸収によって分離し、分離されて目に入った光に刺激された錐体からの信号を脳が判断し、色が決定されます。

**要点BOX**
- ●光は物体に吸収され、物体を反射する
- ●光を検知する錐体はL、M、Sという感度ピークの異なる三種類がある

## 色を決定する三つの要素

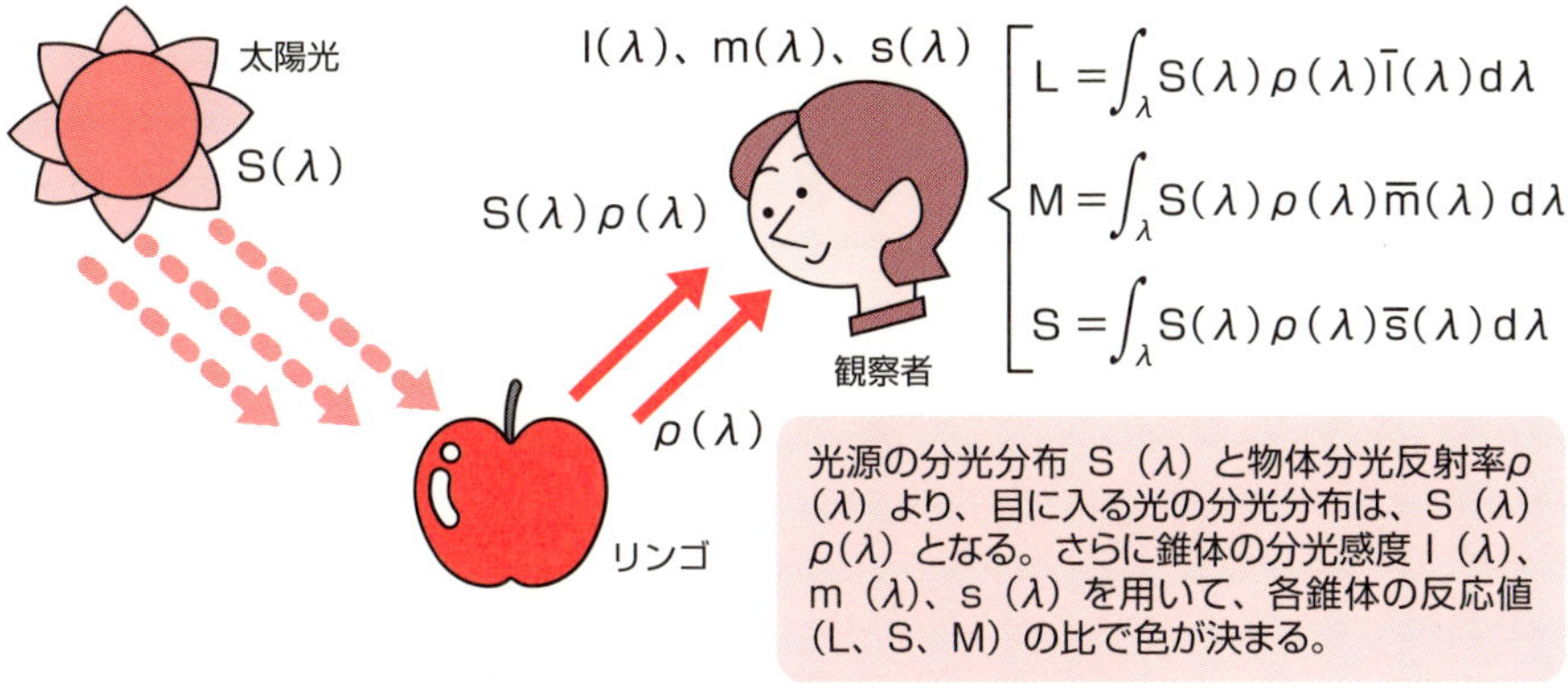


## 目から脳への情報伝達と色認識

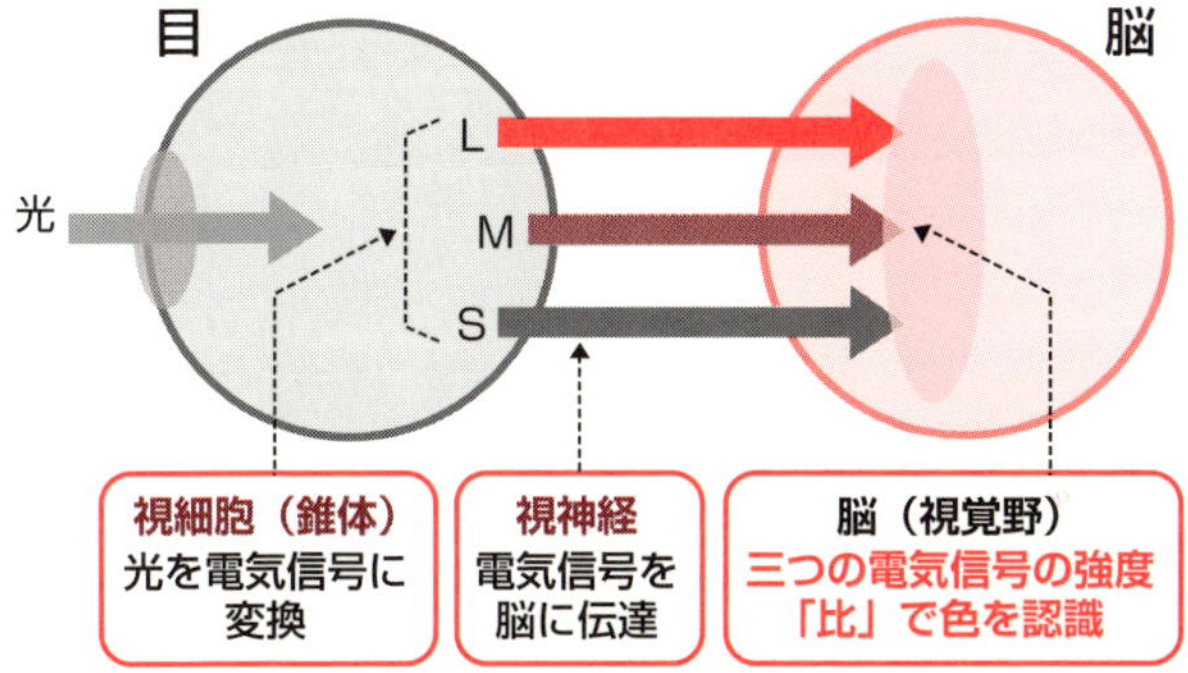


## 三つの要素の掛け算で色が決まる

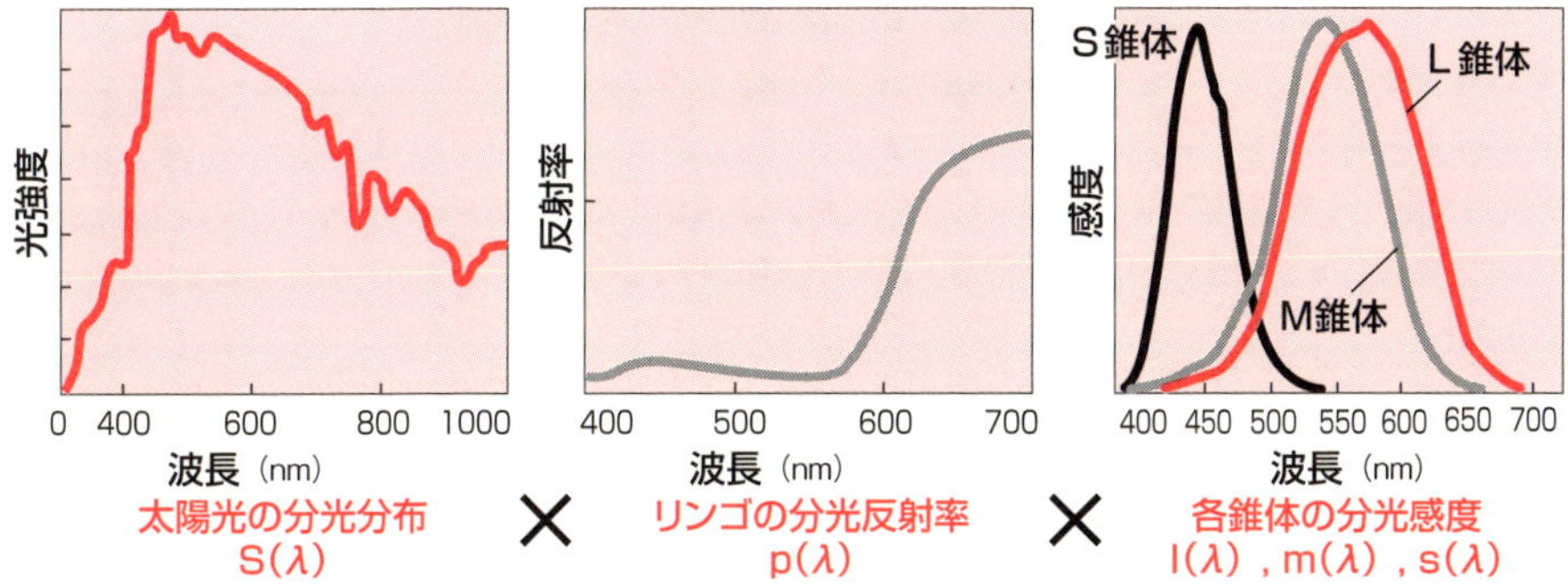


**用語解説**

**波長**：音や（光を含む）電磁波の「波の長さ」。波長は一つの波から次の波までの一波分の長さを指す。

# 3 光は色覚を刺激するエネルギー

## 色彩における光の役割

色の発現に必要なものは、①光、②物体、③観察者です。そこで、まず光とは何か、色との関係で考えていきましょう。光なしには色は発現しません。光と色は切っても切り離せないものです。私たちにリンゴを赤いと感じさせるために、光はどのような役割を担っているのでしょうか。

まず「光とは？」と質問すると、「光は波であり粒子という話ですね」と答える人が多いかも知れません。この話を議論しだすと本書だけでは収まりません。そこで、とりあえず今は光を電磁波の一種と考えてください。前項までは、光は人間の感覚を刺激して色を感じさせる、と説明してきました。光は人間の視覚を通して色を感じさせるトリガーになるわけですから、そこにはエネルギーが必要です。電磁波であればエネルギーを持ち、その値は振動数に比例します。振動数と波長は速度で関連づけることができます。その結果、電磁波のエネルギーはその波長に反比例することになります。

電磁波は、一般にはγ線から電波までを含みます。その中には、レントゲン撮影に使われるX線やら、日焼けの原因となる紫外線やら、電子レンジのマイクロ波やら、テレビの超短波やら、いろいろな種類があります。その中で視覚に関係するのは、可視光です。

可視光は、JIS Z8120の定義によれば、波長の下限が360〜400nm、上限が760〜830nmの光です。また、測色の分野では、380〜780nmとするのが慣例のようです。波長の短いものから順に、紫、青、緑、黄、橙、赤を感じさせる光が並びます。人間の感覚器官が光として検知できるのが、可視光領域にある電磁波です。幅広い電磁波の領域の中の、非常にせまい領域しか私たちは知覚できないという言い方もできます。ミツバチが紫外領域の光も検知する等、可視の領域は動物によっても異なります（11項参照）。

**要点BOX**

- ●光は電磁波の一種である
- ●可視光は、波長の下限が360nm〜400nm、上限が760nm〜830nmの光

## 光は電磁波の一種

電場と磁場が交互に振動しながら発生

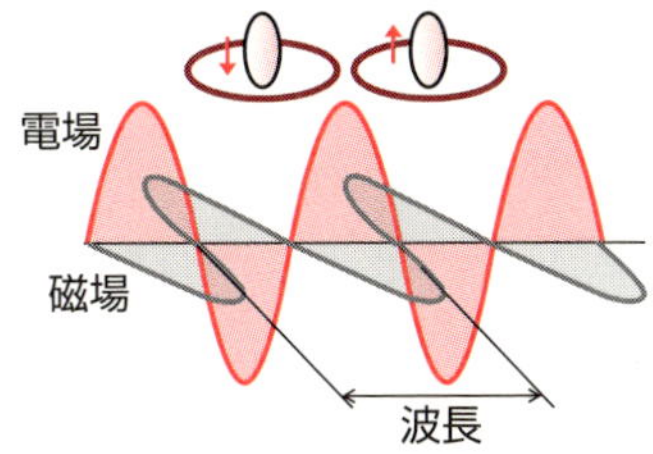


## 電磁波（光）のエネルギー

電磁波（光）のエネルギーと波長は反比例の関係にある

$$E = h\nu$$

$$c = \lambda \nu$$

$$E = \frac{hc}{\lambda}$$

E：電磁波（光）のエネルギー
h：プランク定数
λ：電磁波（光）の波長
ν：電磁波（光）の振動数
c：電磁波（光）の速度

## 電磁波の波長と可視光領域

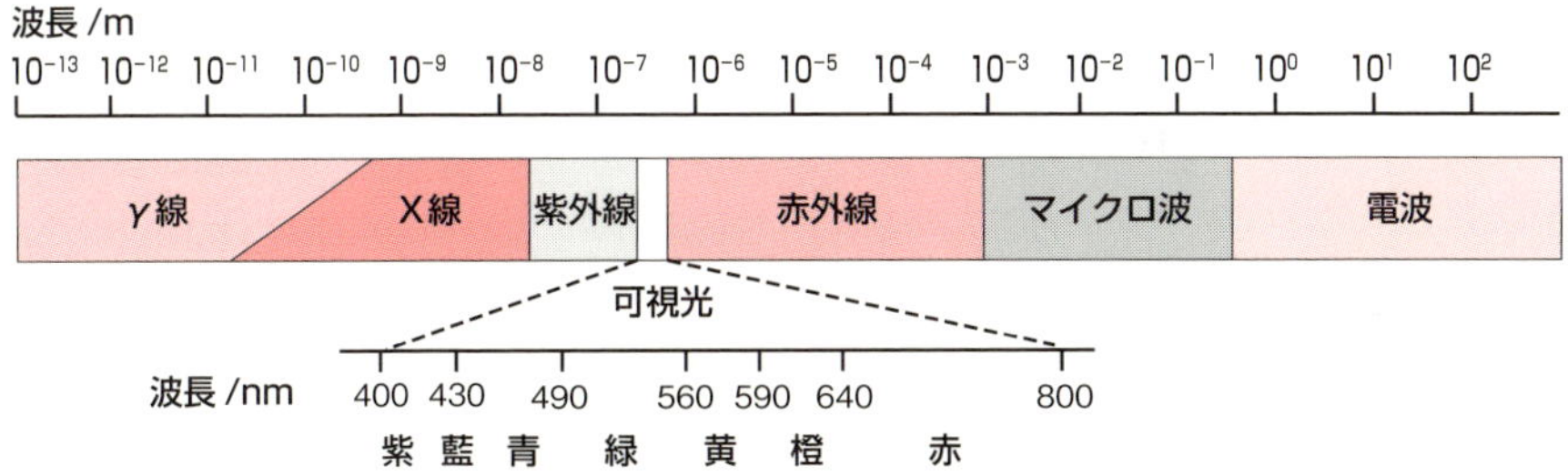


## 人とミツバチ可視光領域の違い

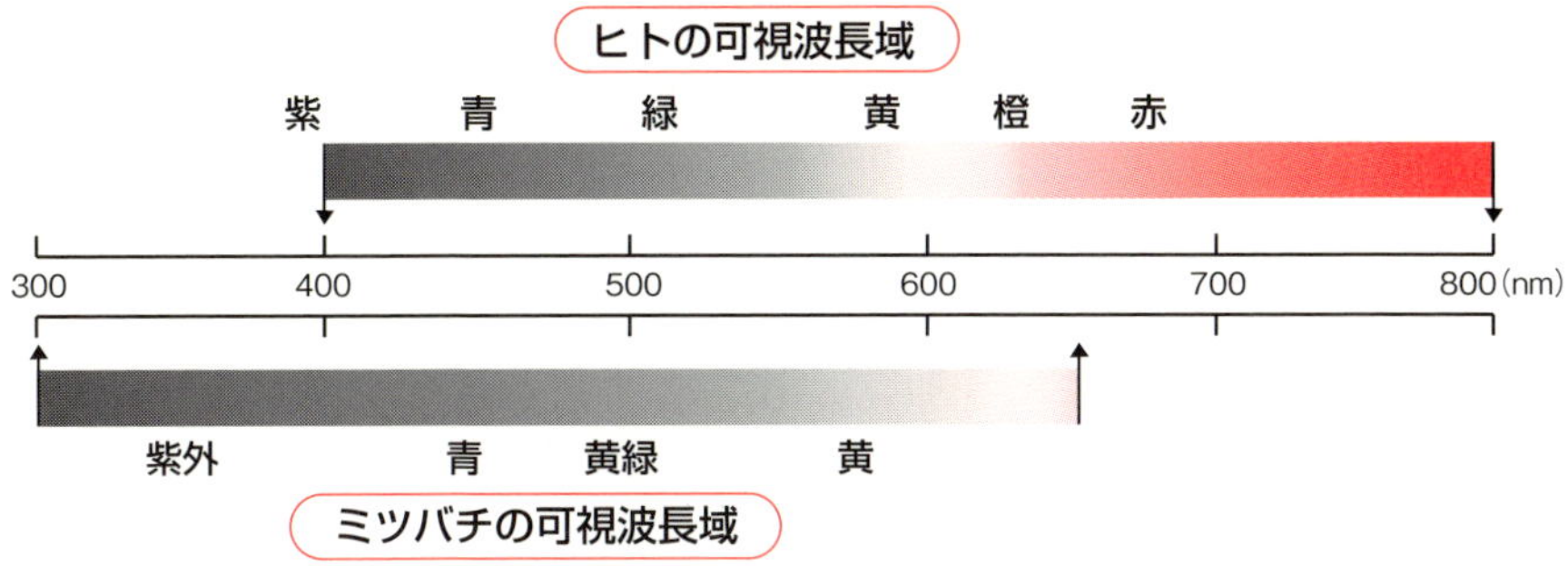

# 4 リンゴは物体色、ロウソクの火は光源色

## 物体色と光源色と光源

色の発現に必要な①光、②物体、③観察者のうち、本項では、まず物体から入り、次に光の発生源である光源にも触れましょう。前項までに説明したリンゴの色は、実は「物体色」と分類されるものです。物体色は、光源からの光が物体に当たって、その物体特有の波長ごとの「分光反射率」の影響を受けた光が目に入って錐体を刺激することによって認識される色です。物体色はさらに、リンゴのようにその物体表面での反射によって発現する「表面色」と、ソーダ水のように半透明物体を透過した光によって発現する「透過色」に分けることができます。

物体色以外にも「光源色」といわれる色があります。光源色は、光源からの光が直接目に入射して錐体を刺激することによって認識される色です。物体色の場合は、①光、②物体、③観察者の三つの要素が必要でした。これに対して、光源色では、①光と③観察者の二つの要素だけで、②物体は必要ありません。光源そのものに起因する色を検知すればよいわけですから当然ですね。

さて、この光源ですが、その種類によって分光分布が異なります。太陽光も、天候、時刻、場所等によって違いますが、それでも可視光領域に広い分光分布を持ちます。これらの光が混ざった結果として、色を感じさせない白色光になります。一方、ロウソクの火は、その分光分布が可視光領域の長波長側に偏っているので、赤色にみえます。トンネル照明等に使われるナトリウムランプ（50項参照）のように非常にシャープな分光分布を持つものもあり、オレンジ色を呈します。これら分光分布の違いが錐体への刺激の違いとなり、違う色にみえることになります。また、蛍光灯やLEDは、青色光と緑色光と赤色光の組み合わせ、あるいは青色光と黄色光の組み合わせ等によって、白色光を実現しています。太陽光のような幅広い分光分布を持たなくても、照明としての機能を有しています。

**要点BOX**
- ●色は物体色と光源色に分類される
- ●物体色は、さらに表面色と透過色に分類される
- ●光源の分光分布は色に大きく影響する

## 光源色と物体色の分類

## 各種光源の分光分布

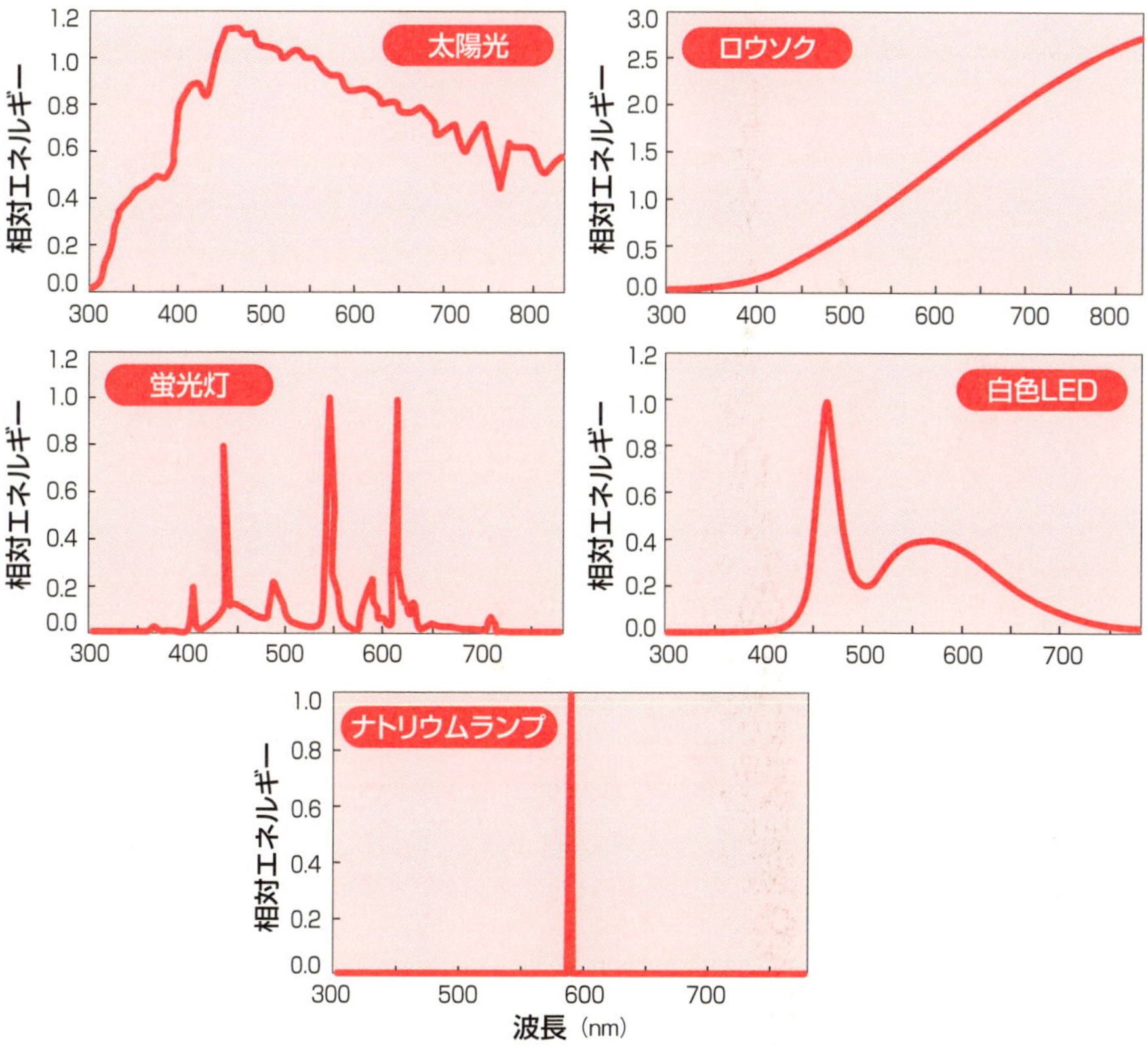

# 5 物体色は、物体の分光反射率によって異なる

## リンゴとバナナの色の違い①

物体色の場合、同じ光源、例えば太陽光の下で、リンゴとバナナはそれぞれ赤色と黄色といったように異なった色に感じます。2項で説明したように、赤いリンゴは、赤を感じさせる光だけを反射し、緑や青を感じさせる光は吸収してしまいます。そして、どの波長の光がどれくらい反射するかは、物体ごとの「分光反射率」によって決まります。この分光反射率は物体の種類によって異なるので、太陽光の下でリンゴとバナナが違った色にみえるわけです。

リンゴとバナナの分光反射率を比較すると、可視光領域の長波長光（赤色光）が多く反射され、短波長光（青色光）がほとんど吸収されているのは共通していますが、中波長光（黄～緑色光）に対する特性が大きく異なります。黄～緑色光は、リンゴでは吸収されているのに対してバナナでは反射されます。この違いが、リンゴ（赤）とバナナ（黄）の色の違いとなって認識されます。

リンゴは赤色光を多く反射し緑色光や青色光はほとんど吸収します。したがって、太陽光の下では、目に入る反射光は赤色光成分が主になり、L錐体が強い刺激を受け、M及びS錐体はあまり刺激を受けません。その結果、私たちはリンゴを赤いと感じます。

一方、バナナは赤色光だけでなく黄～緑色光も反射します。したがって、バナナの場合は、L錐体が最も強い刺激を受け、次にM錐体も強い刺激を受けます。その結果、バナナは、赤と黄～緑を混色（22項参照）した色、つまり黄色として認識されることになります。

なお、詳細は次項（6項）で説明しますが、分光反射率が異なる二つの色が、特定の光源下で同じ色にみえることがあります。例えば、リンゴとバナナでは、赤色LEDの照明下で同じ色、この場合は赤にみえます。このように本来は違う色が特定の条件下で同じ色にみえることを、「条件等色」といいます。

**要点BOX**
- ●物体ごとの分光反射率の違いで色が変わる
- ●光源によっては、通常は異なる色の物体が同じ色にみえることがある（条件等色）

リンゴの分光反射率

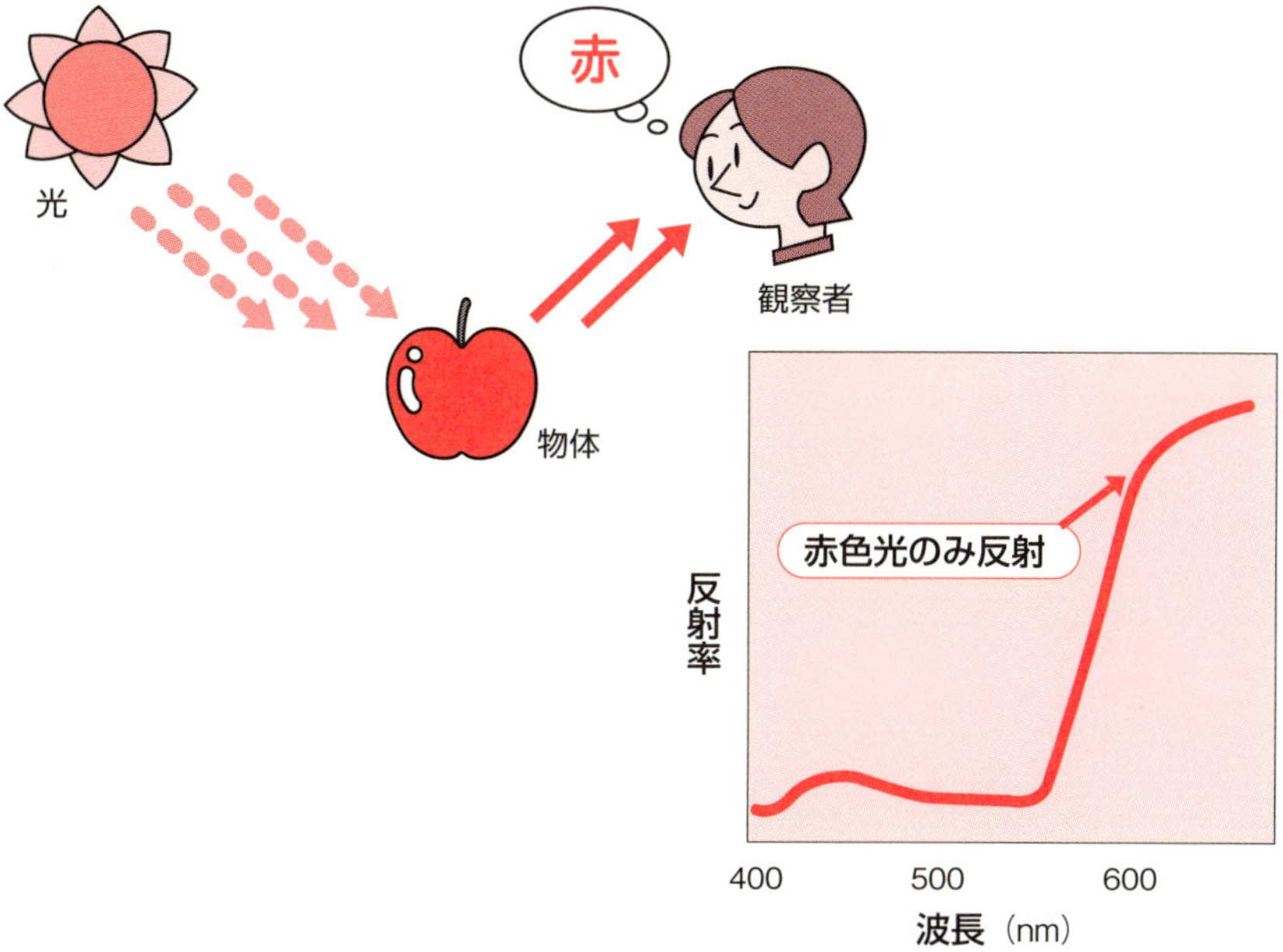


バナナの分光反射率

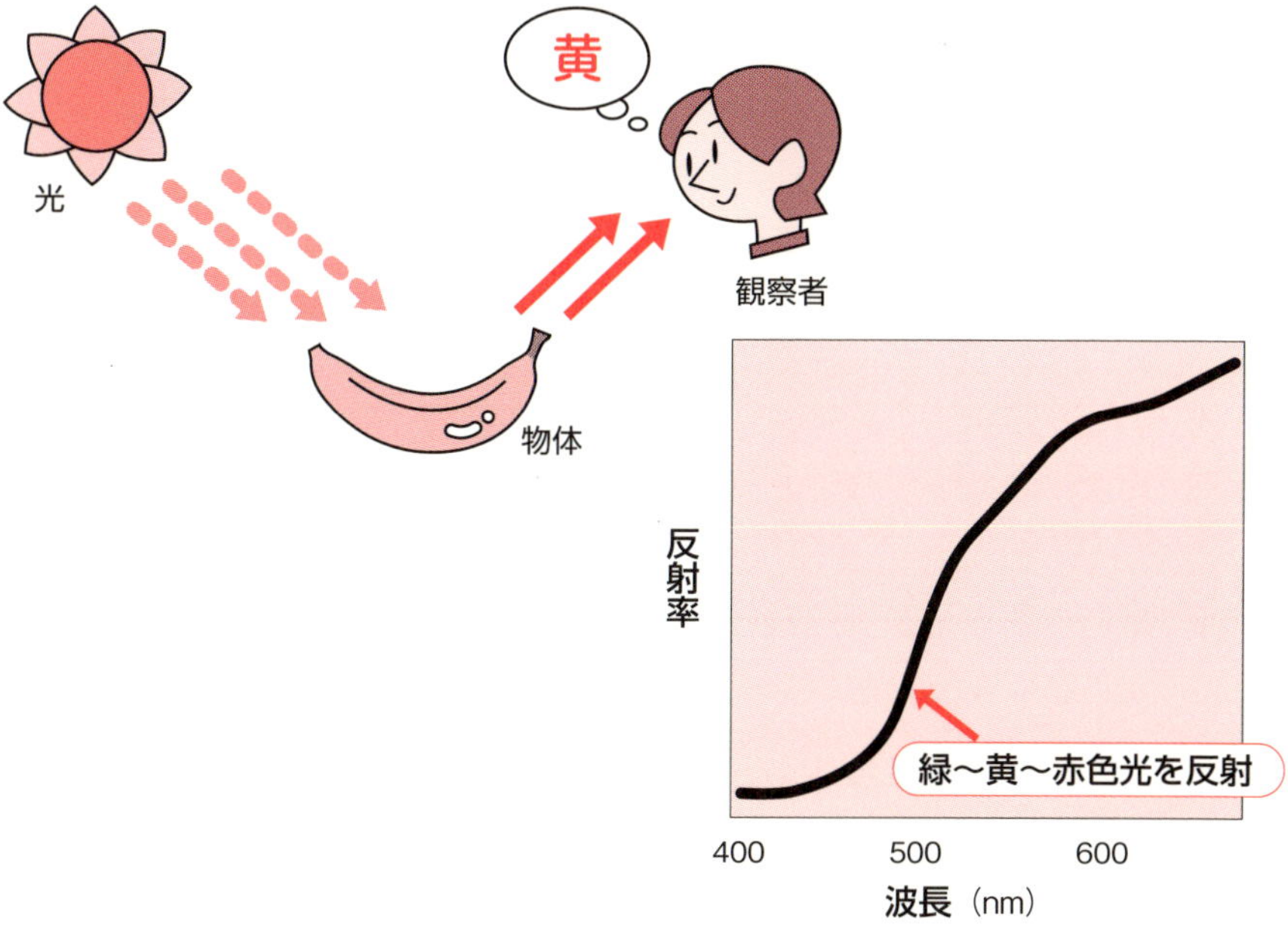

# 6 物体色は、光源の分光分布によって異なる

## リンゴとバナナの色の違い②

光源によっては、リンゴもバナナも同じに色にみえることがある（条件等色）と、前項（5項）で触れました。本項では、それを具体的に説明しましょう。ここでは照明光として、太陽光のような白色光ではなく、LED照明の単色光を用います。

まず赤色LEDで照明すると、リンゴだけではなくバナナも鮮やかな赤にみえます。リンゴもバナナも長波長領域では反射率が高く、赤色光が強く反射されて目に入って来ます。緑色光、青色光については、赤色LED照明自身にそれらの成分が含まれていませんしたがって、物体の反射率が高くても低くても反射する光はないので、色には関係しません。

次に青色LEDで照明すると、リンゴもバナナもどちらも暗い青にみえます。その理由は、リンゴもバナナも青色光の反射率は非常に低くほとんどが吸収されてしまうからです。青色LEDには青色光しか含まれていないので、赤色光の反射率が高いリンゴも赤色光と緑色光の反射率が高いバナナも、それらの反射率は色に関係しません。

最後に緑色LEDで照明するとバナナは緑色にみえますが、リンゴは暗い緑にみえます。バナナの緑色光の反射率は高く、多くが反射されて目に入ってきます。一方リンゴの場合は、緑色光はほとんど吸収されてしまいます。緑色LEDには赤色光は含まれていませんので、その反射率は色に関係しません。

以上、赤色LEDや青色LEDで照射したときは、リンゴとバナナの色の差はほとんどなく、緑色LEDで照射したときのみ、反射率特性が異なるリンゴとバナナの色は大きく異なることになります。

色にとって光源の影響の大きさをわかっていただけたでしょうか。国際照明委員会（CIE）は、物体色の測定のために、数種類の分光分布を持つ光を、標準光源として定めています。A、C、D65等の標準光源に加え、B、D55等の補助標準光源があります。

**要点BOX**

- ●光源が単色光のときの物体色
- ●光源の重要性を鑑み標準光源が定められている

## 単色光源による色の発現

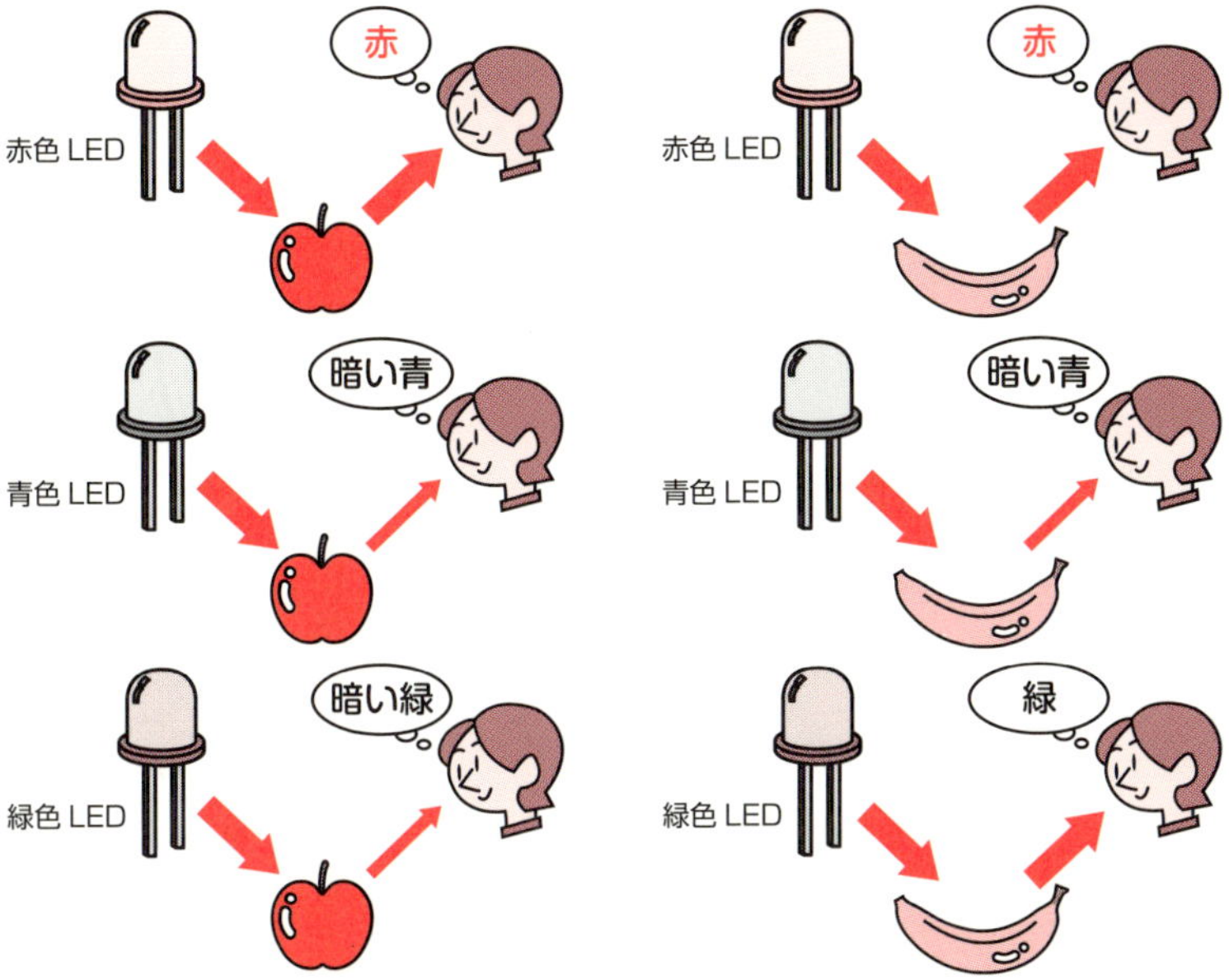


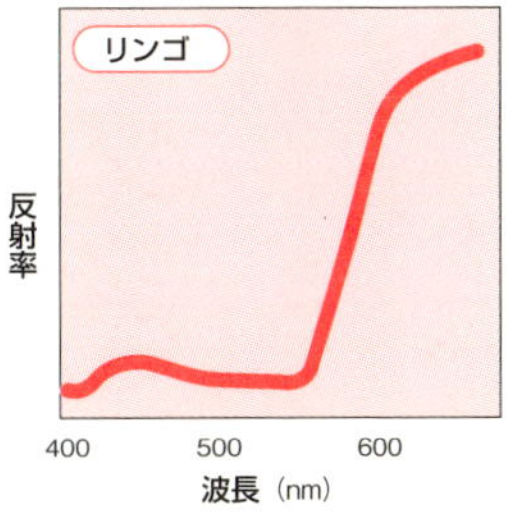


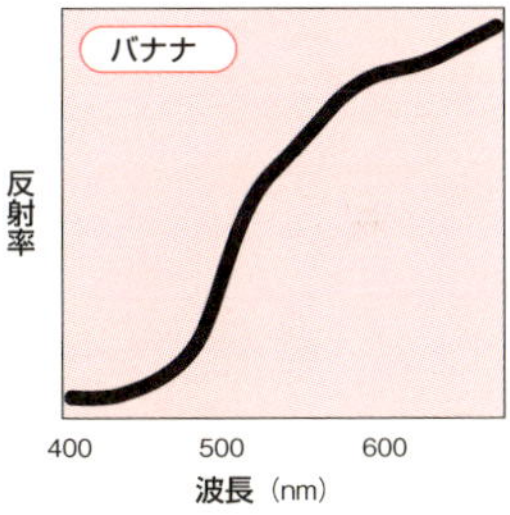


## CIE標準光源

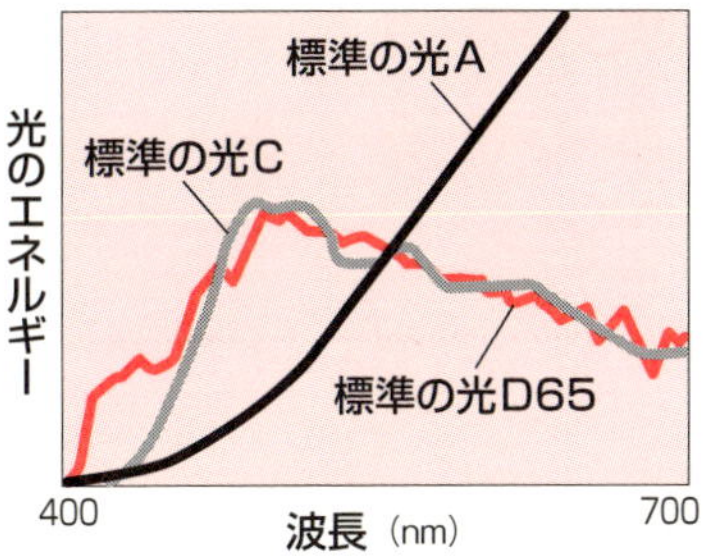


| | |
|---|---|
| A | タングステンランプ |
| C | 青味をおびた昼光 |
| D65 | 太陽光に近い昼光 |

**用語解説**

LED（発光ダイオード）：ダイオードの一種で、順方向に電圧を加えた際に発光する半導体素子。

# 7 光と私たちと最初の接点である目

目の構造と機能

色の発現に必要な①光、②物体、③観察者のうち、いよいよ本項からは観察者である私たち自身の話になります。色を理解するには、まず光という物理現象を理解しなければいけません。そのために、前項までに、光の性質や光源の影響力について説明してきました。しかし、それだけでは十分ではありません。色は物質ではなく、一種の感覚です。したがって、誰でも全く同じように感じるというわけではありません。となると、光の物理的な側面の研究だけでは明らかにできないことがあるということです。色の本質を理解するには、光と私たちの感覚の相互作用を明らかにしなければなりません。そこで、色に関わる生理機能についてみていくことにしましょう。

光と私たちの最初の接点になるのが目です。目に入った光は、角膜で大きく屈折され、水晶体でそれが微調整されます。そして硝子体を通り網膜に達し、ここで像を結ぶことになります。この網膜に光エネルギーを検知する視細胞があり、そこから神経細胞が伸びて脳に、明るさや色に関する情報を伝えます。

角膜、水晶体、硝子体は光の通過する媒体であるのに対し、網膜は光を結像させてその情報を脳に送るという点で、視覚の中心部といえます。網膜を外側から順に第1層、第2層、第3層と分類すると、硝子体に最も近く、光が直接当たる第3層に神経節細胞があります。そして水平細胞などの第2層を通して、最も光が届きにくい第1層に視細胞があります。光を検知するのはこの視細胞ですから、ここに光が届きにくいという状態はあまり合理的でありません。そこで、網膜の一部では、第2層、第3層をなくして、第1層をむき出しにしている部分があります。中心窩《ちゅうしんか》とよばれる部分で、視野のほぼ中心にあり、最も感度の高い部分となっています。中心窩には、色光を検知する錐体が集中しています（20項の図参照）。

要点BOX
●色の理解には人間の生理機能の理解も必要
●中心窩には色光を検知する錐体が集中

## 目の各機能

| 名称 | 機能 |
|---|---|
| 角膜 | 上皮層、ボーマン膜、実質層、デメス膜、内皮層の５層で構成されている。屈折の全体の 2/3 は角膜によるもの。 |
| 虹彩 | 角膜を通して外から茶色にみえる部分（人種による違いや個人差がある）で、その中央には瞳孔がある。また、虹彩には瞳を小さくする筋肉と瞳を大きくする筋肉の二つの筋肉があり、瞳の大きさを変化させて眼球内に入ってくる光の量を調節する。 |
| 瞳孔 | 虹彩の働きにより自律的に大きさが変化して、光の透過量の調節などの役割をしている。 |
| 毛様体 | 毛様体には、毛様体筋という筋肉があり、毛様体筋の働きによって水晶体の厚みを変化させ網膜にはっきりした像を結ぶようにしてピントを合わせる。この働きを調節と呼ぶ。さらに、毛様体は角膜と水晶体の栄養に必要な房水（眼球内を充たす液体）を眼球内に分泌する役割を担っている。 |
| 水晶体 | 眼球内に入ってきた光線を屈折させる働きと、毛様体によって厚さを変えられて網膜像の距離を調節する働きを持っている。いわば、カメラのレンズの役割を担っている。白内障は、この水晶体が白く濁った状態のこと。 |
| 硝子体 | 眼球内の大部分を占める無色透明なゲル状のもので、眼球の形を保ち、外から眼球内に加わった力に対抗する働きをする。 |
| 網膜 | 錐体と桿体とよばれる２種類の視細胞があり、それぞれ色と光を検知し、その情報を電気信号に変える機能を持っている。 |
| 黄斑と中心窩 | 眼底の中心部を黄斑といい、黄斑の中心を中心窩という。中心窩には、色光を検知する錐体が集中している。 |
| 視神経 | 中枢神経の白質に属し､約 60 ～ 80 万の神経繊維から構成される。網膜で電気信号に変換された情報を伝達する働きをする。 |
| 視神経乳頭 | 視神経が束になっている部分で、視細胞がないため、ここに光があたっても、明るさや色を認識することができない。いわゆる盲点となる。 |
| 強膜 | 眼球の外側にある白い不透明な硬い膜で、一般に白目と呼ばれる。 |
| 脈絡膜 | 強膜の内側にある部分で、色素が多いために黒く、虹彩とともに瞳以外からの余分な光が眼球内に入るのを防ぐ働きをする。 |

# 8 光のセンサー、桿体と錐体

光エネルギーから分子構造の変化へ

視覚の中心部である網膜を形成する視細胞には、先端が棍棒状の桿体《かんたい》と円錐状の錐体があります。桿体は明暗を、錐体は色彩を判断します。暗いところで桿体が働いている状態を暗所視、明るいところで錐体が働いている状態を明所視といいます。人の場合、桿体の個数は一億数千万個、錐体の個数は500万〜600万個といわれ、桿体が網膜全体に広がっているのに対し、数の少ない錐体は中心窩付近に集中しています。したがって、本当に色覚に敏感なのは中心窩付近のみということになります。

桿体の内部には、ロドプシンというタンパク質が存在しています。このロドプシンの内部にはレチナールという分子が含まれています。レチナールは光エネルギーに化学反応する分子です。分子構造の一部がシス構造であるレチナール（以下、「シス体」とします）に光が当たると、すべてがトランス構造であるレチナール（以下、「トランス体」とします）に分子構造が変化します。このレチナールの構造変化をロドプシンが認識し、その結果として光を検知することになります。光の照射という物理現象が、物質の分子構造の変化という化学現象に変わる瞬間です。トランス体に変化したレチナールは、目の周囲の酵素によって、再びシス体に戻され、次の光がくるのを待ちます。

色を判断するセンサーとなる錐体は、人間の場合、3種類（L錐体、M錐体、S錐体）あります。それぞれ、赤色光、緑色光、青色光の、光の三原色に対応します。錐体の場合も、光に対する挙動は桿体と同様です。桿体と錐体の化学的な違いは、レチナールの分子構造の変化を認識するタンパク質の種類が違うことです。桿体ではロドプシンでしたが、錐体ではフォトプシンとよばれるタンパク質になります。フォトプシンには3種類あって、それぞれL錐体、M錐体、S錐体に含まれています。

要点BOX
●網膜を形成する視細胞には桿体と錐体がある
●光検知のトリガーはレチナールの光化学反応

## 眼球中の桿体、錐体の分布

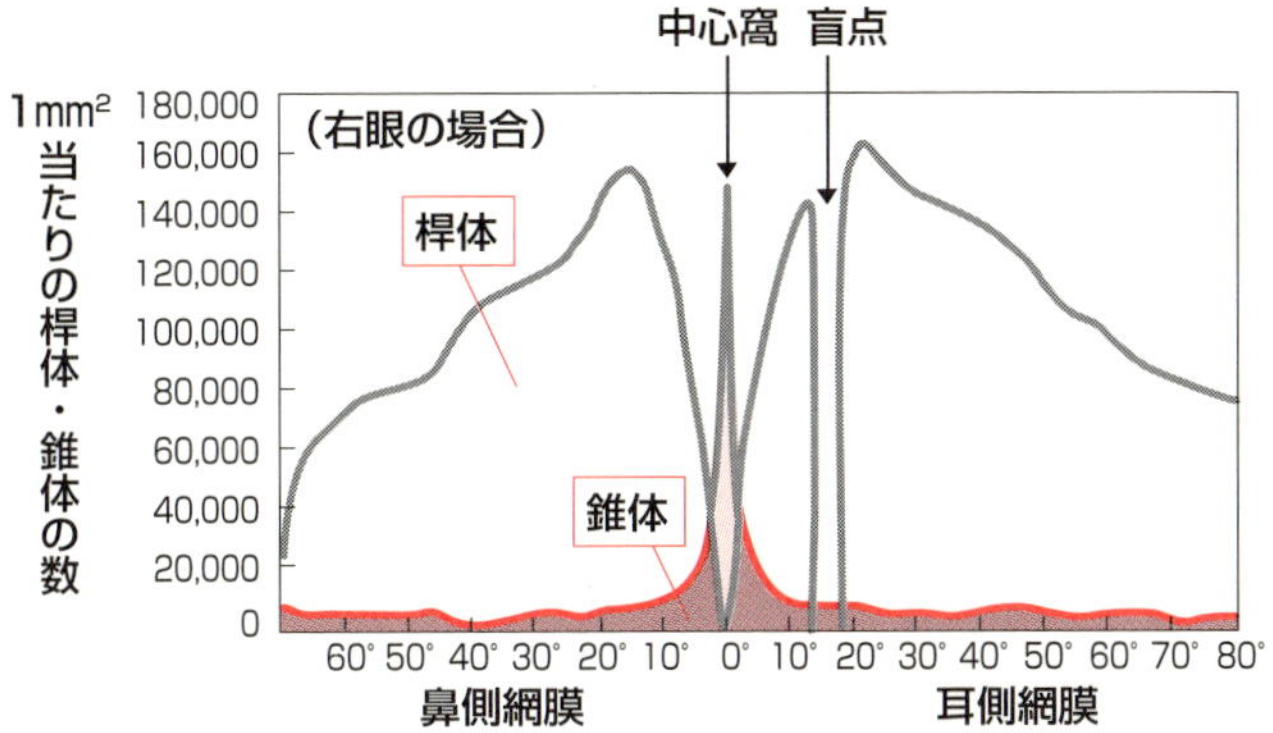


## 桿体、錐体の構造

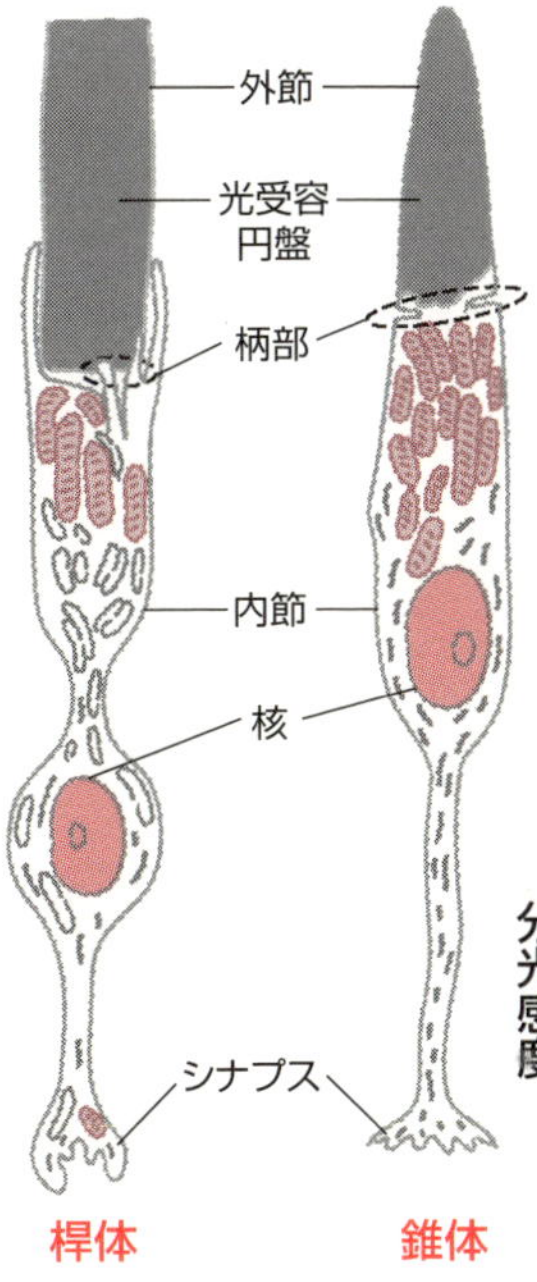


## レチナールの光化学反応

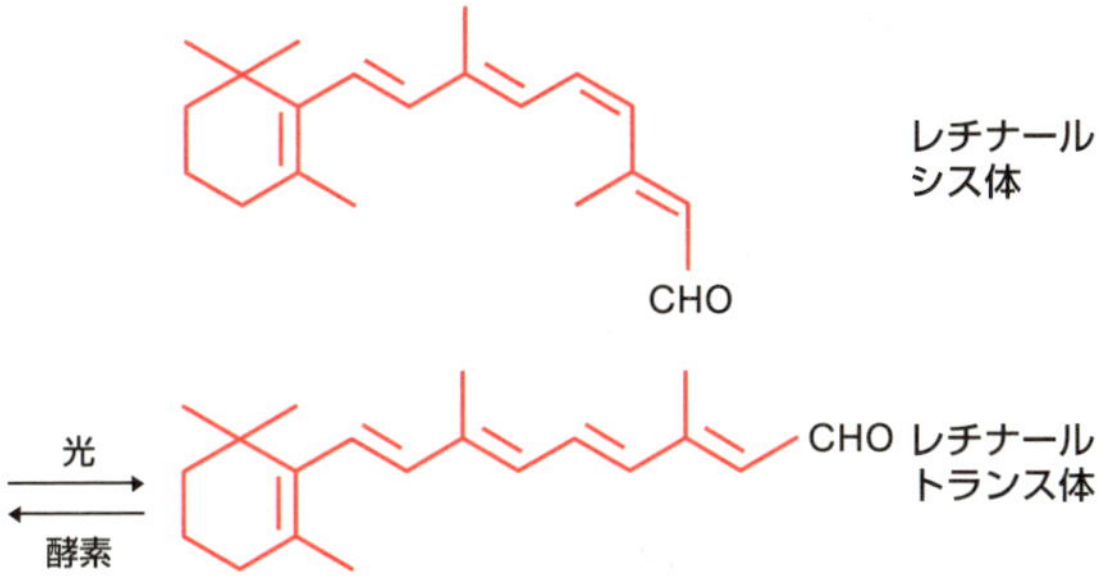


## 桿体、錐体の分光感度

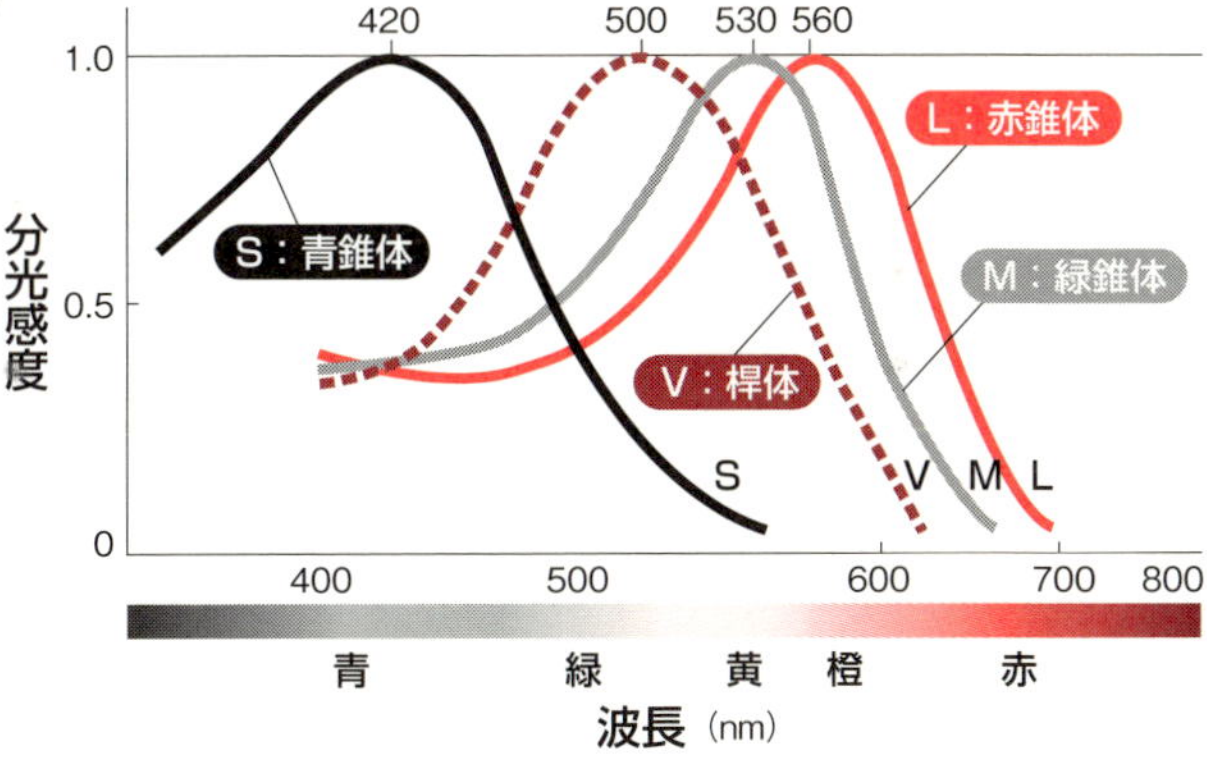


**用語解説**

**シス体、トランス体**：炭素の二重結合に二つずつの異なった基が結合する場合に、主鎖（炭素数最多の鎖）となる炭素骨格が同じ側につくとシス体、反対側につくとトランス体という。

# 9 色情報伝達のしくみ

## 光から電気信号に変換される色情報

色発現における光の役割は、桿体や錐体に含まれるレチナールの分子構造が変化しそれをロドプシンやフォトプシンが認識した段階（8項参照）で終わります。その後は、ロドプシンやフォトプシンが発信した情報を脳に伝えるという段階に移行します。この段階で、メッセンジャーの役割をするのは、電気信号です。つまり、光エネルギーが電気エネルギーに変換されたと考えることができます。私たちは、原理こそ違いますが、色を感じる過程において太陽電池（61項参照）と同じようなことをしていることになります。

網膜で電気信号に変換された情報を伝達する働きをするのが視神経です。視神経を通った電気信号は、視交叉、外側膝状体を経て大脳の一次視覚野に伝達されます。左右両方の目から情報が伝えられるわけです。左右両方の目でみることにより、視野範囲を広げるだけでなく、遠近感を得ることも可能にしています。右目の情報は脳の左半分に、左目の情報は脳の右半分に伝えられます。この神経の交差点にあたるのが視交叉です。また、外側膝状体は、大脳の一次視覚野の特定部位に特定の情報を伝達するために、大量の情報を整理分類する役割を担っています。そして、大脳の一次視覚野周辺の高次視覚野で、別々に伝達された色や形状等に加え記憶の情報が加わり、高次な認識がなされます。色や形状からリンゴが認識され、美味しいという記録情報と相まって、食べたいという感情につながるかもしれません。

なお、視神経が網膜を貫く部分（視神経乳頭）には、桿体も錐体もありません。したがって、明るさや色等を感じることができません。いわゆる盲点になります。日常生活の中で私たちが盲点を意識する機会がほとんどないのは、両方の目がお互いの盲点をカバーしていること、脳には目にみえないものをその周囲の状況から埋め合わせて知覚させる機能があることが原因でしょう。

**要点BOX**

- 光は電気信号に変換されて大脳に伝わる
- 桿体も錐体もない盲点では明るさも色も検知できない

## 目の構造（右目の水平断面図）

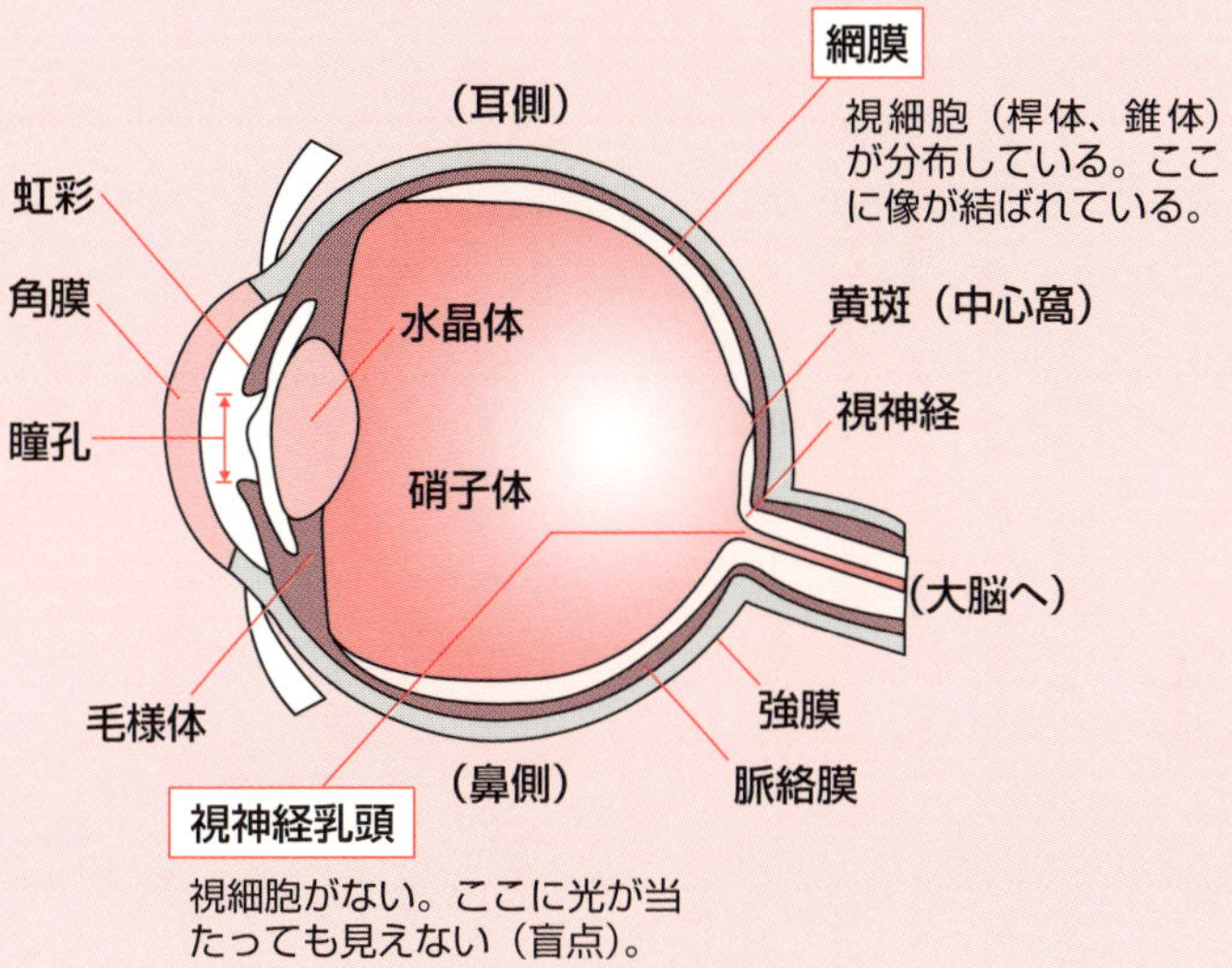


## 盲点

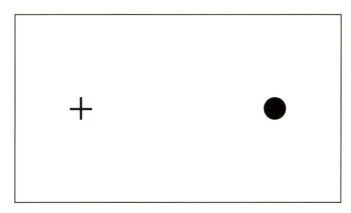

まず、左目を閉じ右目で+を注視する。目と紙面の距離を約10cmに調節すると●印が盲点の位置に結像してみえなくなる。

# 10 色覚は共有できない

## 色覚タイプの分類

色が感覚である以上、個人差があり完全には共有することは出来ません。これは錐体（L、M、S）の感度特性が、個々人で異なっているからです。しかし、多数の人たち（以下、「多数派」とします）にとっては、現実の生活面で問題になるような大きな差はありません。通常は、二人の人が同じ赤いリンゴをみると、二人ともほぼ同じような赤を感じています。一方で、錐体の感度特性が多数派と大きく異なる人たちがいます。この人たちは、目に入る光からの刺激の受け方が多数派と異なるため、異なった色の感じ方をしています。同じ赤いリンゴをみても、多数派にとっての赤とは異なった色を認識している場合があります。本書では、このような色覚を「色覚少数派」と表現することにします。

色覚少数派のタイプは、まず色覚に関する錐体を何種類持っているかによって、三色覚、二色覚、一色覚に分けられます。また、色覚が多数派と異なる原因となるのがどの錐体にあるのかによって1型、2型、3型に分けられます。1型はL錐体、2型はM錐体、3型はS錐体の特性が、多数派との比較で感度が異なっている、あるいはその錐体自体を持たない場合になります。実際には、前述の二つの観点を組み合わせて分類されます。

日本で、色覚少数派の人は男性で5％、女性で0・2％といわれます。左利きや血液型がAB型の人が10％だそうですから、それほど特別なことではありません。ただ、少数派に対する配慮は必要です。例えば、利き腕においても、多数派（右利き）に合わせられた社会では、少数派（左利き）はストレスが多いと聞きます。確かに、はさみは右利き用につくられています。色覚についても同様のことがあるのではないでしょうか。例えば、安全にかかわる標識、教科書の色の使い方等、バリアフリーカラーとかユニバーサルカラーといったコンセプトが必要かと考えます。

**要点BOX**

- 色覚少数派のタイプは、三色覚、二色覚、一色覚に分けられる
- さらに1型、2型、3型に分けられる

## 色覚タイプの分類

| 色覚の型 | 対応する錐体（比率） | 1型<br>L錐体（25%） | 2型<br>M錐体（75%） | 3型<br>S錐体（0.02%） |
|---|---|---|---|---|
| 三色覚（色弱） | いずれか一種の錐体の感度が低い | 1型三色覚（第一色弱） | 2型三色覚（第二色弱） | 3型三色覚（第三色弱） |
| 二色覚（色盲） | いずれか一種の錐体の感度が極めて低い（or 欠落） | 1型二色覚（第一色盲） | 2型二色覚（第二色盲） | 3型二色覚（第三色盲） |
| 一色覚（全色盲） | いずれか一種の錐体のみが機能 | （L、M、またはS）錐体一色覚 | | |
| | 桿体のみが機能 | 桿体　一色覚 | | |

## 石原式色覚検査表

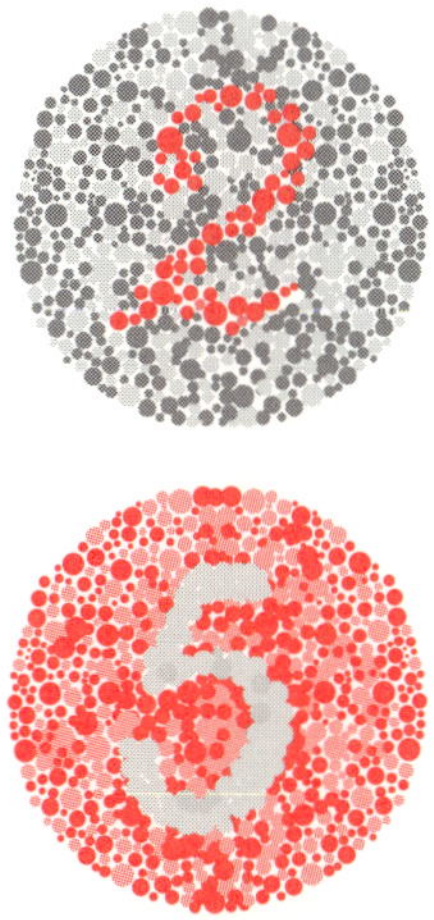

これらの画像には、数字が書いてあり認識することが出来るかどうか色覚の検査を行う。学校保健法が改正された平成15年度以降、学校で色覚検査が行われることは少なくなった。

ジョン・ドルトン（1766-1844）は、イギリスの化学者。原子説を提唱したことで知られる。また、自らが先天色覚異常であることを発見し、その後の色覚異常研究の礎を築いた。

# 11 カラフルな世界に生きるニワトリ

## 動物の色覚



ここまで私たちの目の網膜にあって色光を検知する錐体について説明してきました。ここでは、他の動物たちの錐体について考えてみましょう。

不思議なことに、魚類や爬虫類、鳥類は、人よりも一つ多い4種類の錐体を持っています。例えば、鳥類は私たちにはみることできない紫外領域も含んだ四原色の世界に生きています。きっと色あざやかな世界を楽しんでいるのでしょう。

一方、犬や猫といった哺乳類の錐体は人間よりも一つ少なく2種類しかありません。哺乳類の祖先は進化の過程で夜行性を長く経験したため、錐体が二つに退化したといわれています。人の視感度曲線のグラフでは、青だけ離れていて緑と赤の曲線がほとんど重なっているようにみえます。緑と赤、これらは元々重なっていた、つまり一つの錐体であったのではないかと考えられます。哺乳類の中でも霊長類の祖先が昼行性になり、緑の葉の中から木の実を区別するために錐体が一つ増えたというのが通説です。実際、猿でも主に実を食する種族は3色の色覚を有し、主に葉を食する種族は2色の色覚しか持たないことが多いそうです。

ところで動物たちがどのような錐体を持っているのかを、どのようにして調べたのか気になりませんか。動物の学習能力を利用することが多いようです。例えば、黄色のライトがついた直後に浅瀬に電流が流れるようにすると、鯉は黄色のライトがついたときだけ、浅瀬から逃げていくようになります。鯉ならばどんな鯉でもよいというわけではなく、あらかじめトレーニングされた鯉だけを実験に用いています。ただ、この場合も鯉が私達と同じ黄色を認識しているかどうかまではわかりません。わかっているのは、私たちが黄色と感じている色を、他の色と区別できているというところまでです。

**要点BOX**

- ●人間の錐体は3種類
- ●犬、猫等の哺乳類の錐体は2種類
- ●魚類、爬虫類、鳥類の錐体は4種類

三色型色覚

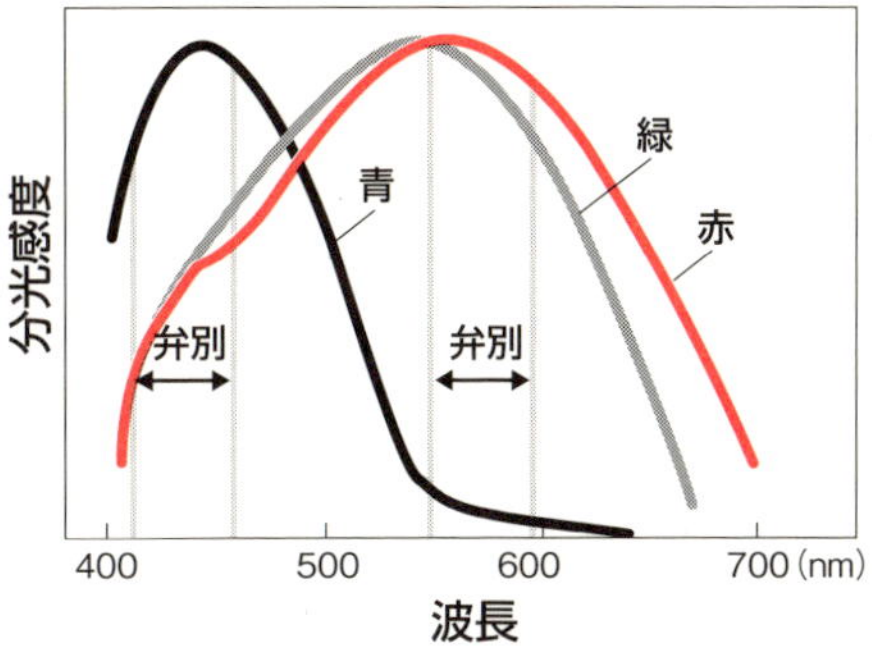


二色型色覚

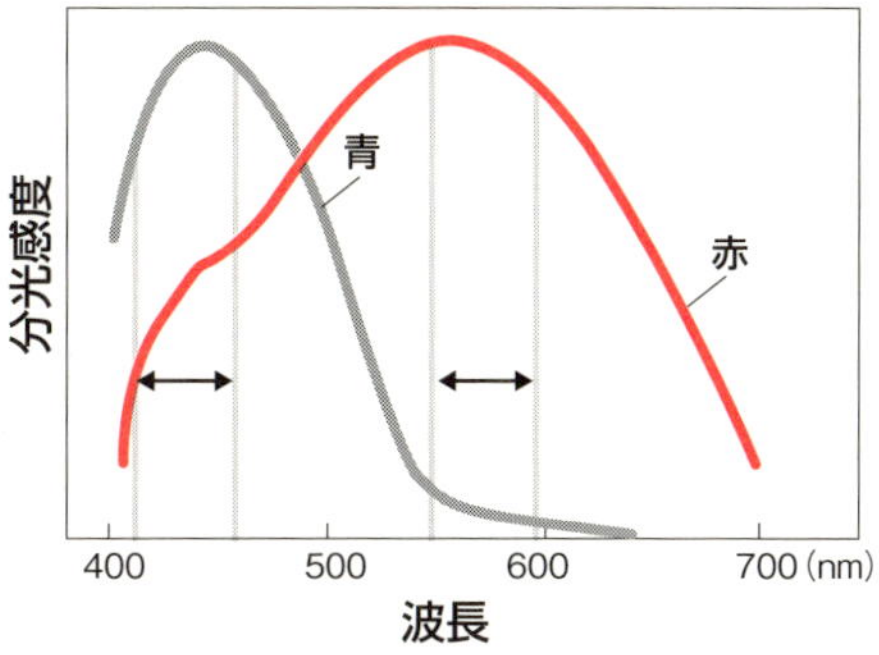


人とニワトリの分光感度の違い

人の分光感度

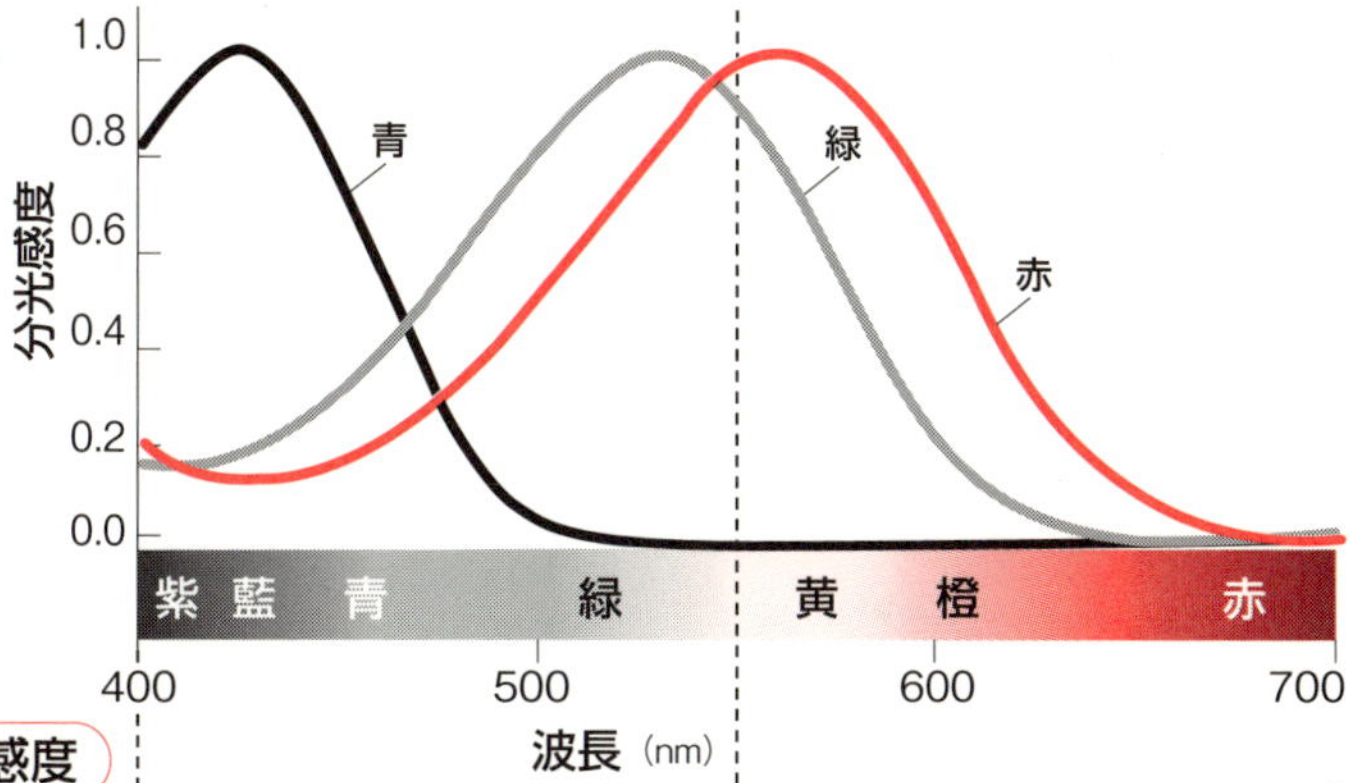


ニワトリの分光感度

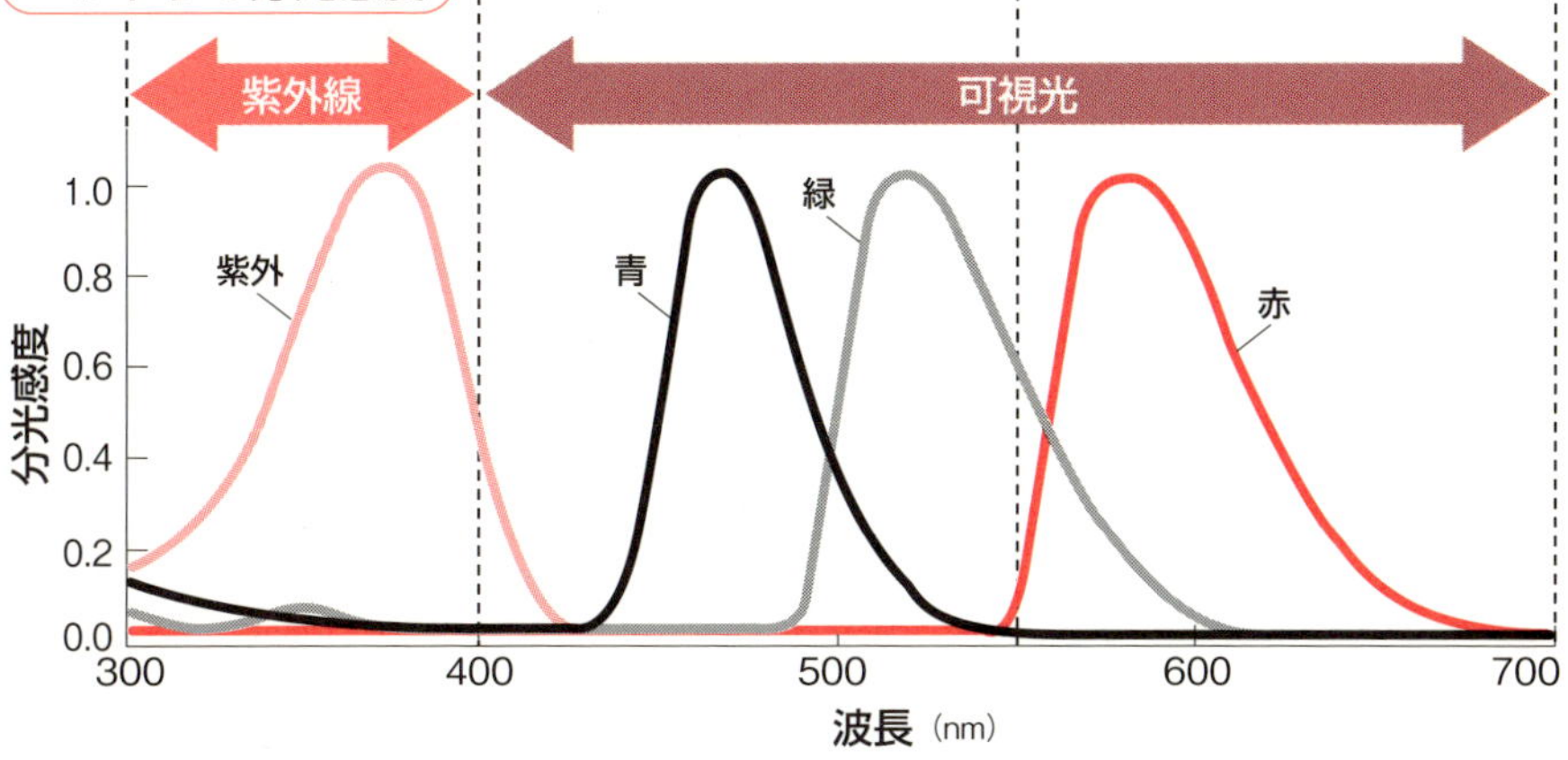


用語解説

**視感度曲線**：光エネルギーに対して、人間の目が感じる明るさの程度を示す曲線。

Column

# 宇宙空間で「スペシウム光線」はみえるのか

宇宙空間では、光が真横を通り過ぎても気がつかないという話を聞いたことはありませんか。地上では、例え真っ暗闇でしかも照らされる対象物がなくても、懐中電灯の光が通り過ぎるのに気がつかないことはありません。映画の世界では、「ウルトラマン」の「スペシウム光線」は、宇宙空間においてもみることができました。

しかし、本当はスペシウム光線も、宇宙空間ではみることはできません。物体色の成立条件を思い出してください。光、観察者であるあなた、そして光を反射する物体です。宇宙空間においてあなたが光に気がつかないのは、宇宙が真空で何もない空間だからです。地上では空気中を漂うほこり等の微粒子に光が当たって散乱し、その一部が目に入っていたわけです。宇宙空間において、真横を過ぎる光線を認識できないのは、光を散乱する物質がそこにはないからです。

同様に、月は昼間でも真っ暗という話を聞いたことはありませんか。地上で、晴天の空が青くみえるのも、朝焼けや夕焼けが赤くみえるのも、いずれも大気中に浮遊する微粒子による散乱という物理現象のためです。微粒子がなければ光は散乱されません。月面はほとんど真空ですので、散乱を引き起こす微粒子は存在せず、太陽光は散乱されません。月面の上空も太陽光は通過しているのですが、散乱がないため、宇宙飛行士には真昼であっても真っ暗にしかみえません。

# 第2章

## 色の科学

# 12 ビックネームが並ぶ色彩研究の歴史

色を科学的に学ぶ上で、色に関する人類の思想をトレースしていくのはとても有効です。そこで、色彩学の歴史を振り返ってみましょう。色彩学は、物理学、生理学、数学、美術等さまざまな分野からのアプローチが必要な学際分野です。そのためか、歴史的に色彩学の発展に貢献してきた人を調べると、さまざまな分野の著名人が綺羅星《きらぼし》のごとく並びます。

色彩学の起源は、やはり古代ギリシャにあります。アリストテレスは、「光と暗黒」に注目し、「光の中にあって目にみえるものが色彩であり、光がなければ色はみえない」とし、白と黒の混色により色ができると考え、その中間の色は黄、赤、紫、緑、青であるとしました。我が国においては、空海が、自然を構成している五つの要素を、土、水、火、風、空とし、それぞれが対応する色を、黄、白、赤、黒、青であるとしています。

白と黒が基本の色で、その二色の混合によって他の全ての色ができるとする古代ギリシャ以来の考えを根本的にくつがえしたのが、ニュートンです。ニュートンについては、次項以降で詳述したいと思います。

一方、ニュートンから一世紀後のゲーテは、色彩に感覚的な要素を取り入れています。その著書「色彩論」は、白と黒、明と暗、光と暗黒の対立と古代以来の考えを基礎としています。かなりアリストテレスとかぶるようにみえます。ニュートンが打ち破った殻をゲーテがもとに戻してしまったような印象を受けるかもしれません。しかし、ゲーテのような感覚的なアプローチがあったからこそ、生理学とむすびついた現在の色彩研究が開けたともいえます。

そして、後に、ニュートンの流れをくむヤングやヘルムホルツと、ゲーテの流れをくむヘーリングの間で、それぞれ三色説、反対色説を主張し合う論争へとつながっていきます（16–20項参照）。

**要点BOX**

- ●アリストテレスにはじまりニュートン、ゲーテ、そして現代へと続く色彩研究
- ●色彩学は学際領域にある

## 色彩学の発展に貢献した著名人たち

**宗教家**
空海
(774－835)

空海

**哲学者**
アリストテレス
(前384－前322)
デカルト
(1596－1650)
ショーペンハウエル
(1788－1860)

アリストテレス

**生理学者**
ヘルムホルツ
(1821－1894)
ヘーリング
(1834－1918)

**医師**
ヤング
(1773－1829)

**物理学者**
ケプラー
(1571－1630)
ニュートン
(1643－1727)
マックスウェル
(1831－1879)
シュレーディンガー
(1887－1961)

**美術・文芸**
ダ・ビンチ
(1452－1519)
ゲーテ
(1749－1832)
マンセル
(1858－1918)

**化学者**
ドルトン
(1766－1844)
オストワルト
(1853－1932)

色彩だけの専門家はいない。いずれも他の何かの専門家。
色彩学が学際科学と呼ばれる所以。

# 13 白色光の分割

## ニュートンのプリズム実験①

　光は直進しますが、物に当たるとそこを境界に進行方向を変えます。この現象を「屈折」といいます。光は波長によって、屈折する大きさ（屈折率）が違います。波長が長いほど屈折率は小さく、波長が短いほど屈折率は大きくなります。この現象を利用して、光を分割するのが、ガラス等の透明な三角柱からなるプリズムです。プリズムで分割されたものを「スペクトル」といいます。そして、太陽光のように色が感じられない光のことを「白色光」といいます。太陽光をプリズムに通すと、虹の七色に分割されます。もっとも、この七色というのは便宜上の表現で、ニュートン以来そう認識されているだけです。実際、アリストテレスは三色、ニュートン以前のヨーロッパの人々は五色といっていました。太陽光には波長が連続的に変化するさまざまな光が含まれていて、波長の変化とともに屈折率も連続的に変化します。プリズムで観察される色も長波長に対応する赤から短波長に対応する紫まで連続的に変化します。

　白色光から、プリズムを通して分光スペクトルを得る実験を、最初に行ったのがニュートンです。ニュートンは、箱の壁に小さな穴をあけて、そこから太陽光を暗い部屋に入れ、プリズムに照射しました。すると、プリズムから出た光が、虹のように赤から紫の七つの色に分かれるのが観察されました。次にニュートンは、この七色の源となる光同士を混ぜ合わせました。そして、これらの色をレンズとプリズムを使って集めると、再び無色透明の白色光に戻りました。

　このとき、ニュートンは、「赤い光」といわず、「赤をつくる光」と表現しています。色は、光が目に入り、それによって生じた視神経からの刺激が大脳に伝えられたときにはじめて生じる感覚であるという今日の考えを、すでに認識していたことになります。

**要点BOX**

- ●白色光は、太陽光のように色を感じさせない光
- ●プリズムは白色光を七色に分割

## ニュートンのプリズム実験

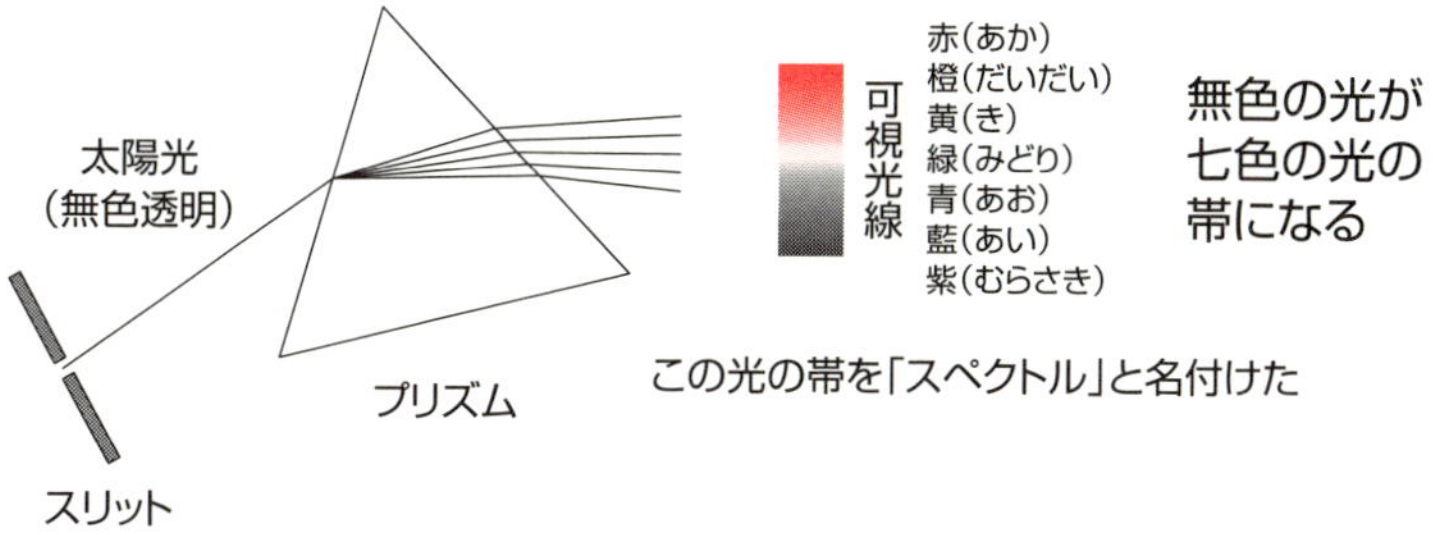


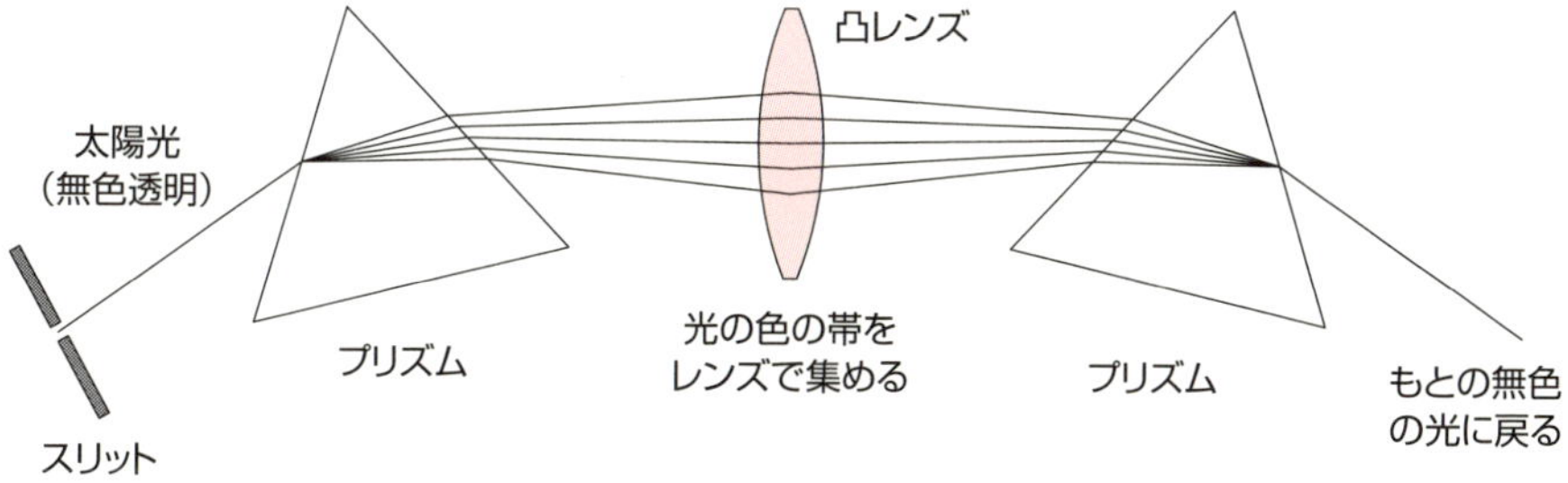




アイザック・ニュートン(1643−1727)は、イギリスの物理学者、数学者。1666年はニュートンにとっての驚異的な創造の年で、微積分法、万有引力、光と色の理論という三つの大きな発見を一年のうちに成し遂げた。

# 14 色彩の科学的研究の基礎

## ニュートンのプリズム実験②

　ギリシャ以来の古典的な考えから脱却し、光の物理的性質と色の感覚との関係を正しく把握し、実験的事実にもとづく色彩の科学的研究の基礎を築いたのがニュートンです。実はニュートンのプリズム実験は、前項（13項）だけで終わるものではありませんでした。本項では、ニュートンの偉大さをもう少し説明させてください。

　ニュートンは、七色に分かれた光をレンズで集めるときに、特定の色をつくる光を除く実験を行いました。例えば、赤をつくる光（以後、「赤色光」とします）を除いた六色の光をプリズムに通すと、青緑が観察されます。反対に緑色光を除くと、赤紫が観察されます。このような赤と青緑、あるいは緑と赤紫の関係を、お互いに「補色」の関係にあるといいます。

　次に特定の二色だけをプリズムに通してみます。例えば、赤色光と緑色光だけを通して他の五色は除きます。すると、黄が観察されます。黄色光はもともとの太陽光の中にも含まれていた光（単色光）です。しかし、赤色光と緑色光から混色された黄と、単色光からなる黄は、みた目は同じでも物理的には全く異なるものです。実際、赤色光と緑色光から合成された黄色をつくる光をプリズムに通すと、再び赤と緑に分かれます。一方、黄の単色光は黄のままです。つまり、単色の黄に対し、混色の黄が存在することになります。

　ニュートンがこのような実験を重ねた結果、赤色光、緑色光、青色光を混ぜると白色光になることがわかりました。太陽光の中にある黄色光や紫色光を含む七色全てを使わなくても白色光をつくれることになります。今日「光の三原色」といわれるもので、これは大変な発見です。光の三原色なしに、今日の照明機器や液晶ディスプレイ（62項参照）や有機ELディスプレイ（66項参照）等における色再現の考え方は成り立ちません。

**要点BOX**
- ●物理的に異なる（赤+緑）と黄
- ●混色と補色

## ニュートンのプリズム実験（赤と緑の補色）

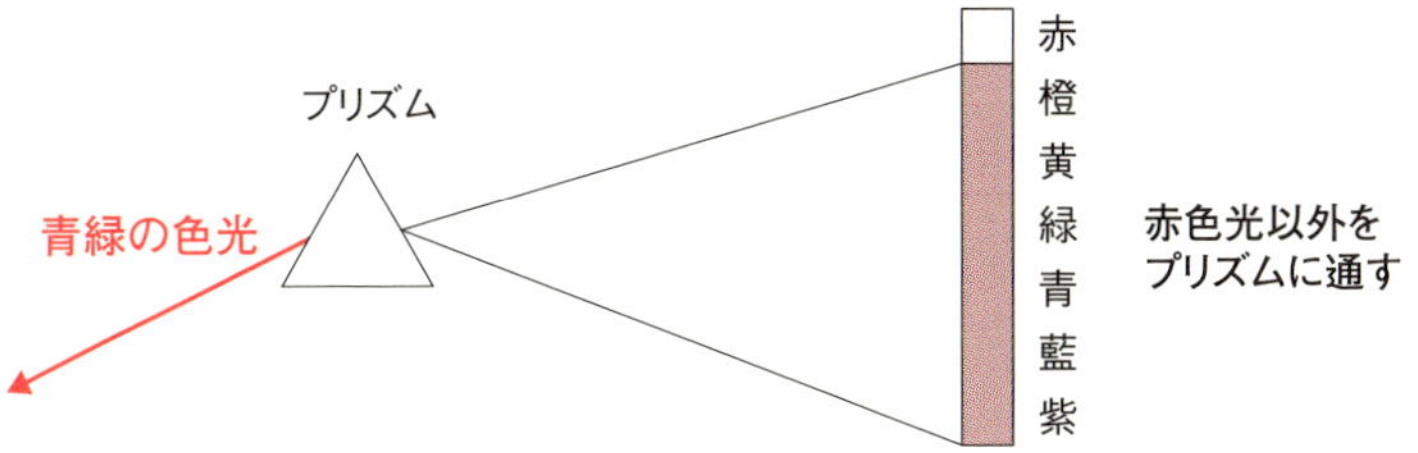


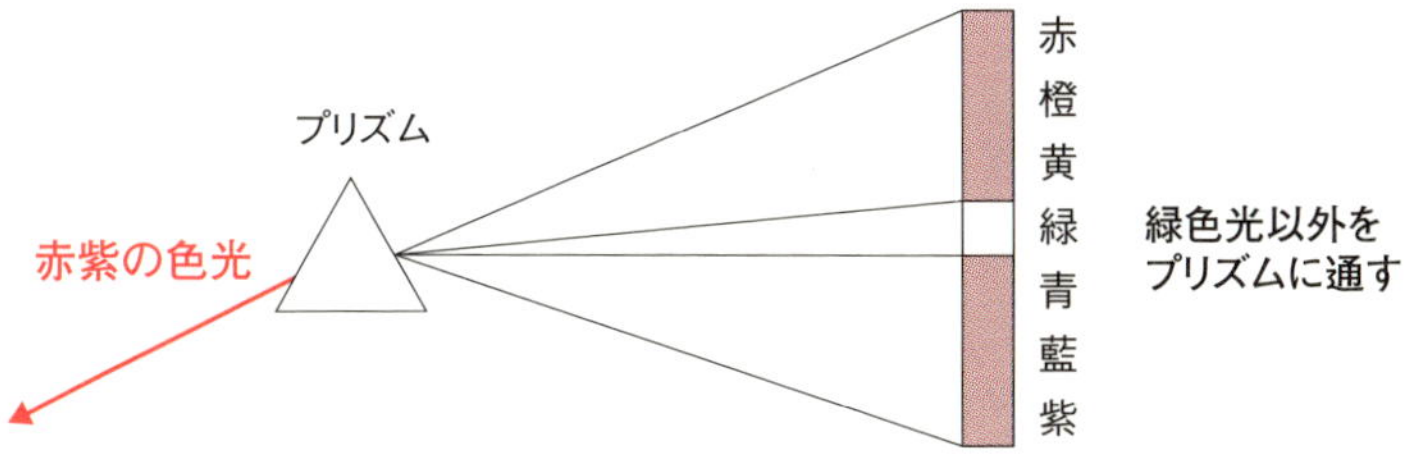




## ニュートンのプリズム実験（単色の黄と混色の黄）

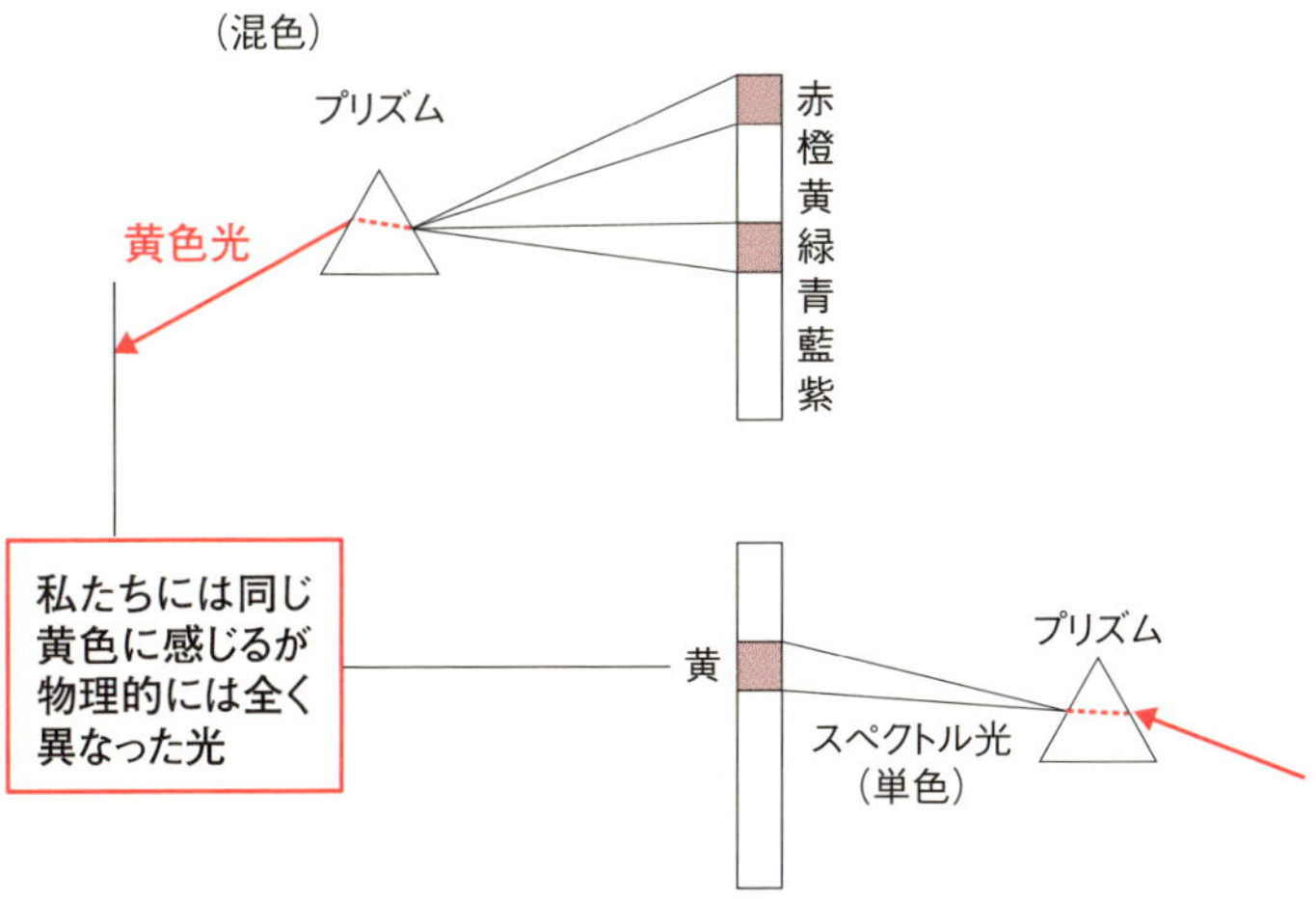

# 15 混色や補色を予想できる色相環

ニュートンのアプローチ／ゲーテのアプローチ

ニュートンはプリズムの実験（13、14項参照）で、何色と何色を混合すると何色ができるか、さらにそれらの混合率によって色がどう変わるかを探求しました。しかしそれだけではなく、混色によって生まれる色を予測する方法も提案しています。それが、色相環です。ニュートンは、プリズムの実験で得られた七色の両端を接続させて円環をつくり、七色が占める割合にしたがって円周を分割しました。そして、この色相環を利用して光の混合によって現れる色を予想できるとしました。例えば、赤色光と黄色光を等量ずつ混ぜたとします。赤と黄を結ぶ線上の中間付近には橙があります。このときの混色は橙と予想されます。また、赤と黄を結ぶ線上の中間付近は、橙の領域の中でも、一番純度の高い円周近くではなく、少し円の中心に近寄っています。したがって、少し彩度に劣った橙であるといえます。

ゲーテも、ニュートンと同じように色相環をつくりました。ゲーテの色相環は実験データよりも、人間の感覚を重視したものです。ゲーテは、色相環においても主観的、感覚的なアプローチを行っています。後にヘーリングの反対色説（18項参照）にも強く影響しますが、ゲーテは黄と青を基本色に考えました。そして、黄は明朗であるのに対して青は冷たいとか、対立する黄と青が合体した緑は安らぎを与えるとかいった、感覚的な要素を持ち込んでいます。

現代においても色相環が用いられます。混色の色相を予想したり、補色関係にある色同士が一目瞭然にわかったりと便利ではあります。しかし、色相環には、かなり無理している部分があります。それは、赤紫です。太陽光をプリズムで分光して得られるスペクトルには赤紫はありません。赤や紫の外側に赤紫があるわけではありません。つまり、スペクトルの両側に位置する赤と紫を強引につなげ、環にしているわけです。

**要点BOX**
- ●光科学に基づくニュートンの色相環
- ●感覚的な主観に基づくゲーテの色相環

## ニュートンの色相環

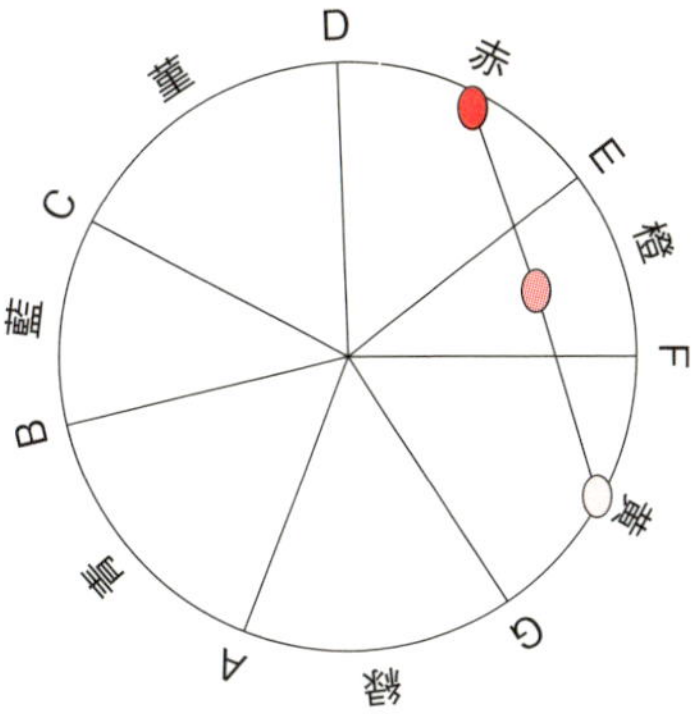


## ゲーテの色相環

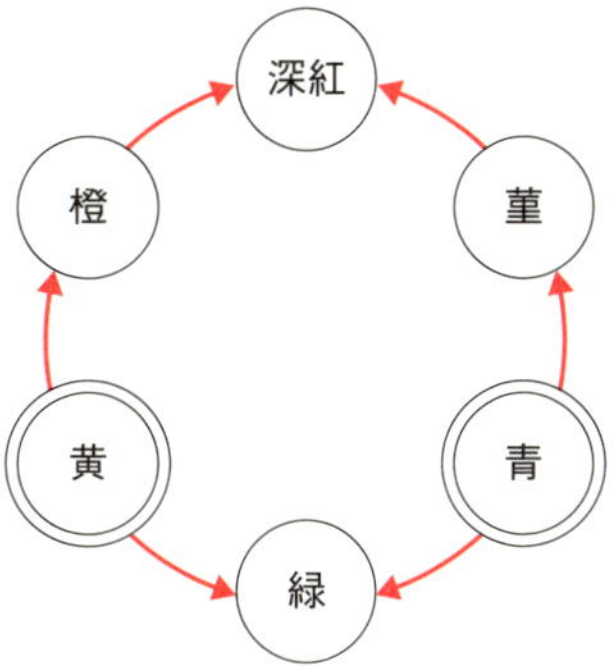


## 現代の色相環

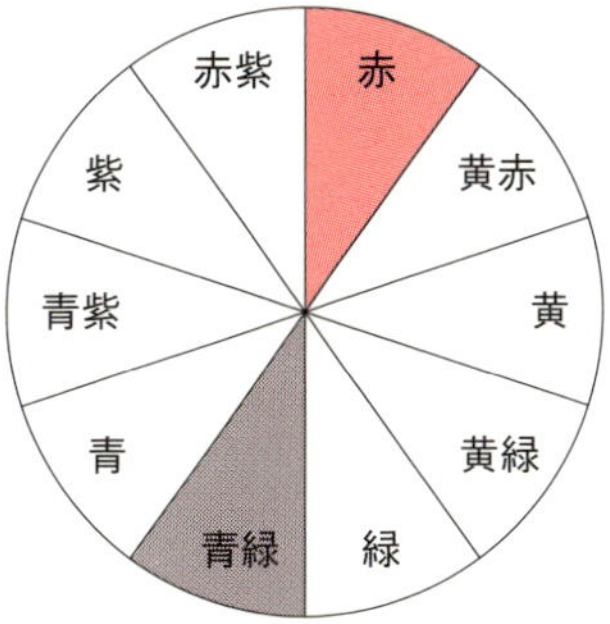


- 例えば、赤と青緑は補色の関係にある。
- 赤紫は、赤と紫を強引につないだ結果で、太陽光のスペクトルに中には、元々ない色。
- それでも、緑と赤紫も補色の関係にあり、色相環の中での整合性はとれている。

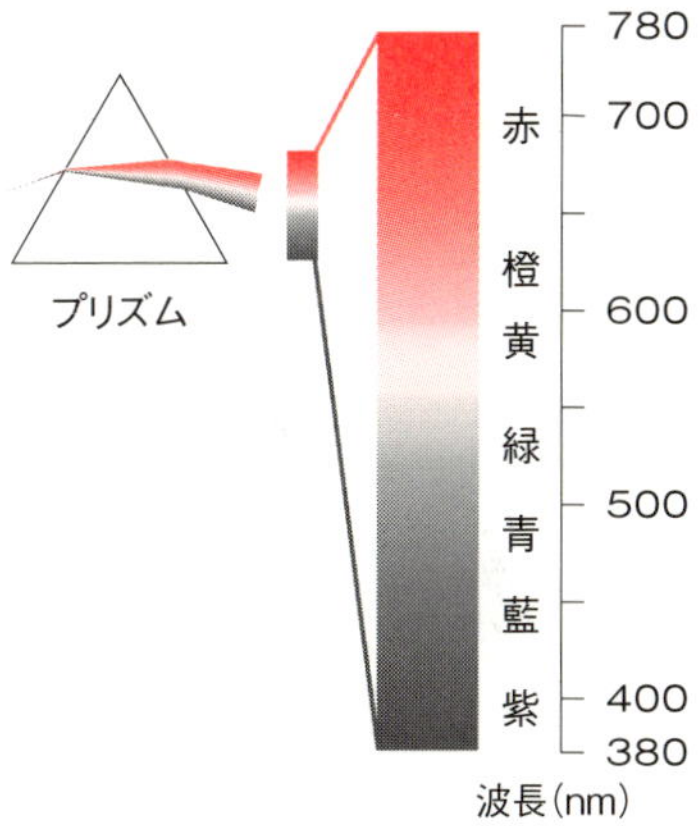


太陽光の中には、単色光としての赤紫はない

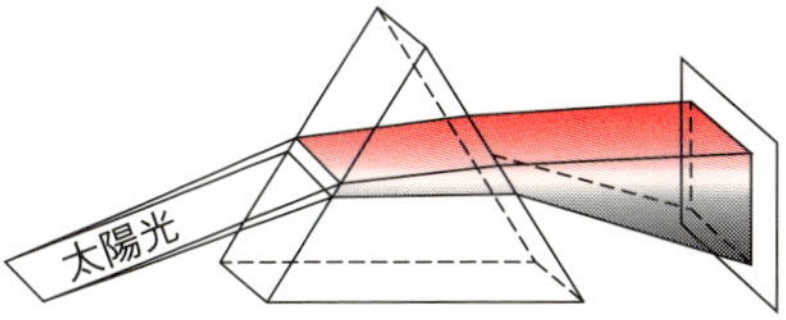


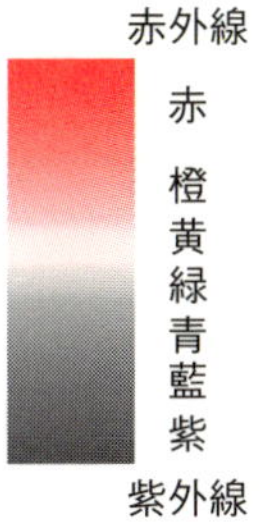

# 16 ヤングとヘルムホルツの共振説

## 色を持たない光が脳に色を感じさせるしくみ①

　赤という色は私たちの感覚器官の中にあり、光の中にあるわけではありません。それでは、色を持たない光が脳に色を感じさせるのはどのようなしくみによるのでしょうか。ここにヤングの共振説という考え方があります。ヤングは色をつくる光と色を認識する脳との間に、光によって変化する何かがあると考えました。言い換えると、光という刺激と、色を合成する脳との間にセンサーとしての感覚器官があると考えました。そして、このセンサーは三種類あると仮定しています。そして、各センサーは個別の光の振動に共振すると考えたのです。赤色光に共振するセンサーをSR、緑色光に共振するセンサーをSG、青色光に共振するセンサーをSBとしています。光はいろいろな振動数を持っていますが、その振動数の割合によって三種類のセンサーの共振の様子が異なります。今、SRのみを共振させる赤色光は、センサーに赤の信号を発信させます。そして、この信号を受け取った脳は、赤を認識することになります。共振した情報を電気信号にかえて脳に伝える点において、光と色の関係は空気の振動と音の関係に似ています。

　このヤングの共振説を発展させたのが、ヘルムホルツです。ヘルムホルツは、光は単一のセンサーだけを共振させるとは限らず、同時に何種類もの光と共振できると考えました。その結果、脳は三種のセンサーの発信する信号を受け取りますが、その信号の大小関係も判断した上で、色を認識することになります。これをヤング―ヘルムホルツの「三色説」といいます。

　ニュートンとゲーテという二人の偉人が色彩学の発展に果たした貢献は、それぞれ色を生じさせる外部要因と、それを受け止める人間の問題に分けて考えたことにあります。両者をつなぐ役割を果たし、今日の色彩学の基礎をつくったのが、ヤングとヘルムホルツ及びヘーリング（18項参照）による色覚の生理学です。

**要点BOX**

- 光と色を知覚する脳との間のセンサー
- 光と色の関係は空気の振動と音の関係に相当

## 光と色を認識する脳との間のセンサー

## 光と色の関係は空気の振動と音の関係に相当

トーマス・ヤング（1773−1829）はイギリスの医師。物理学では光の波動説を唱え、弾性率にヤング率の名を残し、古代エジプト文字の研究者としてはロゼッタストーンの解読の端緒を開いた多才な人物。

ヘルマン・ヘルムホルツ（1821−1894）はドイツの物理学者で、エネルギー保存則や、電気二重層理論等で知られる人物で、その多才ぶりはヤング以上といわれている。

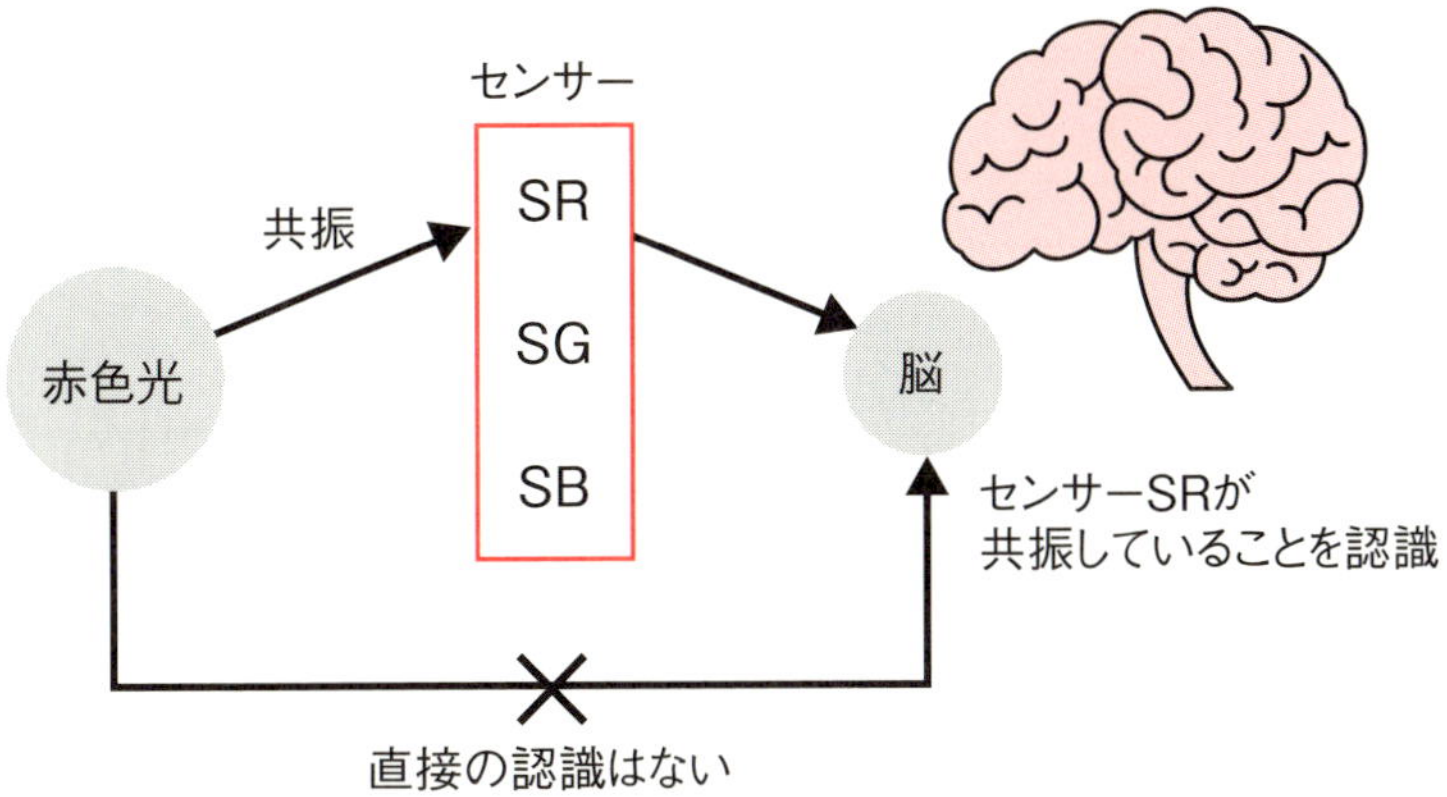

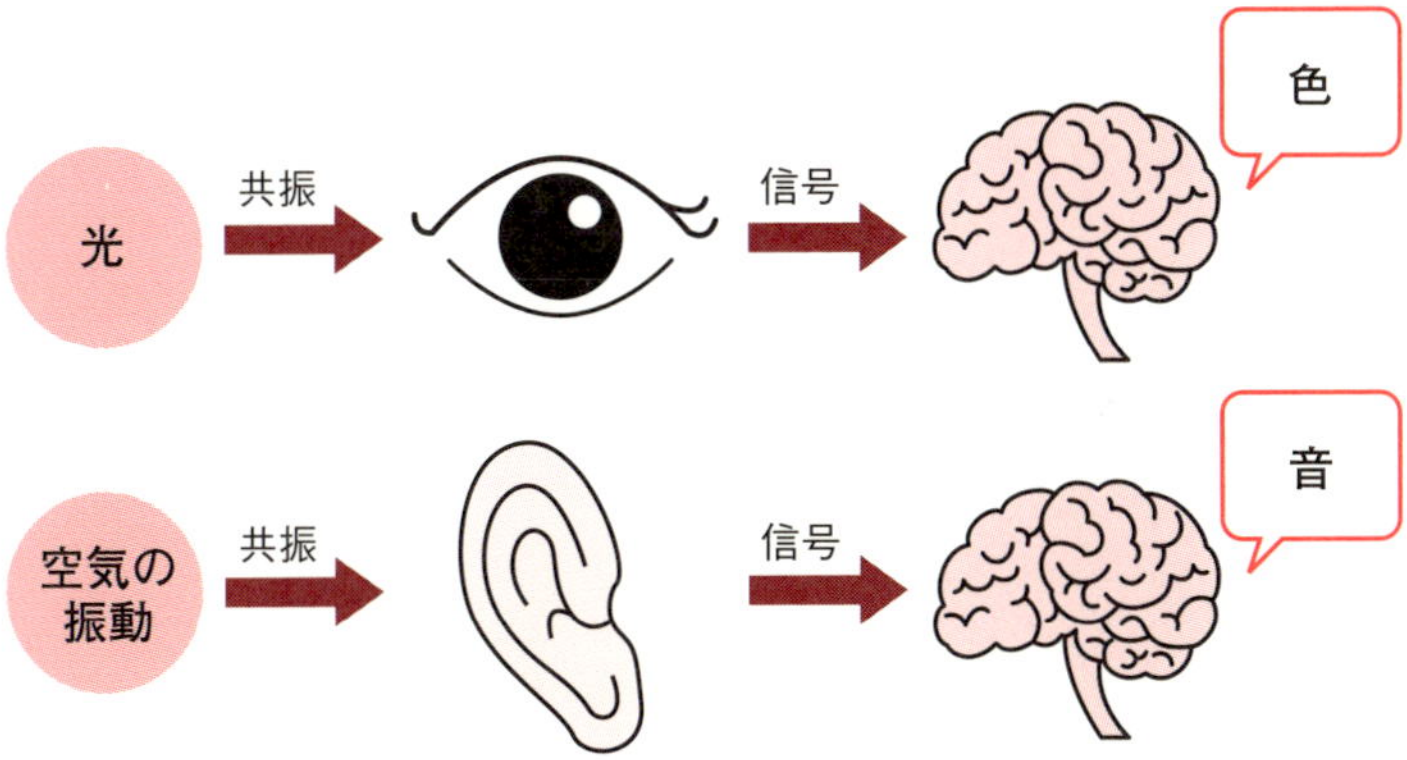

# 17 共振説に基づく混色の説明

色を持たない光が脳に色を感じさせるしくみ②



ヤングやヘルムホルツの立場から、ニュートンのプリズム実験（13、14項参照）で得られた混色はどのように説明できるでしょうか。彼らは、赤色光、緑色光、青色光を検知するセンサーを仮定しましたが、もし、黄色光を検知するセンサー（以下、「黄用センサー」とします）があればどうなるでしょうか。赤色光と緑色光を混色した黄と、単色光からなる黄を区別できるはずです。ところが、実際には区別できていません。

今度は、黄用センサーはないと考えてみましょう。この場合、単色光の黄色光の振動数に比較的近い振動数を持つ赤用と緑用のセンサーが少しずつ刺激されると仮定します。そうすれば赤用と緑用センサーからほぼ均等な大きさの信号が脳に到達し、黄の感覚が生じることになります。赤色光と緑色光を同時に与えると、単色光の黄色光が与えたときと全く同様に赤用と緑用センサーからほぼ均等な大きさの信号が脳に到達し、黄の感覚が生じることになります。したがって、脳は、赤色光と緑色光からなる黄と、単色光からなる黄を区別できないことが説明できます。このような色覚は、目に入るのが単色光である場合だけでなく、いくつかの光が混合した場合も生じます。白色の感覚は、三種のセンサーが同時に刺激を受けた状態として説明できます。したがって、太陽光のように全ての色光を含んでなくても、赤色光、緑色光、青色光の三つで、三種のセンサーを刺激すれば、脳には白が感じられることになります。

実際、後述する液晶ディスプレイ（62項参照）や有機ELディスプレイ（66項参照）は、赤色光、緑色光、青色光の割合をコントロールすることで、白のみならず、フルカラーを実現しています。これまで繰り返し述べてきた「光に色があるのではない、脳内で色はつくられる」ということを理解いただけたでしょうか。

要点BOX
●人には区別できない混色の黄と単色の黄
●色は脳内でつくられる

## 黄色の認識モデル

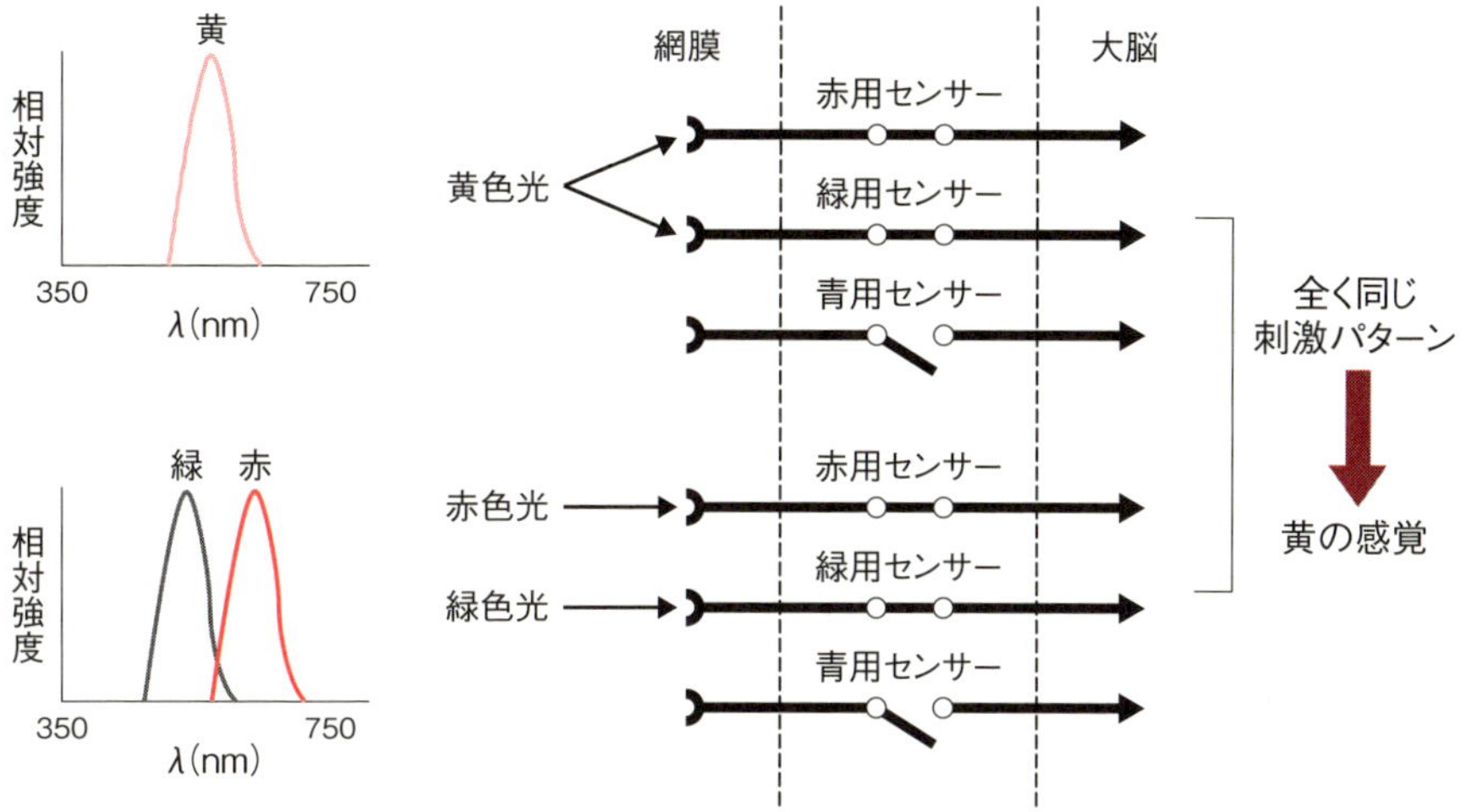


人間には単色の黄と混色の黄の区別がつかない

## 白色の認識モデル

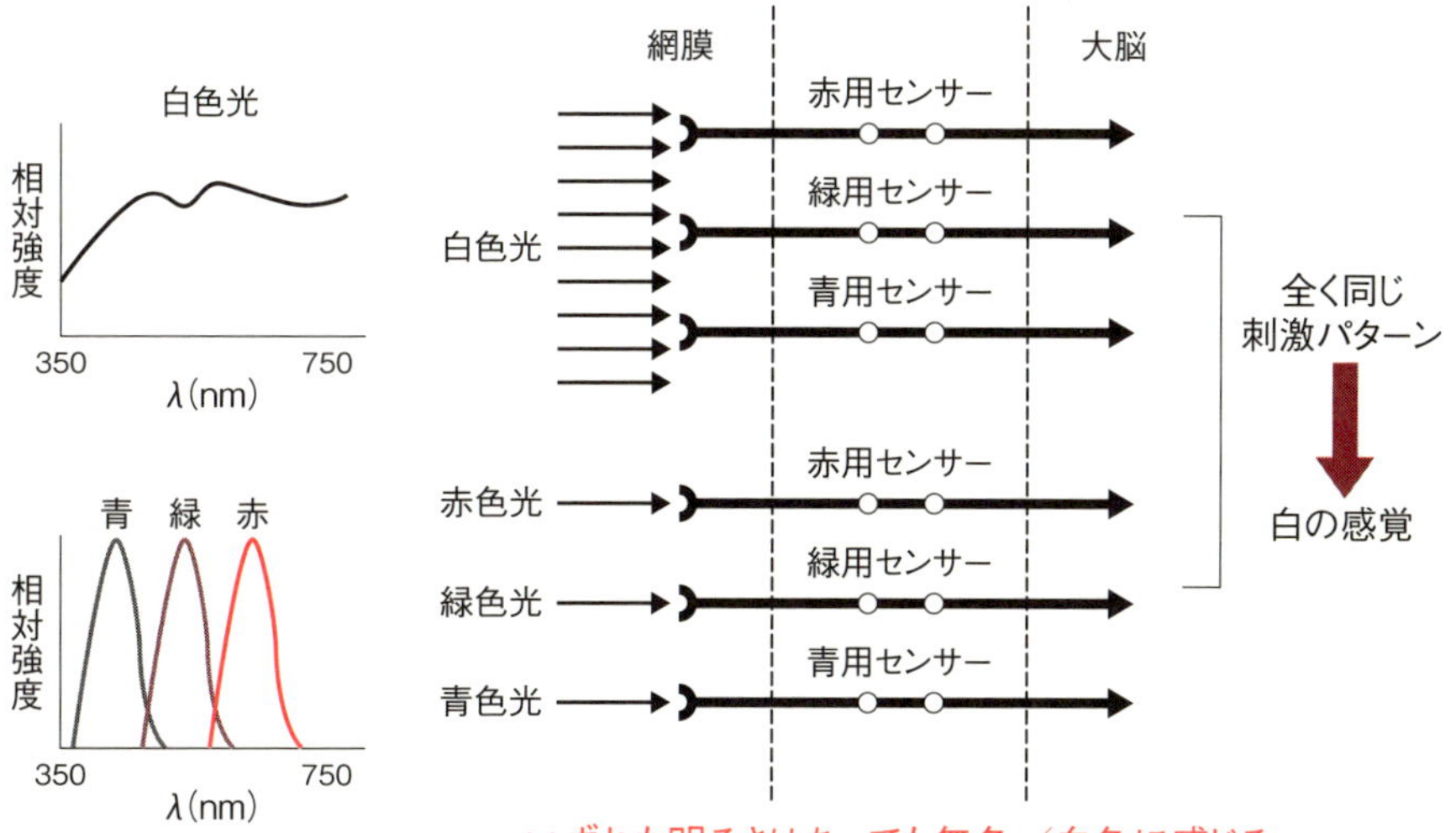


いずれも明るさはあっても無色／白色に感じる

# 18 ヘーリングの反対色説

色の見え方に何か規則性があるとして、それを発見しようとしたらどうしますか。じっとさまざまな色を観察して気がついたことを記録し整理するのも一つの方法です。この方法を実行したのがドイツの生理学者ヘーリングです。観察による自らの感覚をベースとした点で、ゲーテの色彩に対するアプローチと共通するものがあります。そして、その結果を体系化したのがヘーリングの「反対色説」です。これはヤング—ヘルムホルツの三色説に真っ向から対立するものでした。

ヘーリングの反対色説が、ヤング—ヘルムホルツの三色説と最も違う点は、黄を原色に数えたことです。そのため、「四色説」といわれることもあります。実際には、白も黒も原色に含めています。つまり、赤、緑、青、黄、白、黒を原色とし、この六色を三対に分け、それぞれ赤と緑、青と黄、白と黒をお互いに反対色であるとしました。そして、人間の視覚は赤と緑、青と黄はどちらか一方しか知覚できないとし、赤と緑の混合を示す「赤緑」や青と黄の混合を示す「青黄」という色は存在しないとしています。もう少し詳細にいうと、例えば、目の中に赤の反応と緑の反応があって、それらはお互いに排除する関係にあり、赤と緑の反応が入力されると、その中で引き算が行われるとしています。その引き算の結果が、正ならば赤がみえ、負ならば緑がみえ、ゼロならば何もみえないとしています。確かにヘーリングの提案する色相環では、赤と緑、青と黄の反対色が交差しないよう、うまく調整された表現がなされています。ただし、近年の精密な実験によって、反対色同士ですら混ざり合うことがわかっていることを付記しておきます。

一方、色順応（35項参照）、色残像（38項参照）等をうまく説明できることが、ヘーリングの反対色説の優れている点であるといわれています。





要点BOX
- ●反対色説は四色説ともいわれる
- ●反対色は互いに排除する関係

## 三色説における分光感度

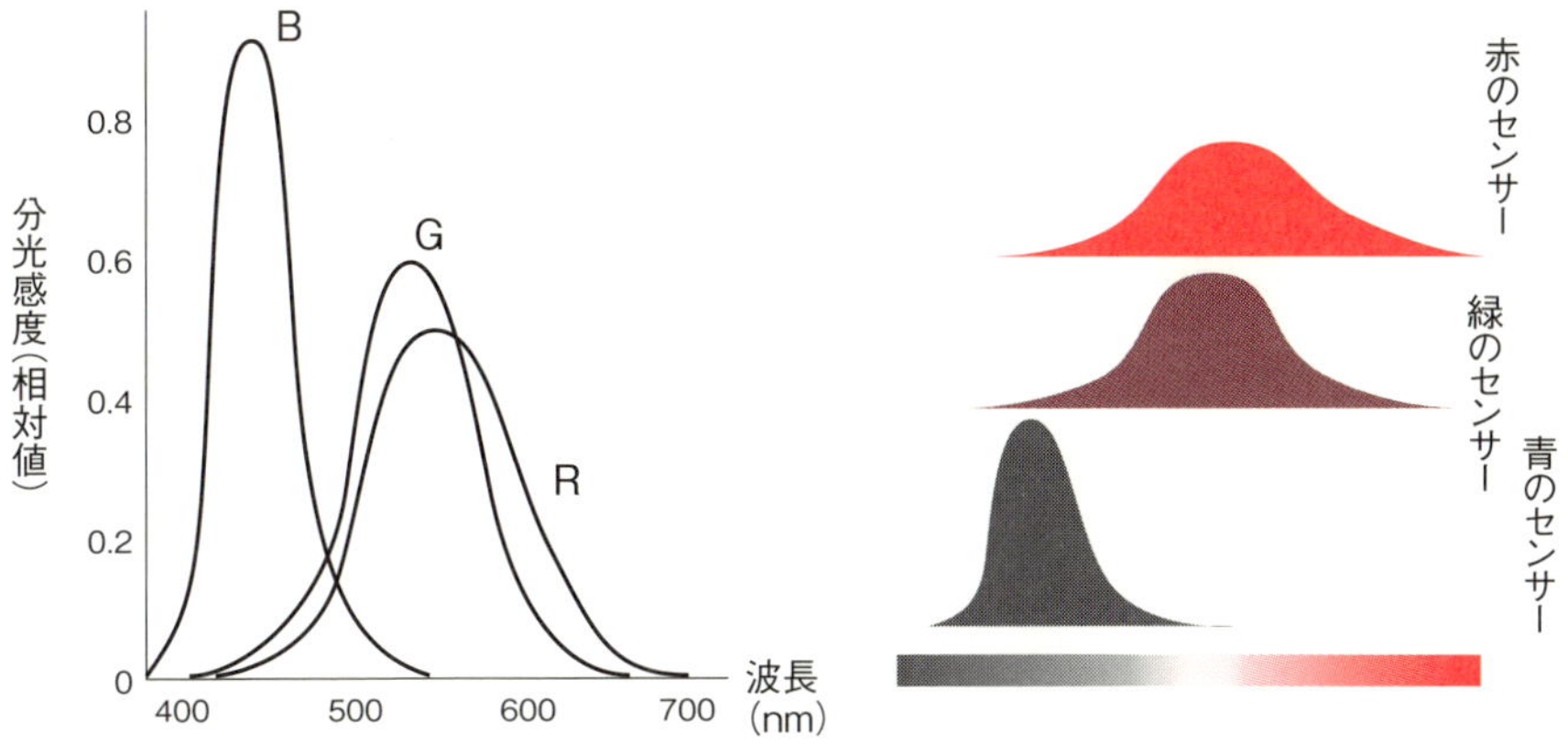


## 反対色説における分光感度

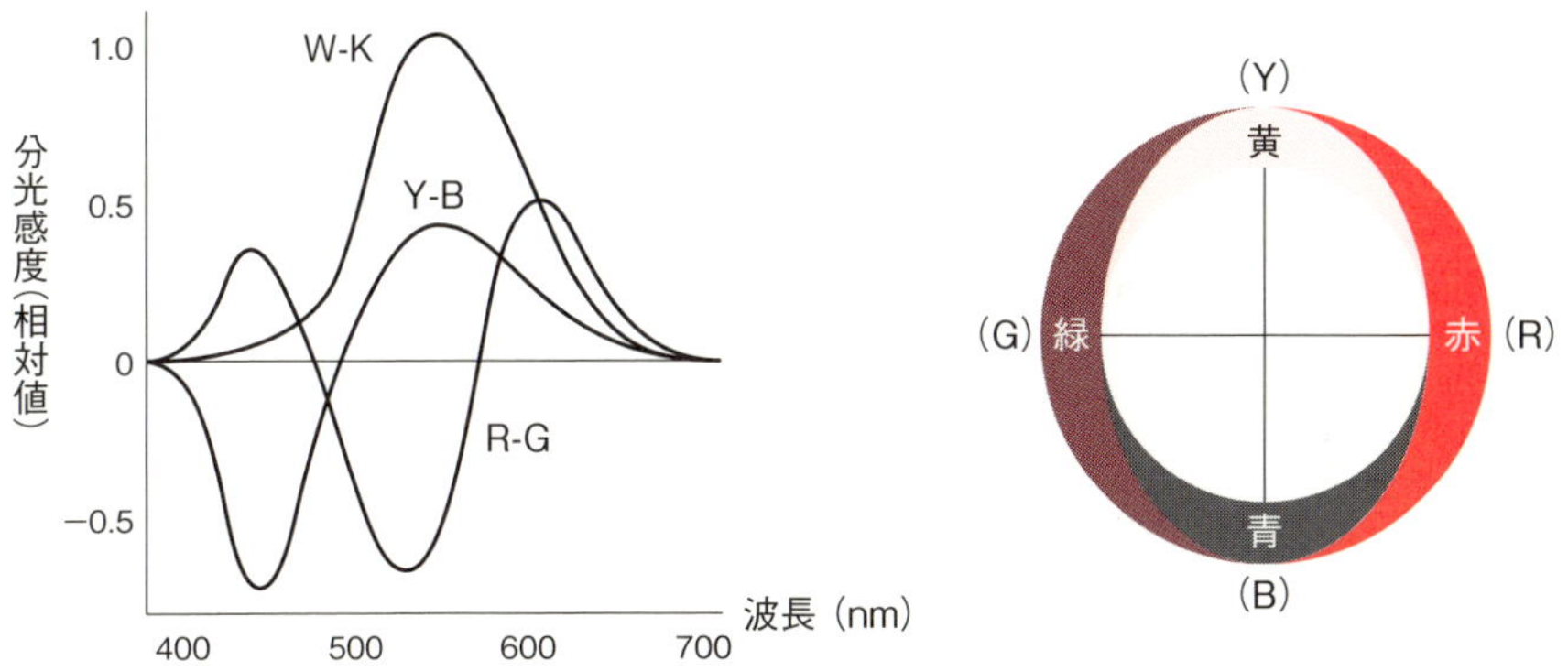




エヴァルト・ヘーリング（1834−1918）は、ドイツの生理学者、神経科学者で、空間知覚についても研究し、生得説を唱えていた。その点でも、空間知覚の経験説を唱えていたヘルムホルツと対立した。

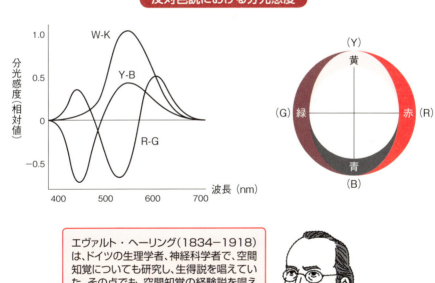

# 19 数学的な段階説の予言

ヤング―ヘルムホルツの三色説か、ヘーリングの反対色説か、二元論的世界観の中で、この二つの説の間には長いこと論争が続きました。両者は一見全く違った学説であり、両立しがたいもののように思えます。しかし、統合できる可能性を示唆したのは、量子力学の波動方程式で有名なシュレーディンガーです。シュレーディンガーは、いずれも3変数をもって色覚を表わせる点では共通しているとしました。三色説は、赤、緑、青の3変数であるのに対し、反対色説は一見6変数のように思われます。しかし、赤と緑、青と黄、白と黒をそれぞれ対に考え、その対の間は相互に正負の関係で依存し合い、独立には変化しないと仮定します。こう考えると三色説、反対色説ともに3変数を扱っていることになります。実際にシュレーディンガーは、前者の3変数を後者の3変数に一次変換することに成功しています。数学的思考に長けたシュレーディンガーの鋭い洞察によって、三色説と反対色説が、対立するものではなく、実は近い関係にあることがわかりました。

現在では、生理学的に三色説、反対色説とも正しいことが確認されています。ただ、それらが成立する段階が異なっていました。三色説を支持する視細胞が、まず網膜の初期段階にあり、反対色を支持する神経細胞がその後段階にあったというものです。あるいは、網膜の錐体に光が入った段階では三色説的な情報処理が行われ、次の段階でそれらの情報を反対色に変換する処理が行われているという言い方もできます。この変換は、シュレーディンガーが指摘した数学的変換に対応するものと考えることができます。これを色覚の「段階説」とよびます。結局のところ、両説の長い間の論争は、次元の異なる問題を、同一の次元で対立的に考えていたところに原因があったのでしょう。

三色説、反対色説、その後の発展と決着①

要点BOX
●実は、ともに3変数を扱っている三色説と反対色説
●シュレーディンガーによる三色説から反対色説への数学的変換

## 三色説から反対色説への一次変換式

$$x_1' = a\,(x_3 - x_2)$$
$$x_2' = b\,(x_2 - x_1)$$
$$x_3' = c\,(\alpha x_1 + \beta x_2 + \gamma x_3)$$

$x_1$、$x_2$、$x_3$を三色説の基本感覚としたとき、$x_1'$は青ー黄曲線、$x_2'$は緑ー赤曲線、$x_3'$は白ー黒に対応する。

## 段階説に基づく色覚の統合モデルの一例

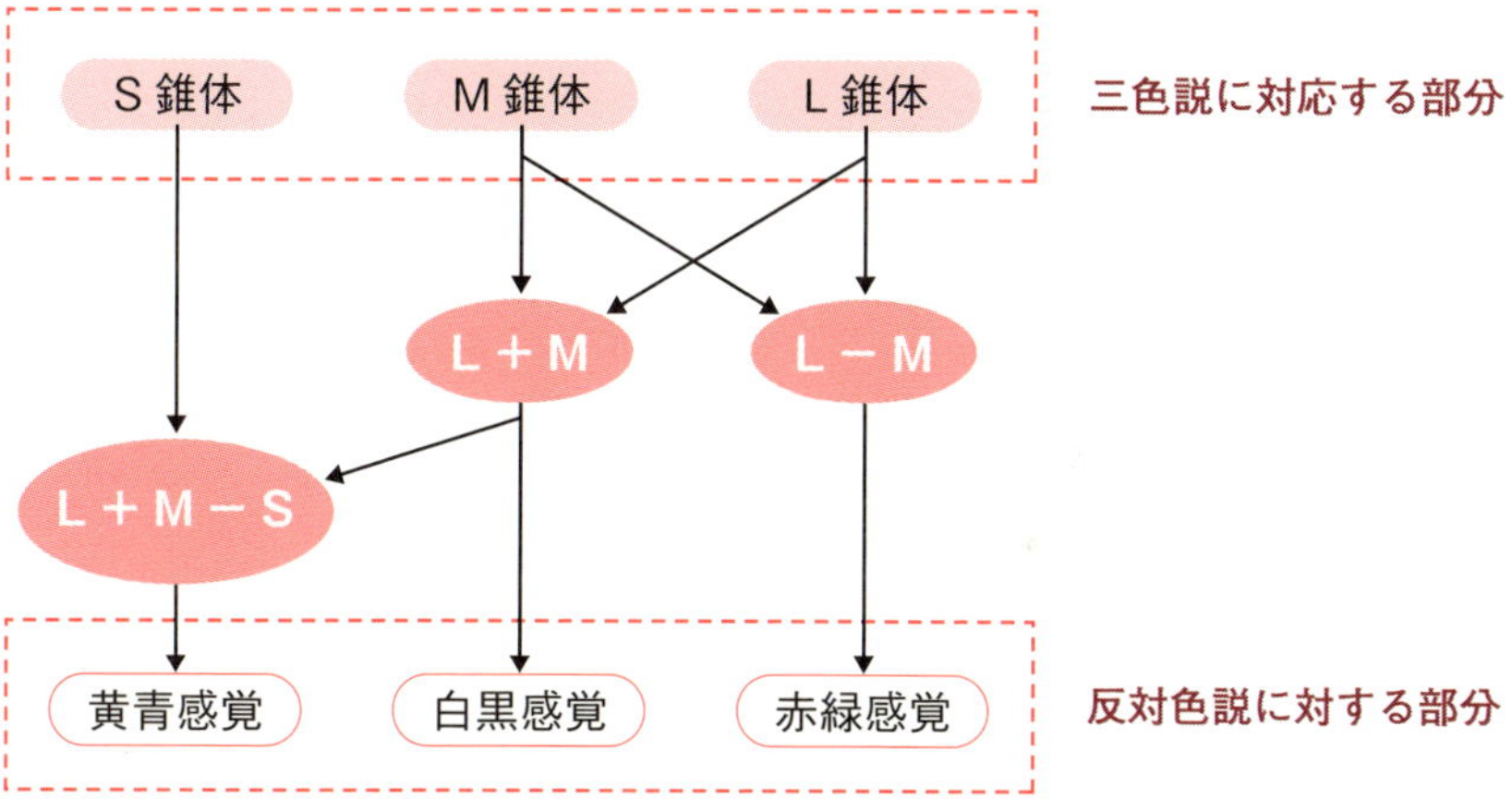

エルヴィーン・シュレーディンガー（1887−1961）は、オーストリアの理論物理学者。量子力学の基本方程式であるシュレーディンガー方程式を提唱し量子力学の基礎を築いた。1933年にノーベル物理学賞を受賞。

# 20 計測による段階説の証明

三色説、反対色説、その後の発展と決着②



前項（19項）で、「現在では、生理学的に三色説、反対色説とも正しいことが確認されています」と述べました。三色説、反対色説の論争に終止符をうったのは、1960年代における二つの生理学的発見です。20世紀になり、計測技術の発展により、神経細胞の反応が得られるようになりました。まず、三色説の正しさを証明したのは、慶応大学の冨田恒男らによる報告です。波長を変えながら短時間のフラッシュ光を、鯉に与える実験を行いました。鯉の網膜に刺した微小電極により細胞の電位変化を計測したところ、鯉の錐体から三色説に対応する応答が得られました。図（a）では、上段から短波長（S）、中波長（M）、長波長（L）に感度を持つ錐体の応答を示しています。ここでは、電位が下がっているほど反応が大きいことを示しています。一方反対色説を証明したのは、名古屋大学の御手洗玄洋らです。同じく鯉の網膜の水平細胞から反対色に対応する応答が得られました。水平細胞の応答（図（b））では、電位低下だけではなく、長波長側で電位上昇がみられます。波長によって正負の二極性の反応を示しています。反応の逆転する波長からの判断で、上段は赤／緑の反対色、中段と下段は黄／青の反対色の応答とされています。

三色説を支持する細胞と反対色説を支持する細胞は、両方とも存在し、それらの細胞は、階層的構造をなすものであったというのが最終的な結論です。三色説を支持する視細胞がまず網膜の初期にあり、反対色説を支持する神経細胞がその後段階にあったというわけです。

こうして、ニュートンの実験から300年、三色説と反対色説の論争がはじまって100年後に、日本の研究者の貢献によって決着がつけられました。光の粒子性と波動性の問題もそうですが、本質的な問題の多くは一面からだけでは解決できない、多面的にとらえないといけないという好例だと思います。

**要点BOX**

- 三色説を支持する視細胞と反対色説を支持する神経細胞の発見
- 日本の研究者の貢献による決着

## 鯉の神経細胞の電気刺激に対する反応

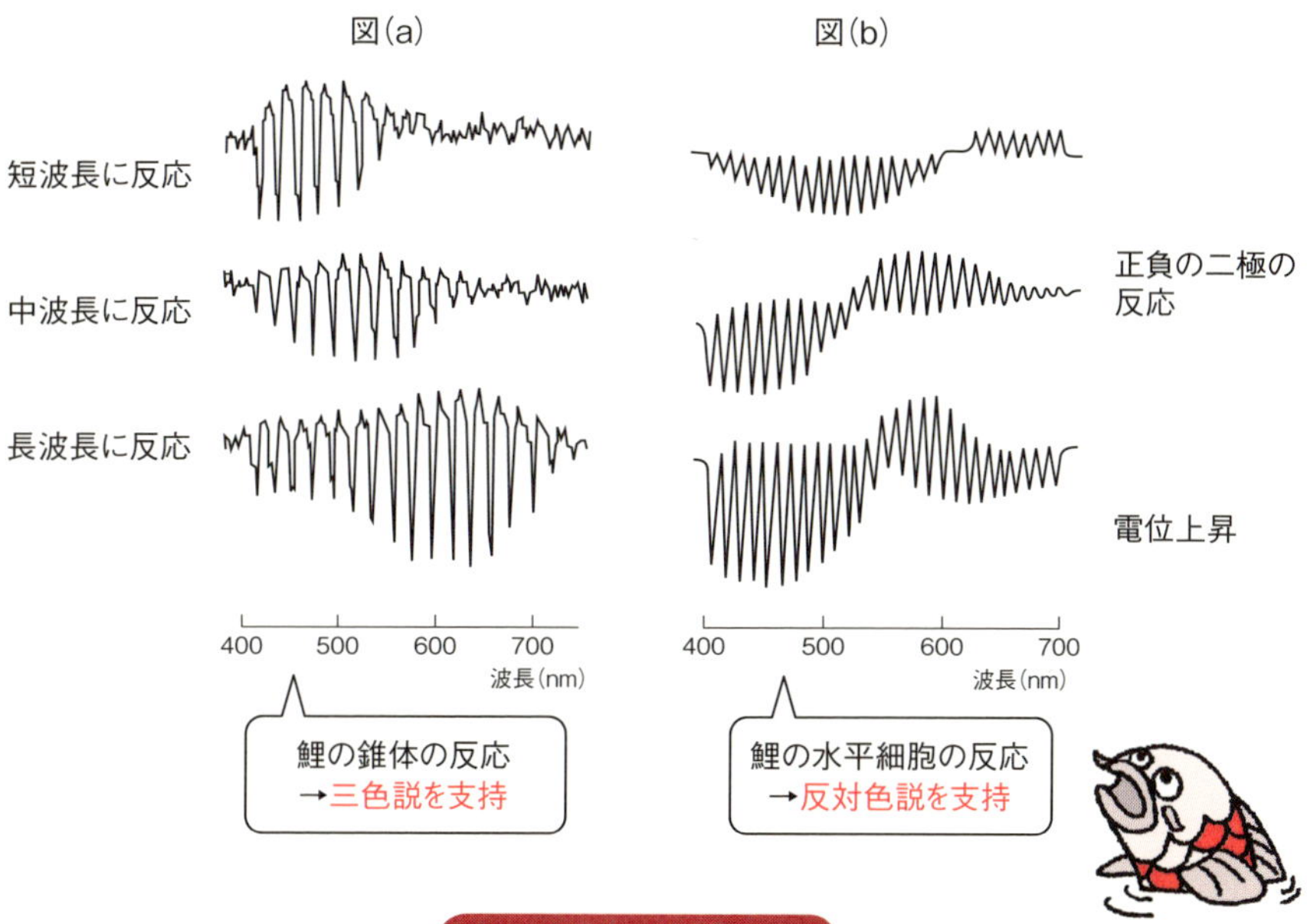




## 網膜の構造

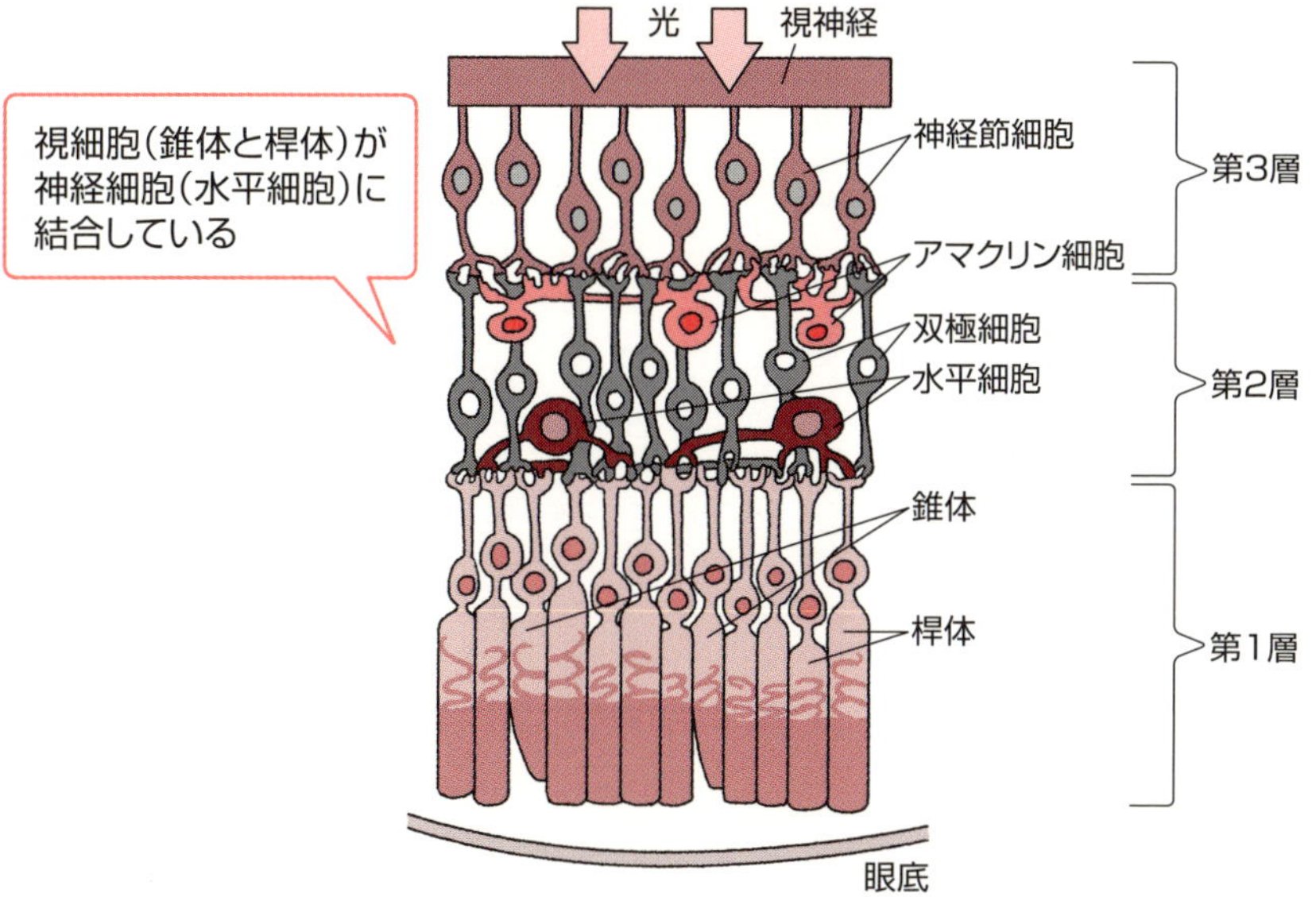


**用語解説**

**水平細胞**：桿体や錐体等の視細胞と結合している神経細胞。三色信号を反対色信号に変換する。

# 21 混色のしくみ

## 混色の分類

本章では、前項までは色彩の科学史をたどりながら、色彩研究の発展をみてきました。その中で、何度もキーワードとして出てきた言葉に「混色」があります。例えば、ニュートンのプリズム実験では、赤色光と緑色光を混色して黄をつくっていますね（14項参照）。ある色とある色を混ぜ合わせて別の色をつくることを混色といいます。混色の方式は、「加法混色」と「減法混色」とに大別できます。

加法混色は、さらに「同時加法混色」、「継時加法混色」、「並置加法混色」に分類できます。同時加法混色は、異なる色光で同一エリアを同時に照明したときにできる混色です。継時加法混色は、例えば、コマの円周方向に異なる色を塗って回転させた場合に生じる混色です。また、並置加法混色は液晶ディスプレイの画面等に使われている混色方式で、異なる色の非常に細かい多数のエリア（画素）が集積した時に生じる混色です。加法混色の三原色は、光の三原色ともいわれ、赤（Red）、緑（Green）、青（Blue）の三色です。それぞれR、G、Bと表記されます。

減法混色は、印刷、プリンター等、身の周りの多くのものに応用されています。減法混色の三原色は、色の三原色といわれることもあり、イエロー（Yellow）、マゼンタ（Magenta）、シアン（Cyan）の三色です。それぞれY、M、Cと表記されます。

別の分類方法もあります。同時加法混色と減法混色では、その混色過程は完全に物理的なものです。目の外部で混色された色光が目に入ってきてから、色として認識されるものです。これは「物理的混色」と分類されます。一方、継時加法混色と並置加法混色では、個々の色光は別々に目に入射します。その後、脳内において生理的に混色されるものです。継時加法混色は錐体の時間的分解能、並置加法混色は錐体の位置的分解能を越えた領域で混色が起こるわけです。それゆえ「生理的混色」と分類されます。

**要点BOX**

- 混色は、加法混色と減法混色に大別される
- 加法混色は、同時加法混色、継時加法混色、並置加法混色に分類される

## 加法混色（同時加法混色）

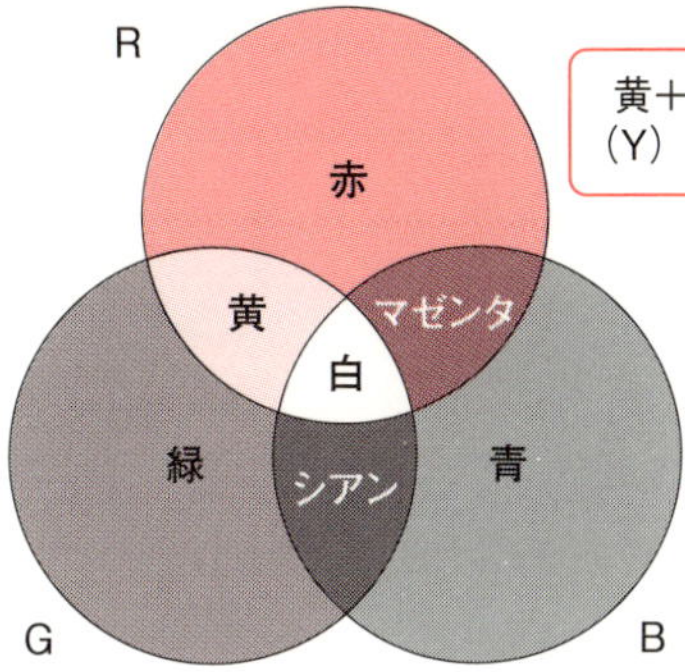


## 減法混色

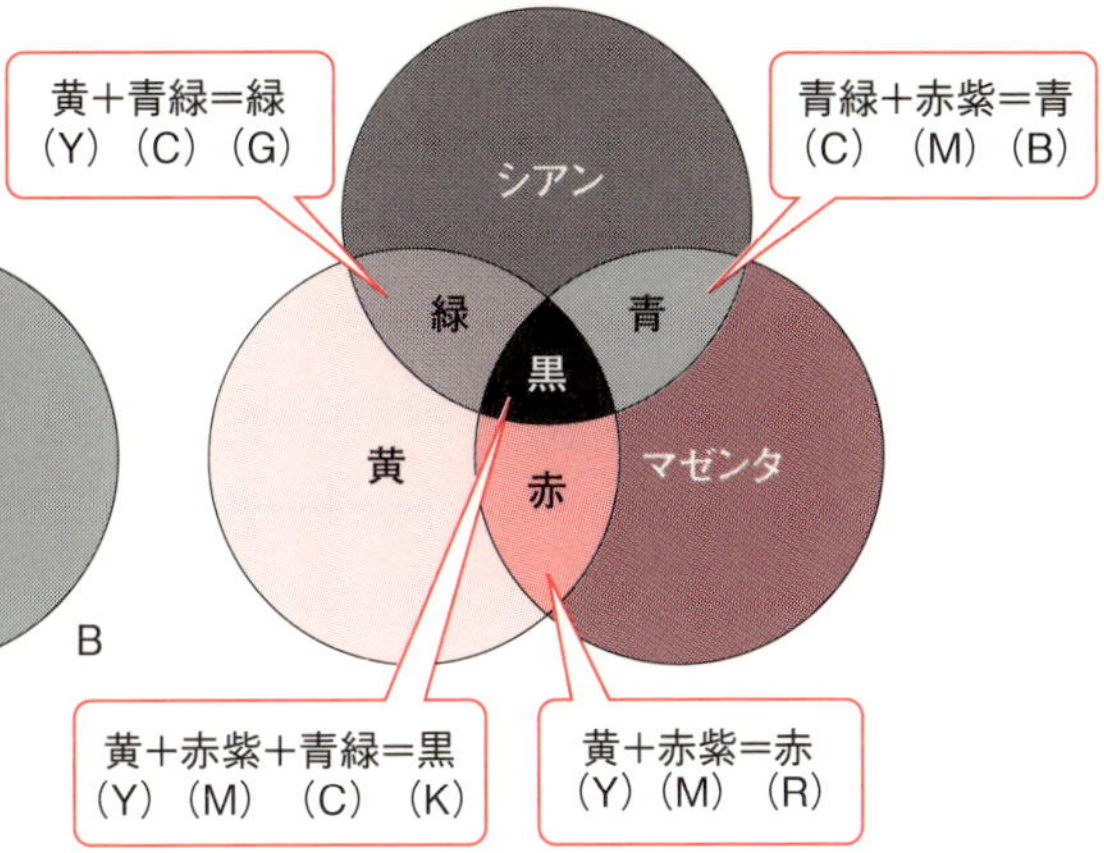


## 物理的混色と生理的混色

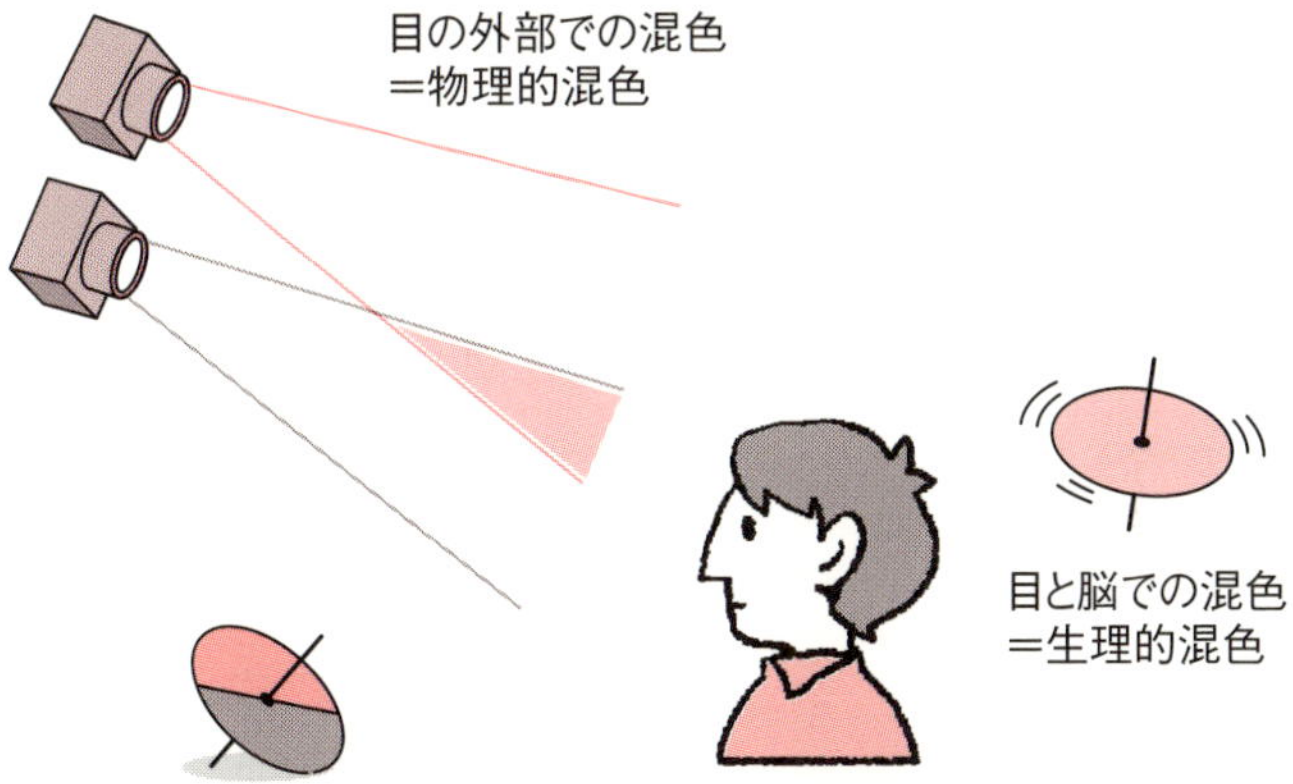




## 混色の分類

| | 光の三原色 | 色の三原色 |
|---|---|---|
| 物理的混色 | 同時加法混色 | 減法混色 |
| 生理的混色 | 継時加法混色<br>並置加法混色 | — |

**用語解説**

**分解能**：対象を測定又は識別できる能力。

# 22 同時加法混色のしくみ

## 色光の重ね合わせで色をつくる

同時加法混色は、プロジェクターやスポットライトのように、三原色の色光を組み合わせて、一か所に同時に投射して混色させる方法です。例えば、赤色光(R)、緑色光(G)、青色光(B)を発するプロジェクター3台からの光を真っ暗なスクリーン上に投射すると、それぞれの色光の重なり方によって新しい色がつくり出されます。RとGの光が等量重なり合うとイエロー(Y)になり、GとBの光が等量重なり合うとシアン(C)になり、BとRの光が等量重なり合うとマゼンタ(M)になります。また、三原色(R・G・B)の光が等量重なり合うと白(W)になります。混色の比率を変えれば、その比率に応じて色は連続的に変化します。さらに、RとC、GとM、BとYを混ぜてもWになります。混ぜると白になることから、これらの色同士は補色の関係にあることがわかります。

赤色光Rの分光分布は可視光領域の中では長波長領域に集中し、中波長領域、短波長領域には分布を持ちません。緑色光Gの分光分布は、中波長領域に集中し、短波長領域、長波長領域には分布を持ちません。これらの色光を同一エリア上に等しい放射照度で照射すれば、そのエリアには長波長領域及び中波長領域の光が同時に存在することになります。この光がスクリーン面で反射して目に入ります。長波長域に主感度をもつS錐体と、中波長領域に主感度をもつM錐体が同時に同程度の刺激を受けることになりますので、脳はイエロー(Y)を感じることになります。シアン(C)もマゼンタ(M)も同様の理屈で発現します。このようにして、三原色(R・G・B)の色光の混合比を変えることによってさまざまな色を加法混色によってつくり出すことができます。

同時加法混色は、異なる色光を同一エリアに同時に照射しますので、そのエリアでは単一の色光よりもエネルギーは増加します。いわば足し算で成立することから、加法混色とよばれます。

**要点BOX**

- 同時加法混色では、異なる色光を同一エリアに同時に照射
- 応用例はプロジェクター、白色LED照明等

## 同時加法混色

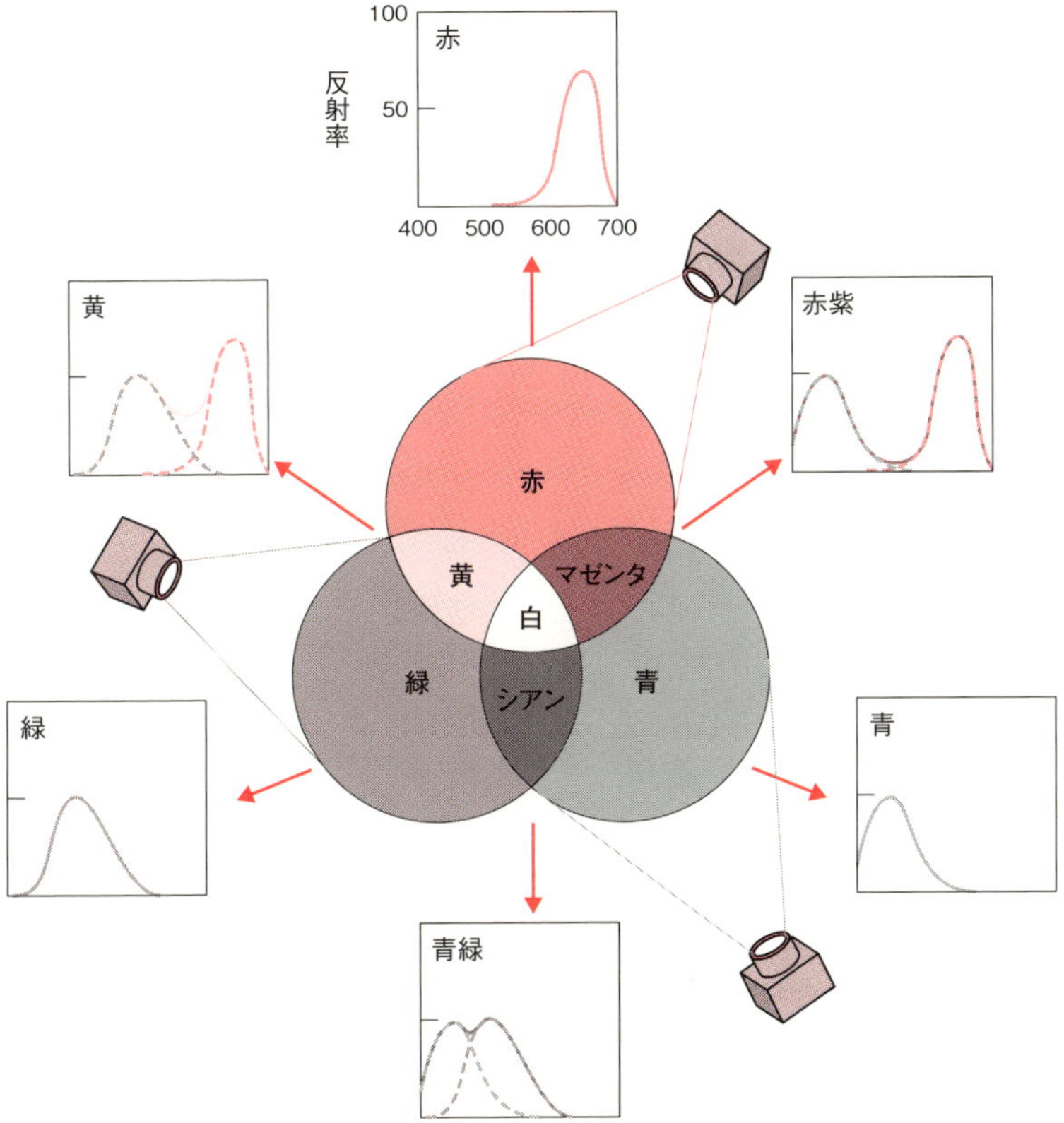


## 同時加法混色の応用例

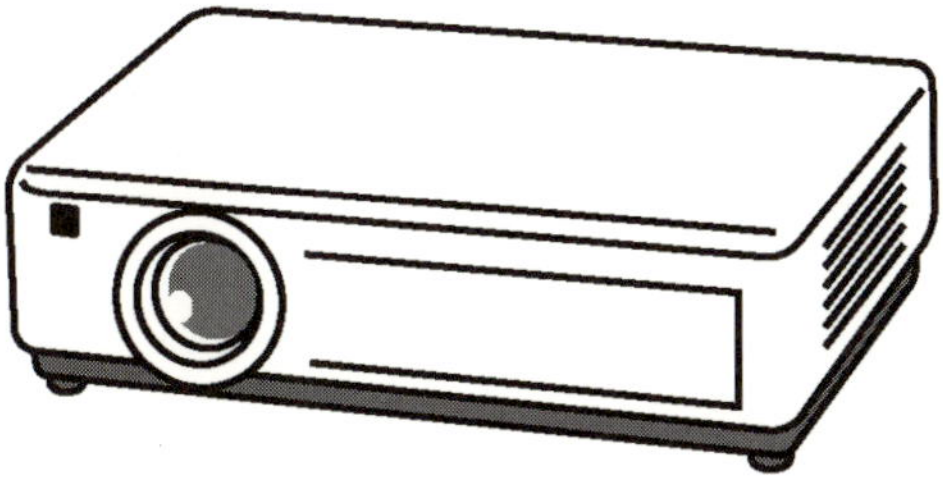

プロジェクター

白色LED照明

# 23 継時加法混色のしくみ

## 錐体の応答時間の遅れによる混色

「継時加法混色」と次項（24項）で紹介する「並置加法混色」は、「中間混色」といわれることがあります。中間混色は、二種類以上の色が共存するとき、私たちにはその見分けがつかず、私たちの色覚の中で混色が起こるものです。その点で中間混色は、「生理加法混色」（21項参照）に分類されます。

本項では、「回転混色」ともよばれる継時加法混色について説明します。コマに複数の色を塗った場合、それぞれの色は独立しています。しかし、回転させると、その混色にみえます。例えば、赤と緑の場合には黄色にみえます。また、塗る色の面積比を変えると、その比に応じて色が変化してみえます。

私たちの目は、回転するコマを網膜上に結像しています。網膜上の特定の位置（錐体）から回転するコマをみると、塗り分けられた色の各エリアからの色光が時間的に交互に入射してくることになります。この入れ替わりの速度が遅ければ、私たちはそれぞれの色が交互に入れ替わりながら回転していることを認識できます。しかし、回転が速くなると、錐体の応答速度が追いつかなくなってしまいます。

網膜上の特定エリアの錐体への入射光と錐体の応答の関係を考えます。例えば入射光が赤色光と緑色光の場合、それぞれが交互に入れ替わって入射するのに対して、L及びM錐体（8項参照）の生理的応答には時間的な遅れが生じます。そして、その受信信号が視神経を通じて脳に伝えられます。したがって、脳はあたかも赤色光と緑色光が時間的に重なっているように受け取り、それらの中間的な色相である黄色（赤と緑の加法混色）として認識し、明るさも中間の明るさに感じます。これが継時加法混色のしくみです。コマに塗る色の面積比を変えれば、錐体の応答特性も変わりますので、混色の結果は二色の中間で面積比に応じて変化します。継時加法混色を利用したのがDLP方式のプロジェクター（64項参照）です。

**要点BOX**
- ●継時加法混色は、中間混色に分類
- ●応用例はDLP方式のプロジェクター等

## 回転混色ともよばれる継時加法混色

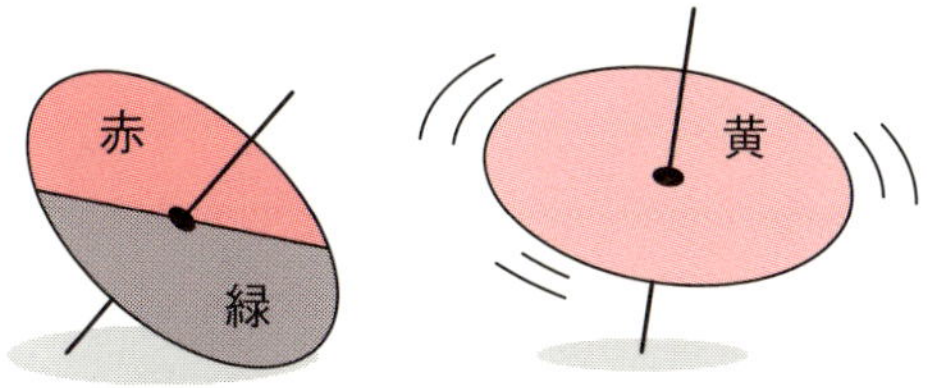


## 継時加法混色における網膜への光エネルギーと錐体の応答

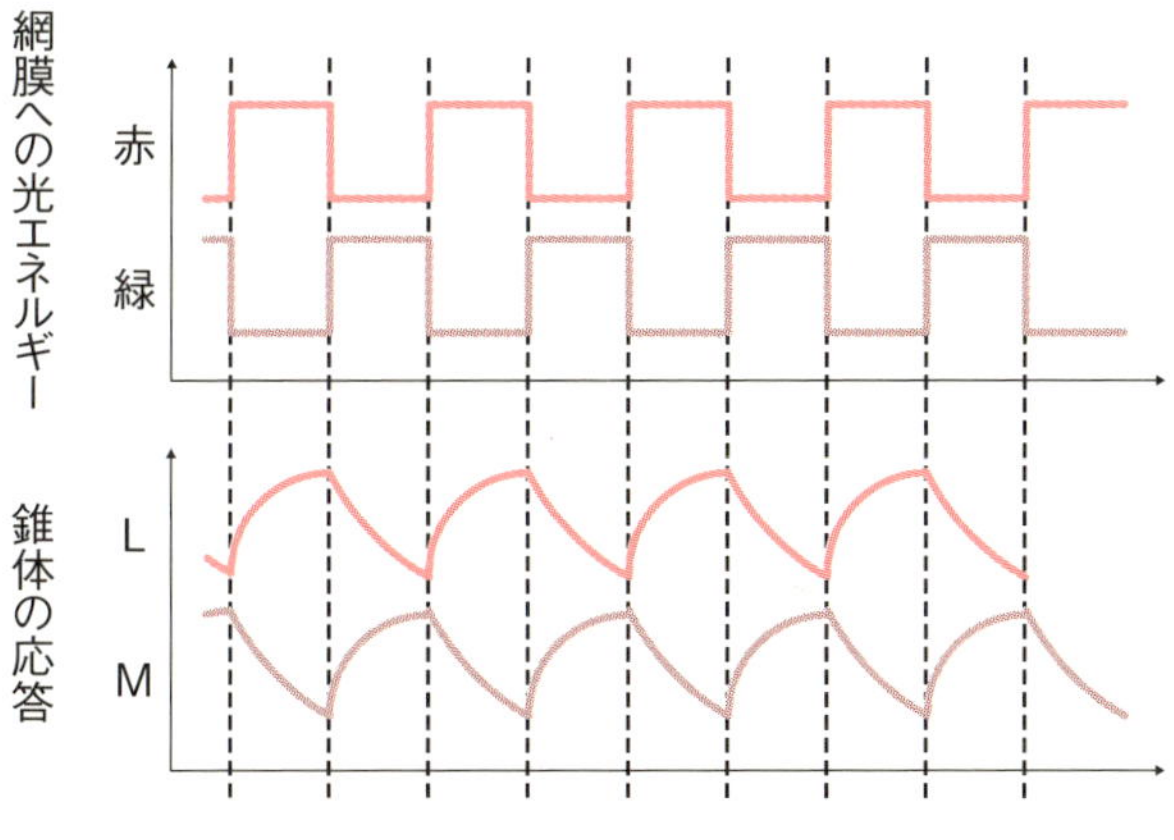


## 経時加法混色の応用例

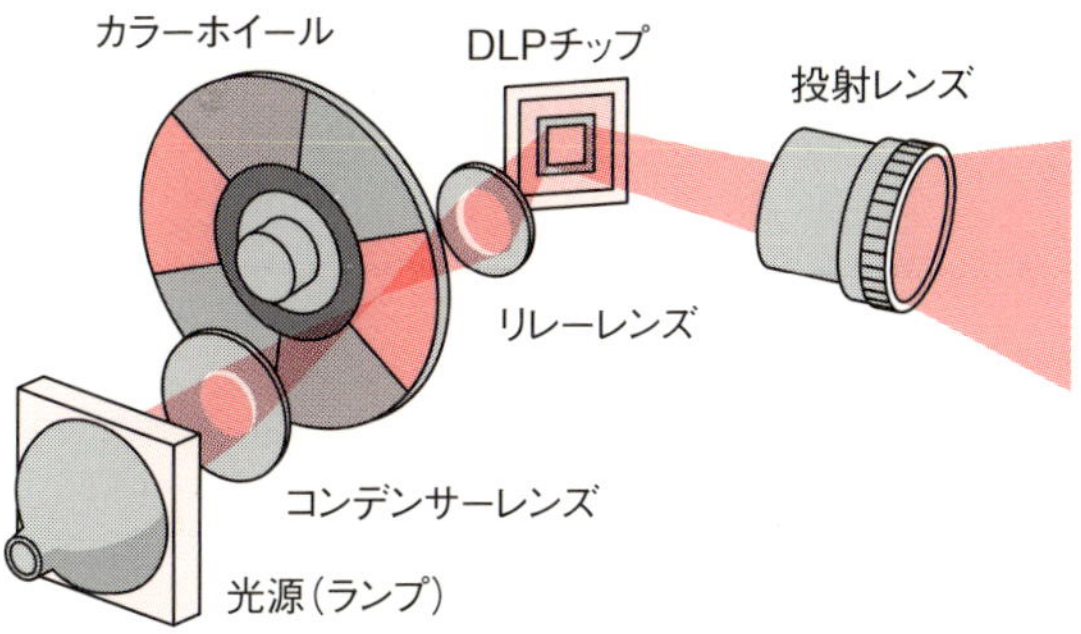

# 24 並置加法混色のしくみ

## 錐体の位置的分解能の限界による混色

並置加法混色は継時加法混色と同様に中間混色の一種です。こんな経験はないでしょうか。遠くからだと一色にみえていたものが、近くに寄ってみると実は一色ではなかった。異なる色をある距離からみたとき、それぞれの色を見分けられず混色した色にみえることがあります。例えば、赤と緑の「市松模様」の柄を考えてみましょう。柄が大きいときには網膜上で赤のエリアと緑のエリアの結像位置が異なるため、別々の色として認識されます。しかし、図柄をどんどん小さくしていくと、ついには柄が区別できなくなり、赤と緑が渾然一体となって黄色にみえてきます。網膜上での錐体の位置的分解能の限界を越える小さなモザイク状の複数色に対しては、それらの色の中間の色が認識されます。この中間混色を並置加法混色といいます。

並置加法混色の応用例としては、液晶ディスプレイ（63項参照）が挙げられます。液晶ディスプレイのカラーフィルターには、赤、緑、青の極めて細かい画素が規則的に配列されています。バックライトからの光に対して、液晶層が光のシャッターの役割をすることで、カラーフィルターのどの画素に光を通すかを決めます。例えば、液晶層が画面上で青に表示された領域は青の画素のみに光が通っており、緑と赤の画素に対して光は遮断されます。同様に、黄色に表示されたエリアは、赤と緑の画素に光が通っており、青の画素に対して光は遮断されます。また、白に表示されたエリアは、赤、緑、青の全ての画素に対して光が通っています。

一般に印刷や絵画は、減法混色（25項参照）で色を混色すると考えられていますが、加法混色を利用したものもあります。例えば、絵画における「点描」という技法では、絵の具の混色により色が暗くなるのを防ぐため、絵の具を混ぜずに細かな点を並置することで混色を実現しています。

**要点BOX**
- ●並置加法混色は、中間混色に分類
- ●応用例は絵画等

## 市松模様の柄の大きさと色の認識

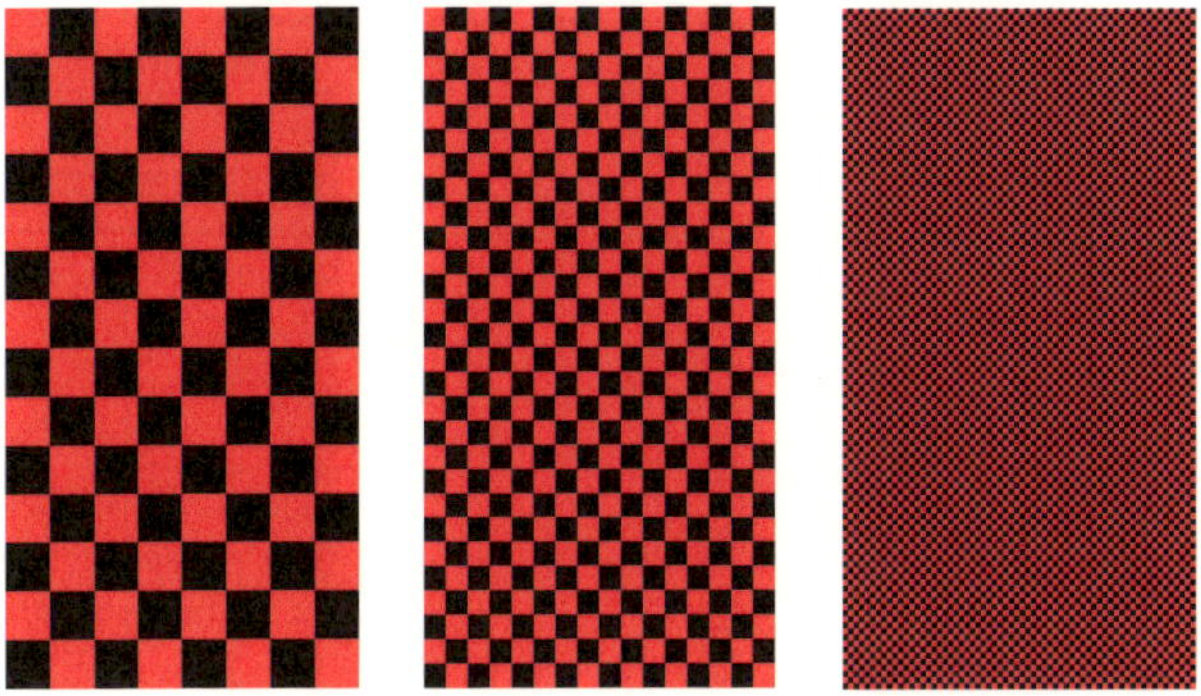

表紙カバー参照

## 並置加法混色の応用例

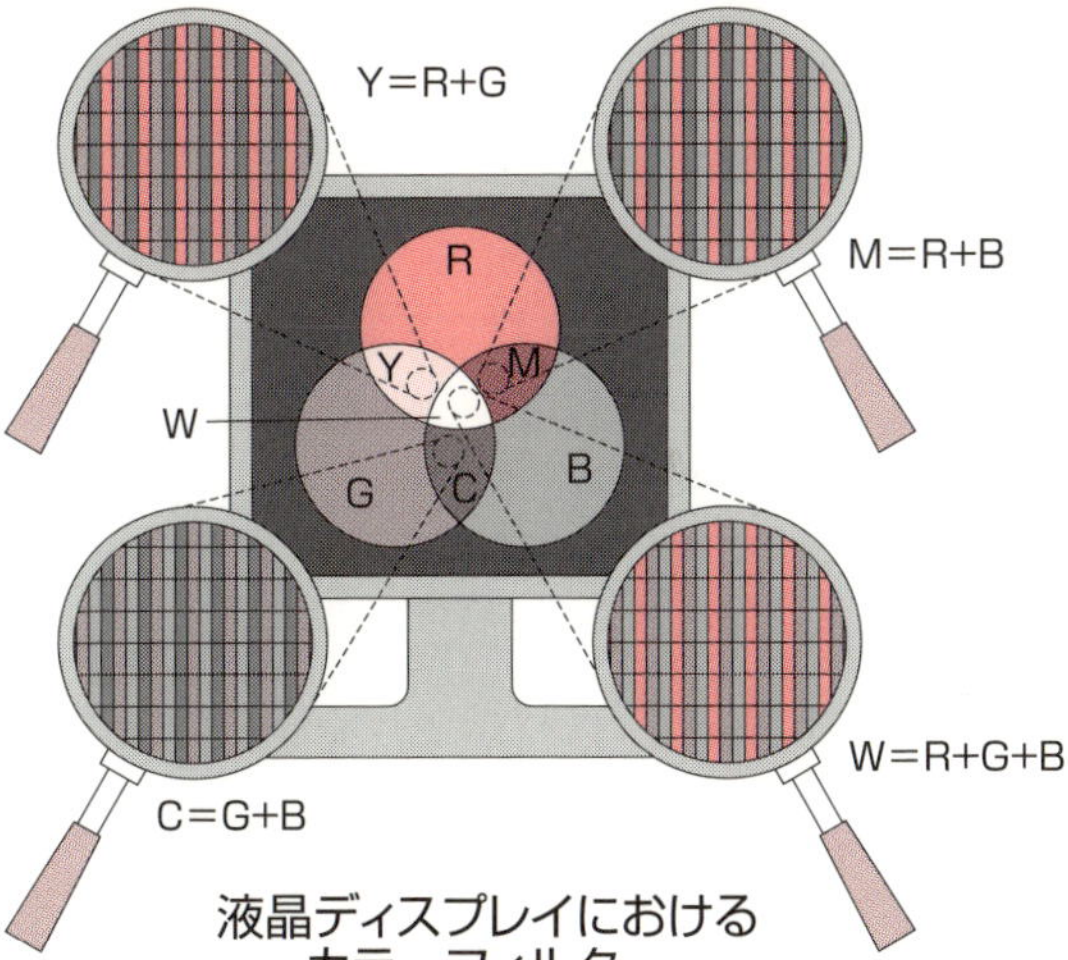


液晶ディスプレイにおける
カラーフィルター

ポール・シニャックによる
点描画「朝食」

# 25 減法混色のしくみ

## 色光の間引きで色をつくる

減法混色の説明には、色フィルターを使うことが多いようです。本項でも色フィルターを使った説明をしますが、注意点が一つだけあります。白いノートの上に半透明の黄色い下敷きをおいた場面をイメージしてみてください。感覚的には、白の上に黄色を加えたように感じる人が多いかもしれません。しかし、光学的には、色を引いたと考える必要があります。

イエローフィルターは、可視光領域の短波長成分（青色光）を吸収し、中波長及び長波長成分（緑色光及び赤色光）を透過します。つまり、青色光を間引きしてイエローをみせています。同様にマゼンタフィルターは緑色光、シアンフィルターは赤色光を間引くことにより、マゼンタとシアンをみせます。足し算ではなく、引き算で成り立つことがポイントです。

均等に分光分布している白色光（W）を、前述の色フィルターを重ね合わせたものに入射する場合を考えます。例えば、白色光をシアンフィルターに入射すると、赤色光（R）は吸収され、青色光（B）と緑色光（G）が透過します。この透過光（B＋G）が、イエローフィルターに入ると青色光（B）が吸収され、緑色光（G）だけが透過します。結局、両フィルターを重ねたときに透過するのは、共通に透過する波長領域、すなわち中波長領域の緑色光（G）だけとなります。その結果、M錐体（8項参照）が強い刺激を受け、緑色を感じることになります（W－R－B＝G）。

三原色（Y、M、C）フィルターの減法混色では、Y、M、Cの三原色フィルターを重ねると入射した白色光の全てがなくなってしまうため、黒（K）になります。

以上、色フィルターで説明しましたが、光エネルギーを吸収させてつくり出す混色であることから、絵の具を使ってもフィルターのときと同じような説明が可能です。

減法混色の応用例としては、印刷、絵画等が挙げられます。

**要点BOX**
- ●減法混色は引き算で成立
- ●応用例は印刷、絵画等

## 減法混色におけるフィルターの役割

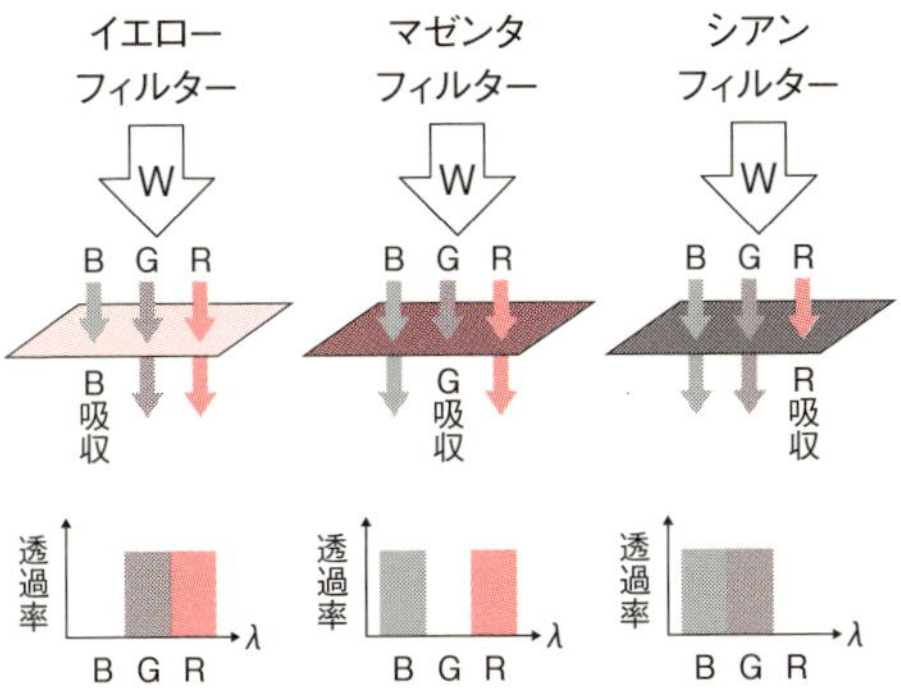


## 減法混色における緑色の発現

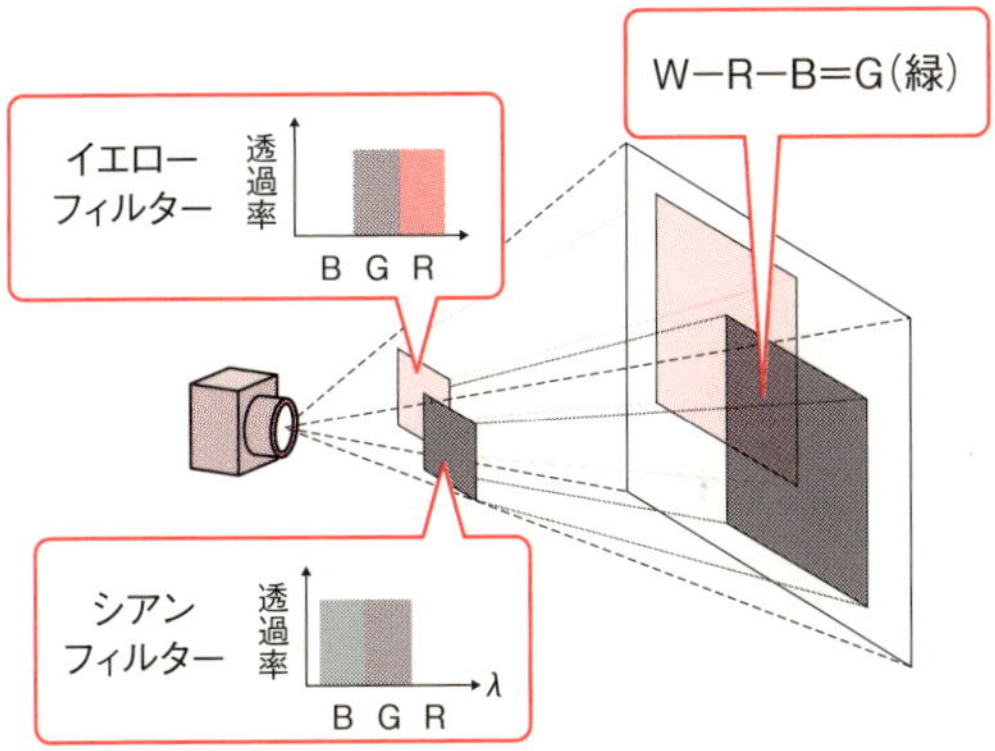


## 三原色フィルターによる黒の発現まで

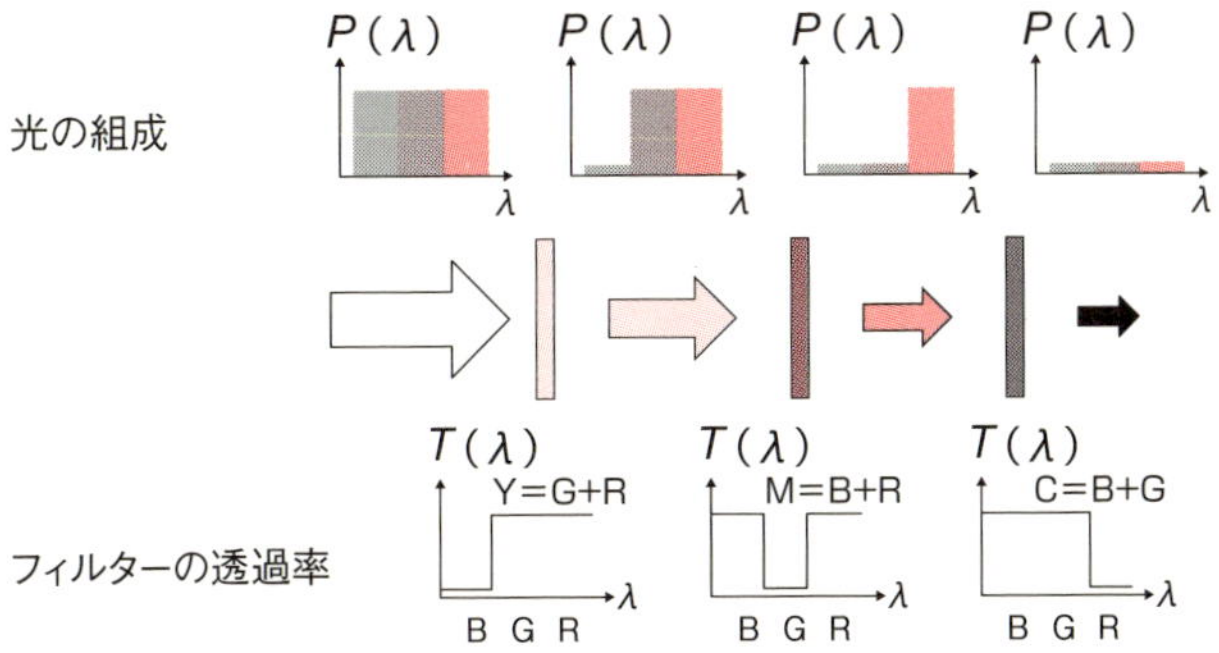

Column

# 果物の選別に最適な手袋

果物の収穫のタイミングは重要です。早く取り過ぎては甘みが足りなく、遅過ぎると軟らかくなり過ぎてしまいます。ある通販のサイトを何気なく眺めていたら、「果物等の選別等に最適な手袋」とか「農家の主婦のアイディアから生まれた作業用手袋」という商品がありました。これは、きっと収穫に最適な時期の果物の色と同じ色の手袋を売っているに違いないと勝手に思い込んでいました。そのような手袋で作業すれば、手袋と同じ色の実だけを収穫するといった選別ができるはずです。しかし、そのサイトの手袋は、そういった色に関するものではなく、単に作業性に優れる手袋といった内容でした。

そこで、もう少し調べてみると、朝日新聞の2013年8月4日の朝刊に「熟成チェック手袋続々」という記事がありました。内容は、リンゴが熟したかどうかを一目で見分けられるカラー見本がついた手袋の販売が青森県リンゴ協会ではじまった、というものでした。これまではカラーチャート板をポケットから取り出し確かめていたのが、この手袋のお蔭でその手間が省けるとのこと。この手袋には3パターンの色見本がついていて、リンゴの種類ごとに照合できるようです。また、みかん用やトマト用もあるそうです。

個人的には、このような手袋が販売されていることよりも、カラーチャート板を使ってまで、徹底した品質管理を行っていたことに感心しました。

# 第3章

# 色のポジショニング

# 26 人に色を伝えるにはどうしたらよいだろう

## 表色系を用いた定量的表現

日常生活において、人に色を伝えたいとき、どうしますか。色の名前を使うのが普通ですね。赤、青、緑といった場合には、これらの区別に迷うことはありません。しかし、「朱色」、「紅色」、「鴇色《ときいろ》」とかいわれた場合にはどうでしょうか。デザイナー等専門家の方でない限り、迷うのではないでしょうか。

色を定量的に表示することを「表色」といい、表色のための一定のルールで体系化されたものを「表色系」といいます。表色系には「顕色系」と「混色系」があります。顕色系では、色票等の色見本を用いて色を分類します。この分類には、三属性といわれる三つの尺度を用います。まず、赤、青、緑といったように色の種類で分類する「色相」です。しかし同じ色相でも、鮮やかな赤もあれば、くすんだ赤もあります。そこで鮮やかさの程度を示す「彩度」が必要になります。彩度は、色の中に混じる白や灰色の成分に影響されます。無彩色といわれるこれらの成分が混じるほど彩度は低くなります。全く混じらない純色では彩度が最大になります。同様に明るい赤もあれば、暗い赤もあります。そこで、「明度」が用いられます。明度は光の反射に関係します。反射率の高い色は明るく、低い色は暗くなります。最も明度が高いのは白、最も低いのが黒で、いずれも無彩色です。顕色系の代表例としては、「マンセル表色系」が挙げられます。

一方、「混色系」において定量化の基礎となるのは、色票ではなく、私たちの感覚器官に刺激を与え、色を感じさせる原因となる光です。加法混色（22項参照）における三原色である赤色光、緑色光、青色光を、例えばR：G：Bの比率で混ぜることにより、任意の色を合成できます。言い換えれば、R：G：Bの値をもって、任意の色を空間座標上にプロットすることができます。この表色系の例としては、一連の「CIE表色系」が挙げられます。

**要点BOX**
- ●表色系を用いれば定量的に色を伝達できる
- ●色の三属性や三原色の混合比を用いれば、色のポジションを決めることができる

## 本章で説明する表色系の関係と歴史的な流れ

**顕色系**

1929年　マンセル表色系

1943年　修正マンセル表色系

**混色系（CIE表色系）**

1931年　RGB表色系

1931年　XYZ表色系

1976年　L*a*b*表色系

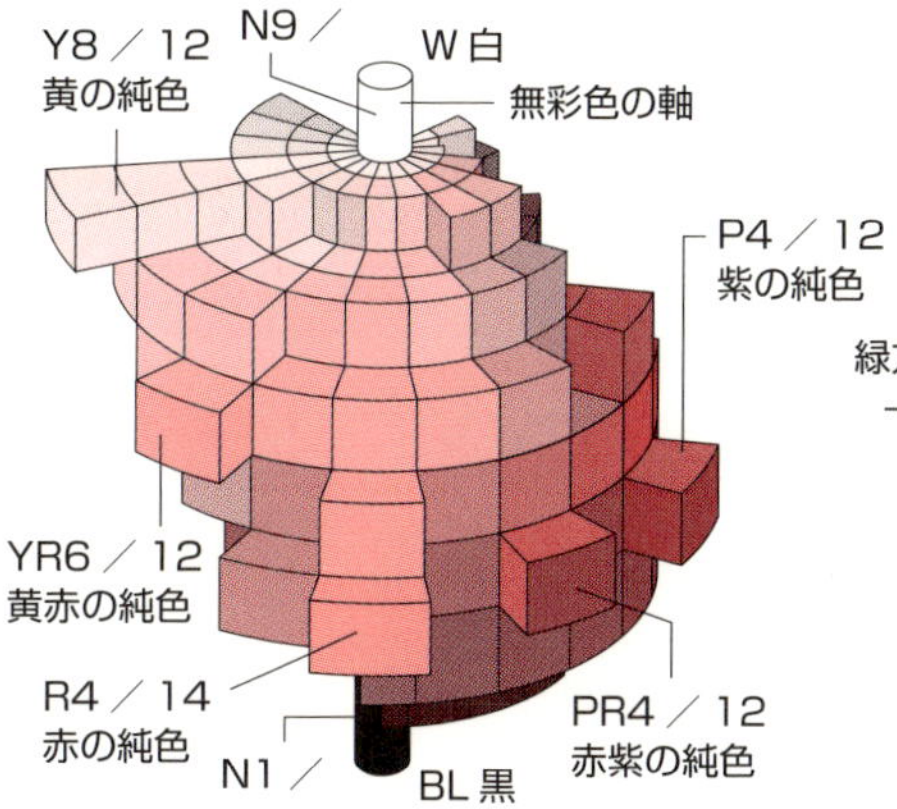


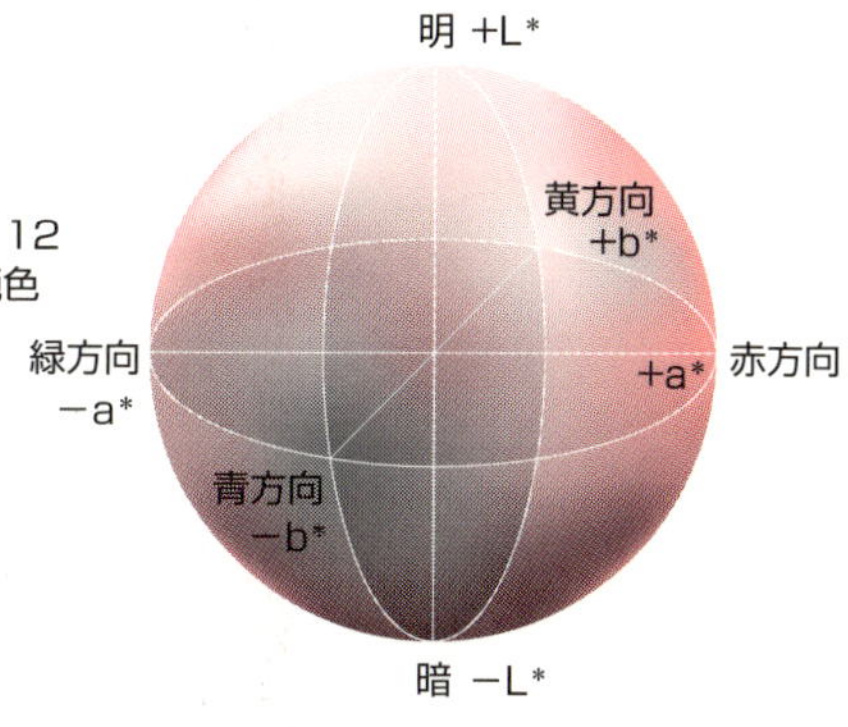


## リンゴの表面の色は？

マンセル表色系で、2.5R4.5／11.5

*xy*色度図で、(*x*、*y*)＝(0.4832、0.3045)

L*a*b*表色系で、(L*、a*、b*)＝(43.31、47.63、14.12)

### 色を定量化する意義

色は光によってもたらされるが、光そのものは色を持っているわけではなく、感覚器官に刺激を与えているに過ぎない。したがって、同じ環境下で同じ光で同じ対象物をみていても、それをどのような色に感じるかは人によって異なる。色を共有するには、個々の感覚の違いから起こる混乱を避けるためにも、色を客観的に定量化する必要がある。

# 27 色を記号で表現する

## マンセル表色系による定量化

表色系のうち顕色系の代表例は、画家マンセルによって考案されたマンセル表色系です。現在は、米国光学会によって修正されたものがマンセル表色系として用いられています。マンセル表色系では、色の三属性（色相、彩度、明度）を利用して、色のポジショニングを行います。

まず、色相です。赤（R）、黄（Y）、緑（G）、青（B）、紫（P）の五色を基本色とし、各基本色の間に、黄赤（YR）、緑黄（GY）、青緑（BG）、紫青（PB）、赤紫（RP）のような混色を設けて、十色の色相円で表現しています。さらに各色を1から10まで分類し、例えば、Rの場合、最もRPに近いところを1R、最もRPから遠いところ（最もYRに近いところ）を10Rと表現します。純色に近い赤は、4R～6Rとなります。

次に、彩度です。色相円では、外側ほど鮮やかな色となります。中心に近づくほど彩度は小さくなり、中心は色がない無彩色になります。どの色相でも中心からの距離が等しければ彩度は等しくなります。ただし、彩度は10等分ではなく、高い彩度を有する赤では最大15、彩度の低い青では最大9といったように異なります。

最後に、明度です。明るさの異なる何枚もの色相円を重ねることをイメージしてください。立体になります。この色立体を地球に例えると、（形は歪ではありますが）最も明るいのは北極に当たる部分が白でその値は10、最も暗いのは南極に当たる黒でその値は0です。この両極では色相も彩度もありません。

さて、前項（26項）の「朱色」、「紅色」、「鴇色《ときいろ》」は、マンセル表色系では、それぞれ、3R4/14、6R5.5/14、8R3/2と表現されます。ここで、3R、6R、8Rは色相、4、5.5、3は明度、14、14、2は彩度を表しています。このように、マンセル表色系では、記号を使って、異なる色の差を明確に表現することができます。

**要点BOX**
- ●顕色系の代表はマンセル表色系
- ●マンセル表色系では、色の三属性（色相、彩度、明度）で色をポジショニングする

## マンセルの色相円

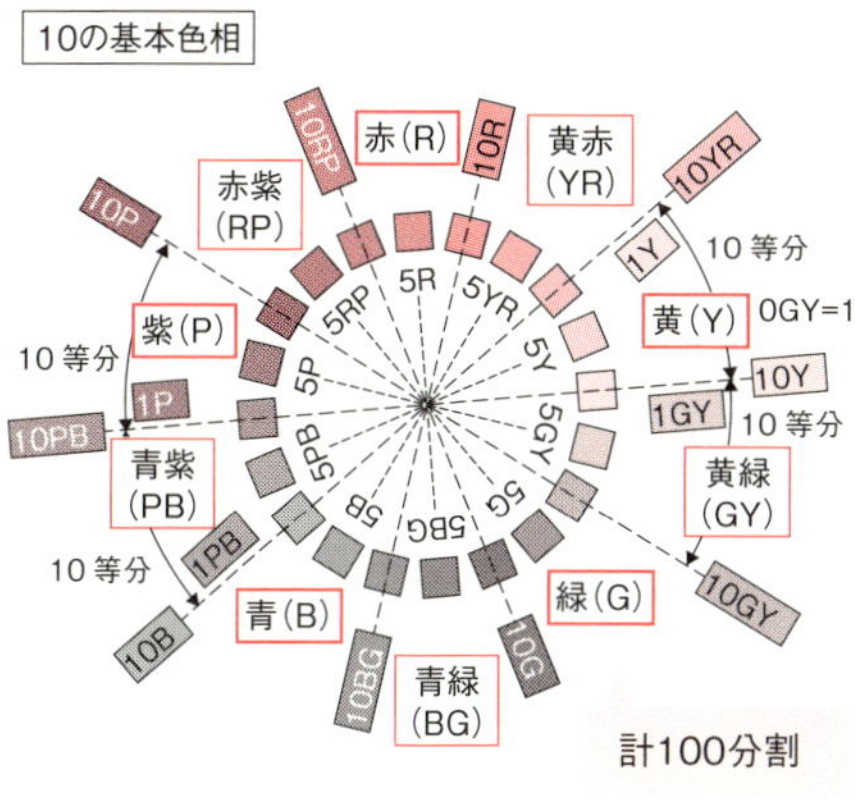


## マンセルの色立体

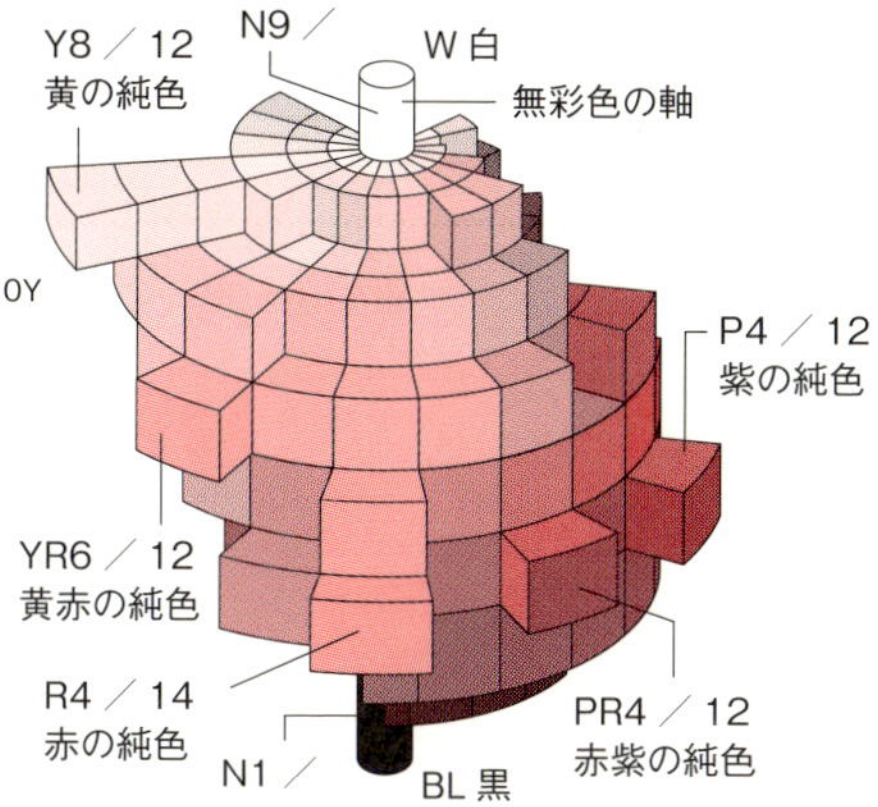


## 色の三属性

色を共有し利用するという観点から考えてみる。あなたが、服装のデザイナーであったとして、お客様から「紅色でお願いします」とか「通常の明るさで、非常に鮮やかで純度の高い赤でお願いします」と注文されるのと、「3R4/14でお願いします」というのではどちらの方が間違いないだろうか。後者の方がトラブルにならない可能性が高い。

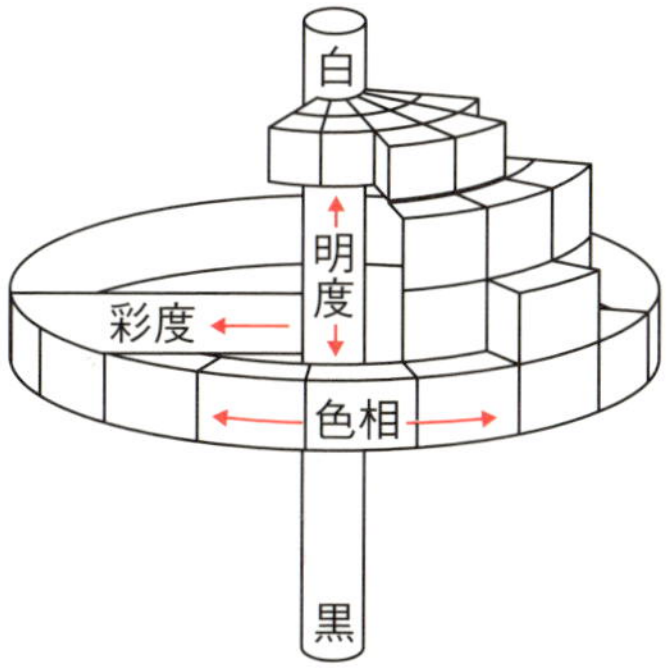

アルバート・マンセル (1858−1918) は、アメリカ合衆国の美術教師、画家。

「ある日没、その素晴らしく美しい光景を写生したときのこと、太陽の沈むのが速くて絵の具の調合が間に合わなかった。色をすばやく記録するために記号化する必要があると、そのとき強く感じた」マンセルが、色の正確な表記法が必要なことを説明するために、その著書「カラー・ノーティション」に記載した文章。

# 28 赤色光、緑色光、青色光で色を定量化する

## RGB表色系による定量化

ここからは、「混色系」の例として、国際照明委員会（CIE）の提唱する一連の「CIE表色系」を紹介していきます。顕色系の代表例であるマンセル表色系では、5R5/10といった記号の組み合わせで、色の位置を決めました。しかし、東京都中央区日本橋小網町14-1といった住所表示と似ていて、すぐにその場所をみつけるのは困難です。また、実際の色合わせにおいても、色票のような見本を用いるのが一般的です。美術やデザインの世界でカラーコーディネートするような場合には、色見本をみながら仕事を進める方が、イメージもわいてよいかもしれません。しかし、色見本の中に必要される色が常にあるとは限りません。色見本自体が色褪せてしまうこともあります。また、工業製品の色を決めるような場合には、もっと正確に色のポジションを決めることが必要です。できれば、実体のない（したがって劣化することのない）デジタル情報である数値を持って定量化することが望まれます。

そこで、より厳密に位置決めできる一連の「CIE表色系」について、まず「RGB表色系」から説明します。ここで、同時加法混色（22項参照）を思い出してください。赤色光［R］、緑色光［G］、青色光［B］を適当な割合で混合すれば、任意の色を合成できます。ここでは［R］、［G］、［B］を「原刺激」とよびます。つまり、任意の波長の光からなる色［F］は、次の式で示すように、原刺激［R］、［G］、［B］を適当な割合（ここではR：G：B）で混ぜることによって、等色（29項参照）できることになります。

［F］＝R［R］＋G［G］＋B［B］

この式で係数R、G、Bは、「三刺激値」といわれます。三刺激値R、G、Bは、可視光領域の色を現すために実験的に求められた等色関数を使って求めることができます。つまり任意の色［F］は、R、G、B三つの数値を持って、そのポジションを決定することができます。

**要点BOX**

- 混色系にはCIE表色系があり、その中の一つがRGB表色系
- R、G、B三刺激値で色をポジショニングする

## 住所表示と似ているマンセル表色系

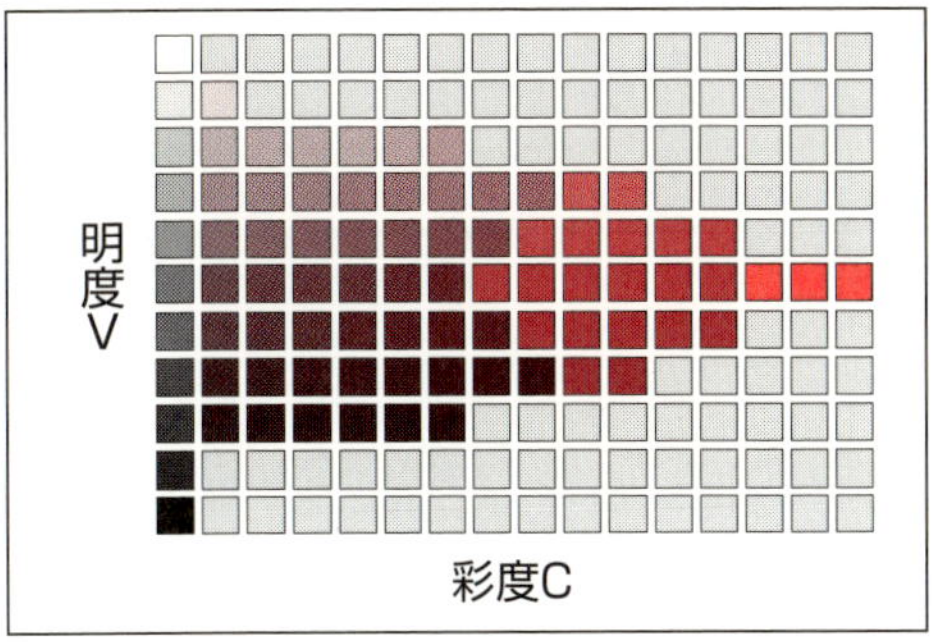
明度V
彩度C

5R5/10

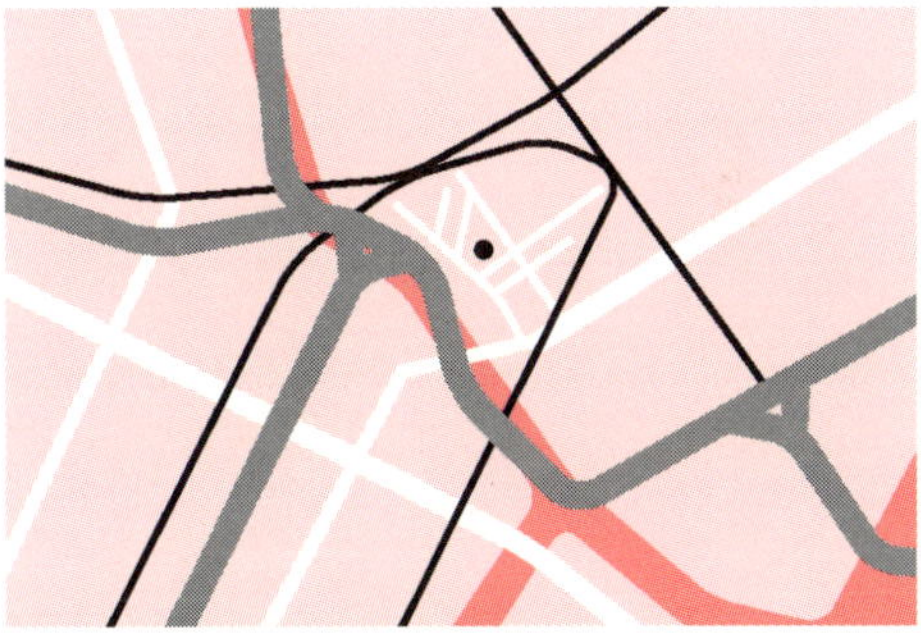

東京都中央区日本橋小網町 14-1

## RGB表色系における色のポジショニング

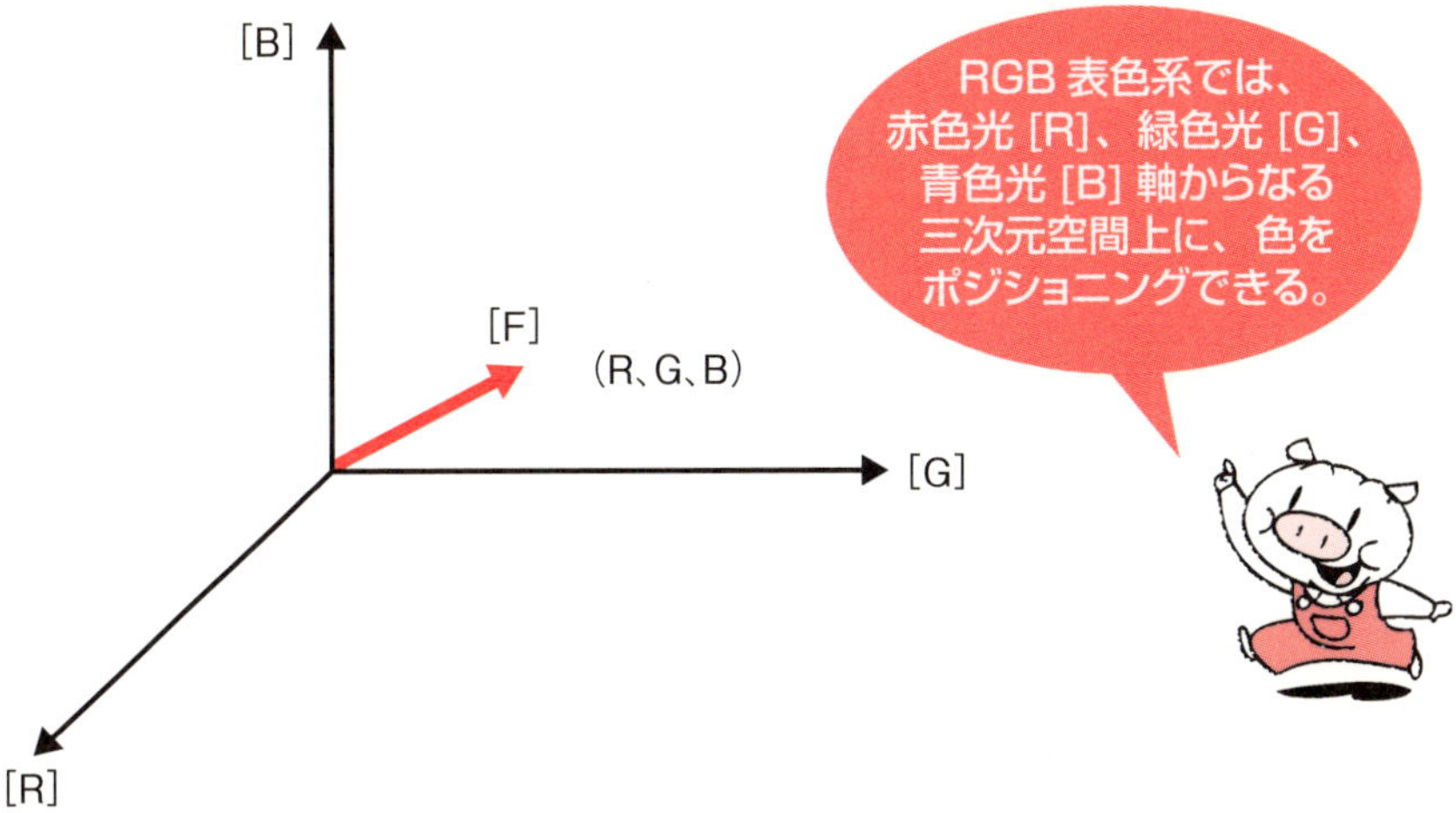
[B]
[F]
(R、G、B)
[G]
[R]
RGB 表色系では、赤色光 [R]、緑色光 [G]、青色光 [B] 軸からなる三次元空間上に、色をポジショニングできる。

# 29 等色実験

単色と混色の比較

前項（28項）のRGB表色系の基礎となった等色実験について説明しておきます。等色実験は心理物理学実験の一つです。このような実験に参加する観察者のことを被験者とよびます。また、被験者に与えられるものを「刺激」とよびます。視覚に対する実験では、光や色が刺激となります。

等色実験では、同時加法混色（22項参照）において、光の原色としていた赤色光[R]、緑色光[G]、青色光[B]「原刺激」として、以下の波長の単色光を用います。

[R]：λR = 700.0 nm
[G]：λG = 546.1 nm
[B]：λB = 435.8 nm

これらの原刺激をその混合比を変えながら加法混色した結果と、単色光の色とを比較して被験者が同じ色を感じたときを「等色」とします。具体的には、被験者は直交配置させた拡散性の良い2枚の白色板の表面の色を、左右の覗き穴から観察します。この2枚の白色反射板には、左右の孔から別々の光を入射させ、白色板表面で拡散反射された光を左右の視野から同時に比較し、両視野の色が同じにみえるかどうかを判断します。例えば、左側の入射孔からは波長 λ の単色光[F]を入射させ、右側の入射孔からは赤、緑、青の原刺激[R]、[G]、[B]の光を入射し、加法混色させます。そして、左右の白色板からの反射光から感じられる色を比較します。右視野の混色光は原刺激[R]、[G]、[B]を、R：G：Bの比で加法混色したとき、

R[R]＋G[G]＋B[B]

と現すことができます。このとき、R、G、Bは三刺激値（28項参照）です。したがって、調光器で三刺激値の比をさまざまに変えながら調整し、左右の視野が等色した時には、

[F]＝R[R]＋G[G]＋B[B]

と現すことができるわけです。

**要点BOX**
- ●等色実験は心理物理学実験の一つ
- ●加法混色と単色光の色を比較して被験者が同じ色を感じたときを「等色」とする

## 等色実験の装置

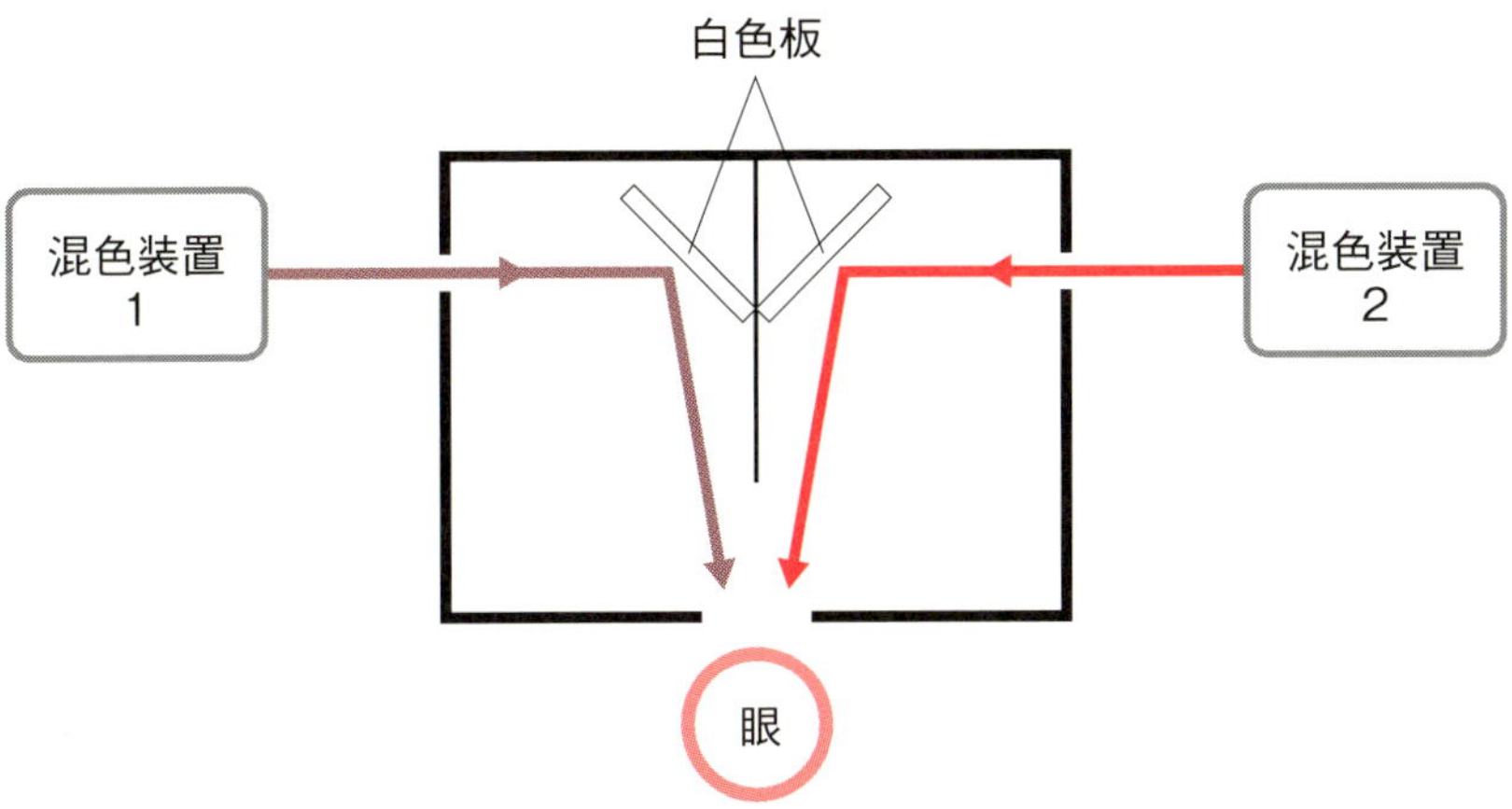


## 等色実験の原理図

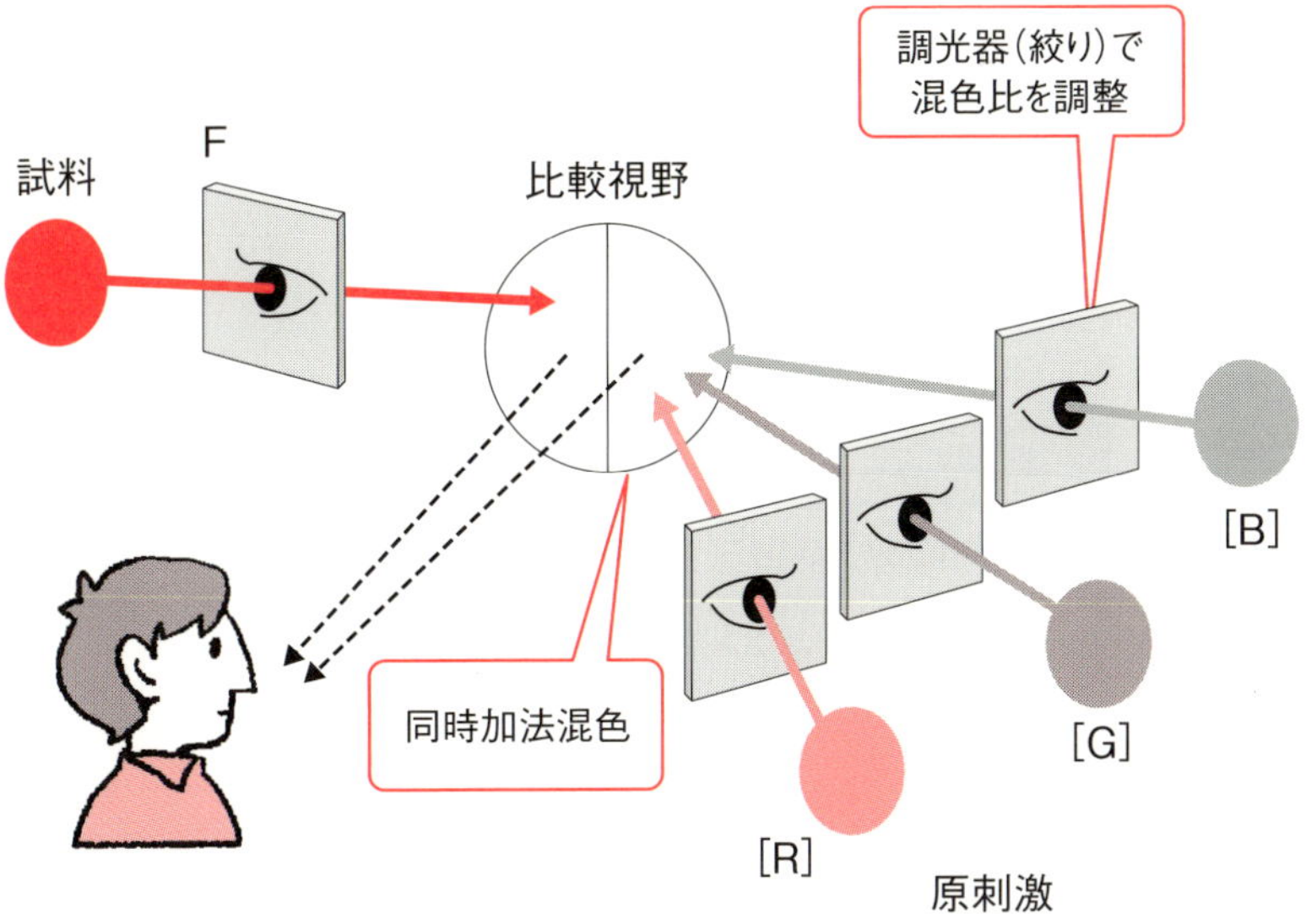

# 30 架空の色刺激で色を定量化する

## XYZ表色系による定量化



CIE表色系の中で、RGB表色系以上に利用されるのが、「XYZ表色系」です。XYZ表色系もRGB表色系と同様に加法混色をベースにしています。XYZ表色系では、直感的にわかりやすい[R]、[G]、[B]ではなく、[X]、[Y]、[Z]という想像上の原刺激を用います。なぜそのようなややこしいことをするのだと思われるかもしれません。しかし、とりあえず数学の世界で、いわゆる虚数iを用いると非常に便利になるのと似たようなものだと思ってください。XYZ表色系では、RGB表色系の直感的なわかりやすさを犠牲にしてでも、数学的な意味での利便性をとっているのです。具体的には、[X]、[Y]、[Z]の原刺激のうち、[Y]にだけ明るさを持たせています。[X]と[Z]は明るさのない虚色ということになります。

XYZ表色系においても、RGB表色系同様に、[X]、[Y]、[Z]を適当な割合で混合すれば、任意の色を合成できます。つまり、任意の波長の光からなる色[F]は、次の式で示すように、[X]、[Y]、[Z]を適当な割合（ここではX：Y：Z）で混ぜることによって、等色（29項参照）できることになります。

[F]＝X[X]＋Y[Y]＋Z[Z]

XYZ表色系における三刺激値X、Y、Zは、RGB表色系の三刺激値、R、G、Bから次の計算による変換によって求めることができます。

X＝2.7690R＋1.7517G＋1.1301B

Y＝1.0000R＋4.5907G＋0.0601B

Z＝0.0565G＋5.5928B

任意の色[F]は、X、Y、Z三つの数値を持って、そのポジションを決定することができます。ここでX、Y、Zはいずれも正の値をとることを強調しておきます。一方、実験上の話になりますが、R、G、Bでは負を認めないと等色関数を求められませんでした。負の値の混在が煩わしかったことも、RGB表色系よりもXYZ表色系の方が重用されてきた理由の一つでしょう。

**要点BOX**

- ●RGB表色系をベースに虚色を用いて数学的に扱いやすく変換したのがXYZ表色系
- ●XYZ表色系では、X、Y、Zの三刺激値を使用

## XYZ表色系におけるポジショニング

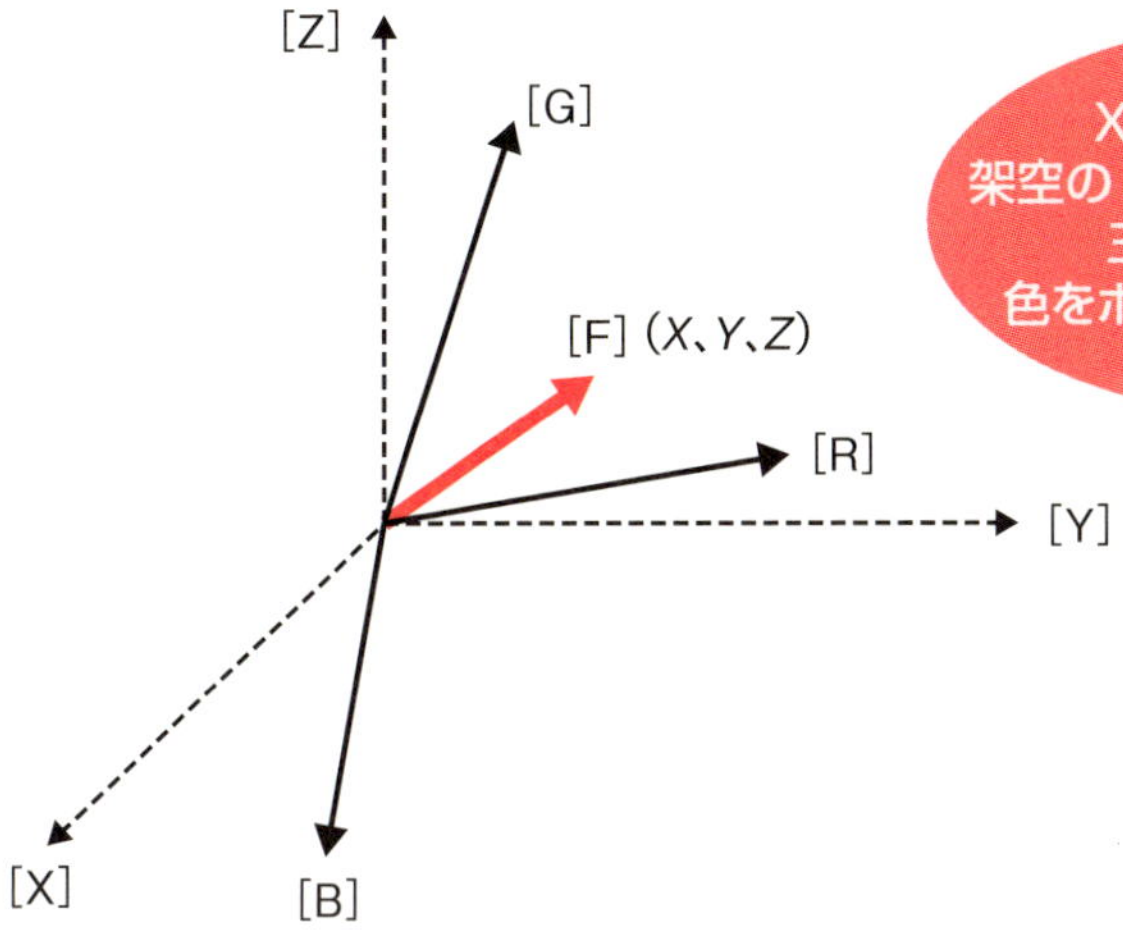

## 等色関数の比較

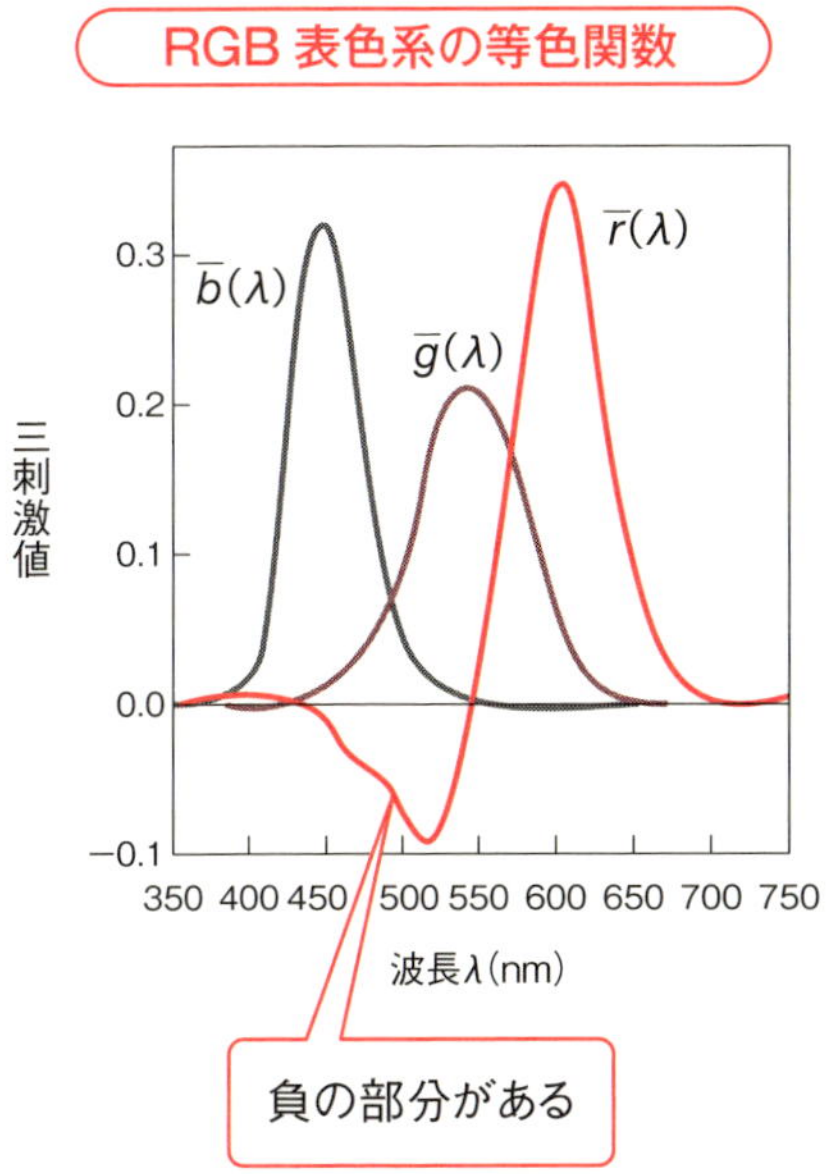


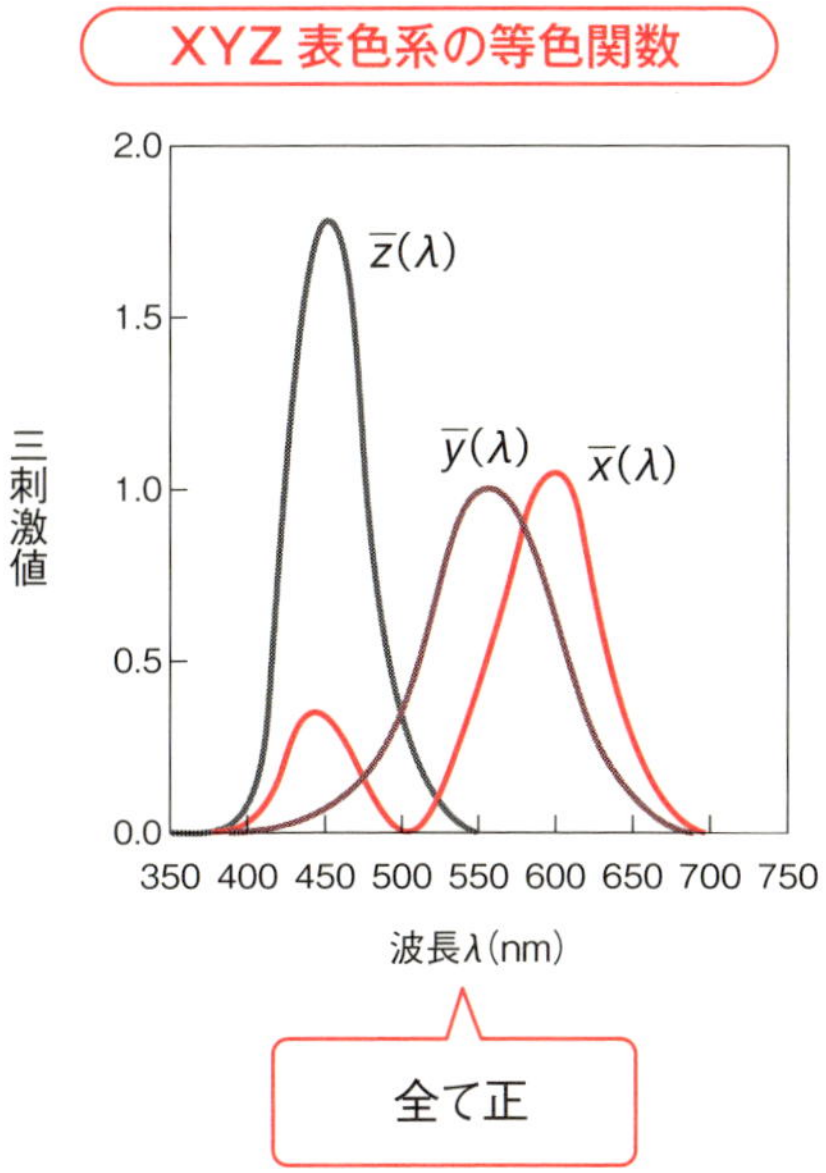

# 31 二次元上に色をポジショニングする

## xy色度図による定量化



CIE表色系のRGB表色系とXYZ表色系で色をポジショニングできることを説明してきました。しかし、色彩に関係した商品のパンフレット等はもちろん、学術論文においてもRGB表色系とXYZ表色系で三次元的に表現された図をみる機会は少ないと思います。その理由の一つは、二次元の紙面上にわかりやすくみせることができるxy色度図とよばれる便利なものがあるからです。

xy色度図は、XYZ表色系をベースに、次のようにして求めます。XYZ表色系における三刺激値X、Y、Zを相対化するために、$x+y+z=1$になるように操作して、次式で換算したx、y、zを定義します。

$$x=X/(X+Y+Z)$$
$$y=Y/(X+Y+Z)$$
$$z=Z/(X+Y+Z)$$

これを任意の色$[F]=X[X]+Y[Y]+Z[Z]$に代入すると、$x+y+z=1$なので、

$$[F]=x[X]+y[Y]+z[Z]$$

さらに、x、y、zにも$x+y+z=1$の関係があることがわかります。xとyがわかればzは$Z=1-(X+Y)$で自動的に決まります。つまり、xとyだけを求めれば、色を定量化できることになります。

こうして、実際の色（波長）をxy軸上に表現したのが、xy色度図です。太陽光中の単色光をこの座標上にプロットすると、ヨットの帆のような輪郭になります。xy色度図でこの輪郭上に書かれた数値は、単色光の波長を表しています。この輪郭部分が一番純度の高い色となります。帆の二つの下端をむすぶ直線は赤紫を表します。この帆の外側は、実在しない色の領域となります。xy色度図では、二次元上にさまざまな情報が盛り込まれていますが、明度に相当する情報は洩れています。XYZ表色系において明るさの情報を持つのはYですから、これも使って、(x、y、Y)で表現する場合もあります。

**要点BOX**

- ●xy色度図は、二次元の紙面上でみることができる
- ●xy色度図からは、色相と彩度に関わる情報が読み取れる

## *xy*色度図

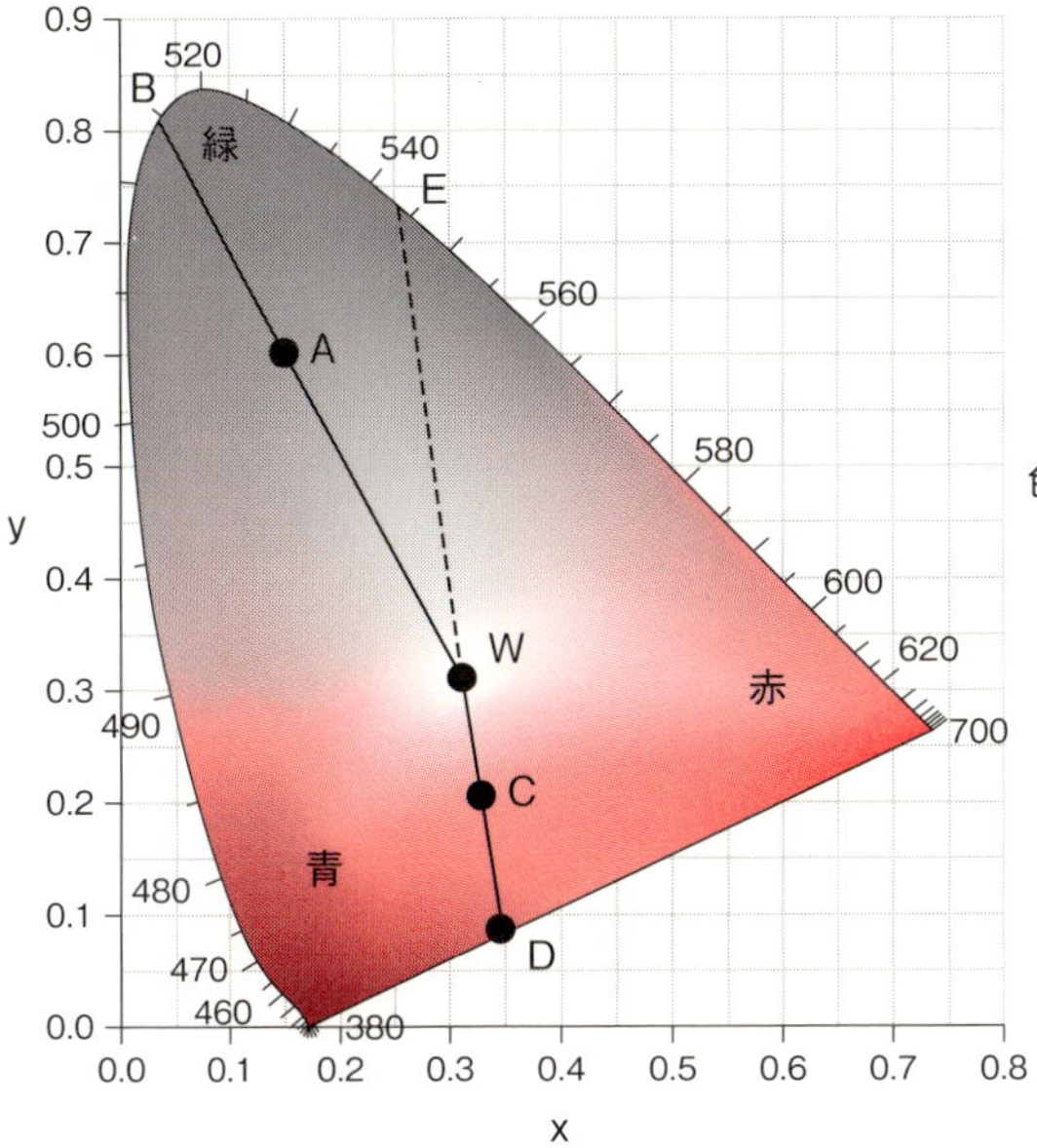


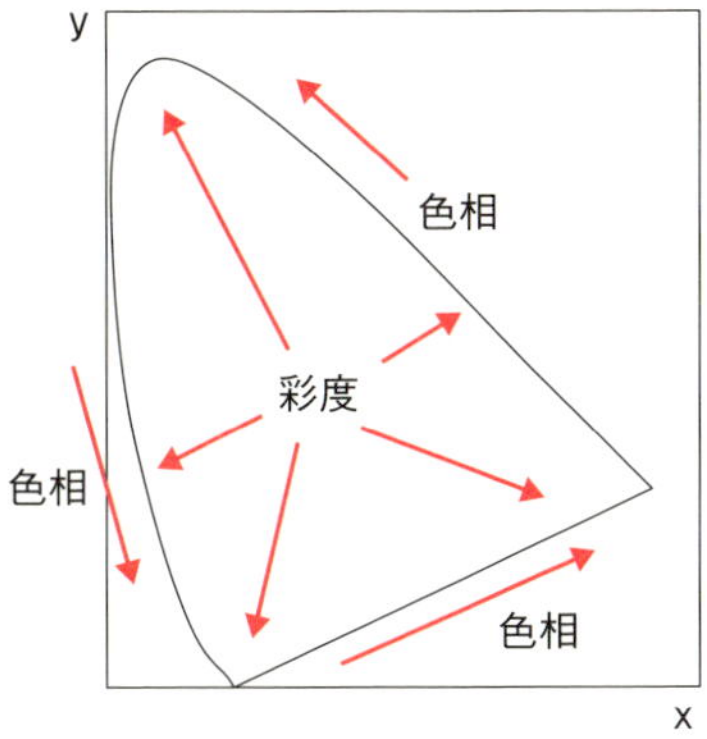


(x, y)=(0.33, 0.33)の位置のW点は、白色光の位置を示している。任意の色がAの位置にあるとき、W点とA点を結ぶ直線をA点側に延長したときの輪郭との交点をB点とする。B点における波長を、色Aの主波長とよぶ。また、WA/WBを刺激純度といい、この値が高いほど純色に近いことになる。主波長は色相を、刺激純度は彩度を現すものと考えることができる。
また、任意の色がCの位置にあるとき、W点とC点を結ぶ直線をC点側に延長したときの輪郭との交点をD点とする。D点は単色光としては存在しない赤紫に対応する。この場合には、W点側に延長したときの輪郭との交点Eにおける波長を補色主波長とする。

# 32 均等空間に色をポジショニングし、二色間の色差を定量化する

## $L^*a^*b^*$表色系による定量化

XYZ表色系及びそこから導かれるxy色度図は、数学的な意味で取扱い易い反面、直感的にはわかりにくいという問題があります。また、xy色度図において色の違い(色差)を感じない範囲を楕円で示すことがあります。これをマクアダム楕円といいます。xy色度図では、マクアダム楕円の大きさが場所によって異なります。例えば、青領域では微妙な色の違いでも見分けることができるのに対し、緑領域では非常に判別しにくいということがあります。

$L^*a^*b^*$表色系は、色差が色の領域によって異なることを改善すべく、人の感覚に近い均等な色空間として考案された、CIE表色系の一つです。$L^*a^*b^*$の値は三刺激値X、Y、Zから計算で求めます。$L^*a^*b^*$表色系では、明度を$L^*$、色相と彩度を示す色度を$a^*$、$b^*$軸で表わします。両軸は色の方向を示し、$a^*$は赤方向、$-a^*$は緑方向、$b^*$は黄方向、$-b^*$は青方向を示しています。$L^*a^*b^*$表色系の$a^*b^*$図($L^*$を除いて二次元表示にした図)において色差を感じない範囲を楕円で示した図をご覧ください。場所による楕円の大きさの変動が小さく、色空間が均等に近づいていることがわかります。

$a^*b^*$に明度$L^*$を加えると立体表示になります。この色立体では、球体の上部ほど明るく下部ほど暗くなります。また、球体の外側に近づくしたがって色が鮮やかになり、中心に近づくにしたがってくすんだ色になります。$L^*a^*b^*$表色系は、マンセル表色系を数値化したものと考えることもできるでしょう。

さらに$L^*a^*b^*$表色系では、均等空間に色をポジショニングできることから、二つの異なる色の違いを色差として定量化することができます。方法は、数学で二点間の距離を求める方法と全く同じです。二つの色の$L^*$、$a^*$、$b^*$値の差を$\Delta L^*$、$\Delta a^*$、$\Delta b^*$とすると、二色間の色差$\Delta E$は、$\Delta E=(\Delta L^{*2}+\Delta a^{*2}+\Delta b^{*2})^{1/2}$で求めることができます。

**要点BOX**

- ●$L^*a^*b^*$表色系は、XYZ表色系を均等空間に変換し、感覚的にわかりやすくしたもの
- ●$L^*a^*b^*$表色系は、マンセル表色系に似ている

## 色差を感じない範囲を(実際の10倍にして)楕円で示した図

### XY 色度図のマクアダム楕円

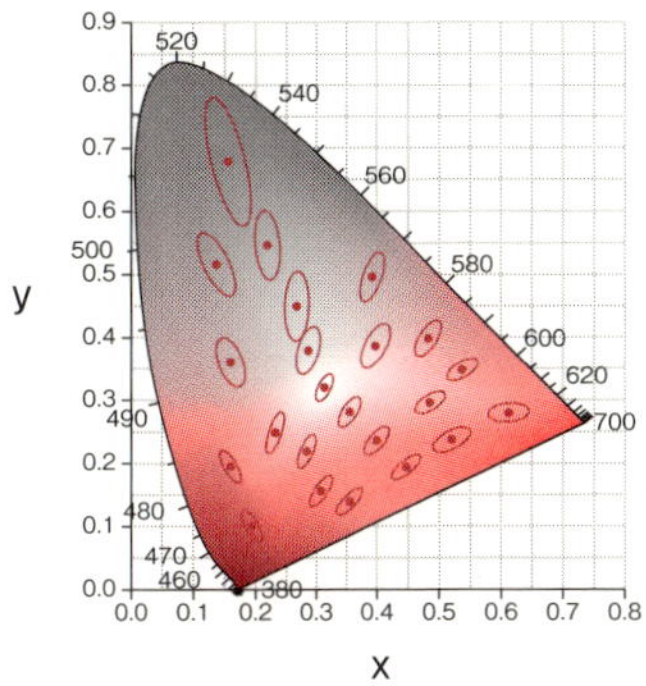


### a*b*図のマクアダム楕円

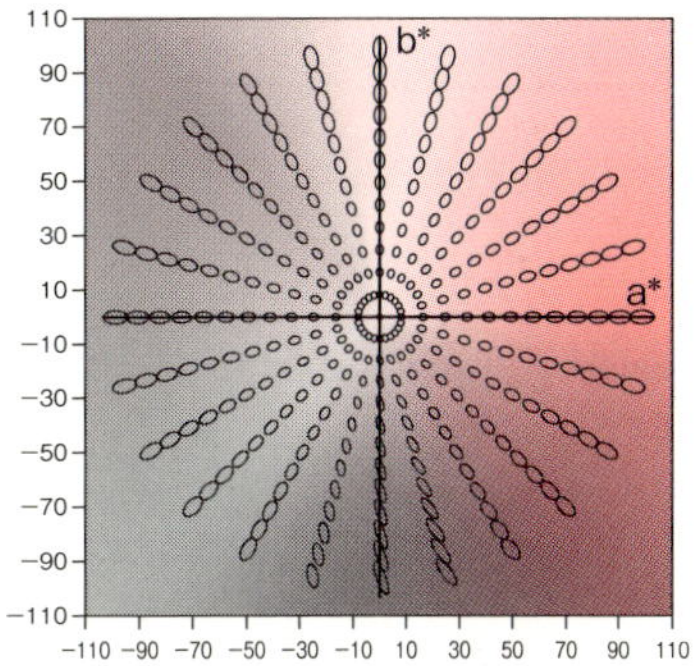


### L*a*b*表色系の色立体

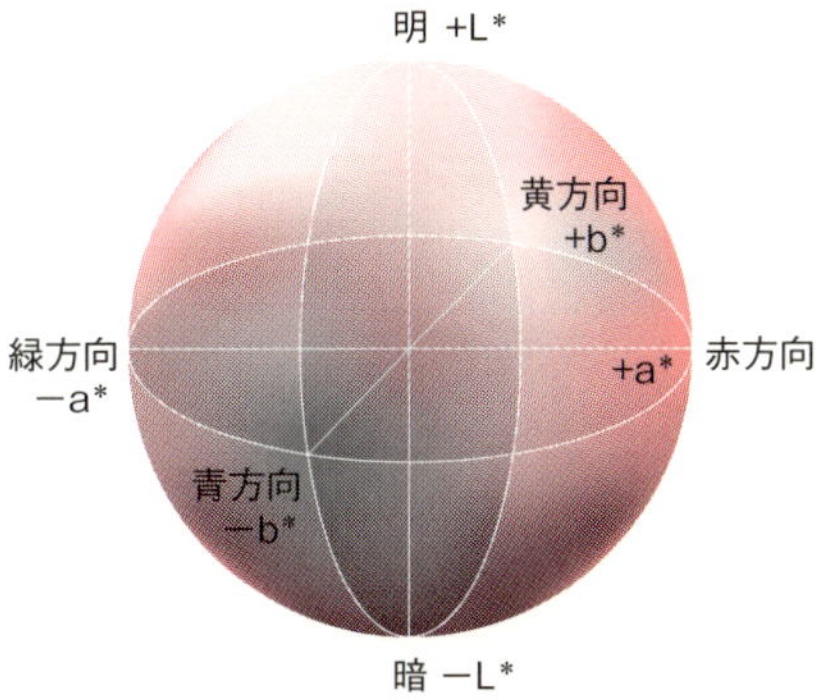


### 色差の計算

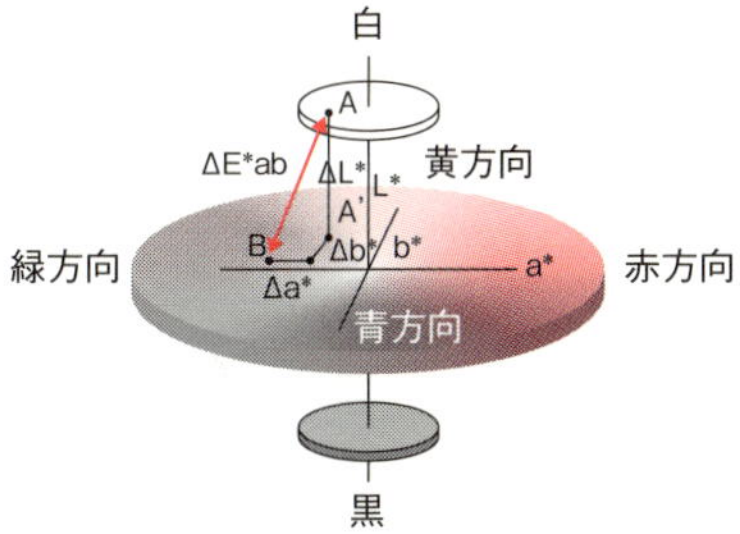


A：基準の色
B：測定試料の色
A'：B と同一の明るさでの基準の色

### 色差と人間の目の感じ方

| 色差(⊿E*ab) | |
|---|---|
| 0 〜 0.1 | 目視では色違いを識別できない |
| 0.2 〜 0.4 | 色検査に慣れた人が色違いを識別できる限界 |
| 0.4 〜 0.8 | 色違いに厳しく、突合せ部分に使用される範囲 |
| 0.8 〜 1.5 | 製品の色管理でよく使用される範囲 |
| 1.5 〜 3.0 | 離れた部分や、高彩度色で許容される範囲 |
| 3.0〜 | 色違いでクレームとなることが多い範囲 |
| 12.0〜 | 別の色系統になる |

# 33 直感的な色の定量化

色温度

ここまで、表色系を用いて、色を定量的にポジショニングする方法について説明してきました。しかし、その表現方法は、複雑な記号であったり、三次元や二次元の座標上であったりしました。したがって、その記号や数値を聞いて、その色を連想できる人は、専門家以外では少ないと思われます。

そこで、多少厳密性を犠牲にしても、もっと直感的に理解しやすい尺度が求められます。そこに登場するのが、馴染みのある「温度」という尺度を用いて一つの数字だけで定量化する方法です。日本刀の刀鍛冶は、焼き入れのタイミングを、刀の色をみて判断するといわれています。実際に重要なのは刀の温度なわけですが、鎌倉時代に800℃という温度を測定する機器はありません。そこで、色で温度を測ったわけです。逆に考えれば、温度で色を測ることもできるはずです。これが「色温度」です。

「黒体」（53項参照）を加熱すると、その温度に応じて熱エネルギーを電磁波の形で放出します。この放出される電磁波の分光分布が黒体の温度（絶対温度）の上昇に伴って変化し、その色が、赤→黄→白→青というように変わっていきます。黒体の温度と色の関係を、xy色度図に示すと、温度上昇とともに右下の赤エリアから橙→黄→黄白→白→青白というように曲線の軌跡を描いています。

これを「黒体軌跡」とよんでいます。つまり、黒体においては、その絶対温度値を指定すれば、色度（x、y）が一義的に決まるため、温度という一次元の数値のみで色が容易に連想できるわけです。

大雑把に色を表現できる点において、色温度は実用上大きな価値があります。例えば、照明に関係する分野で、白熱電球のような赤味を帯びた光の色は色温度が低い、また、昼光色蛍光ランプのように青白味を帯びた光の色は色温度が高い、というような表現をお聞きになったことがあると思います。

要点BOX

●色温度は、歴史的にも活用されてきた
●色温度は、大雑把ではあるが、実用性は高い

## 刀の焼き入れ

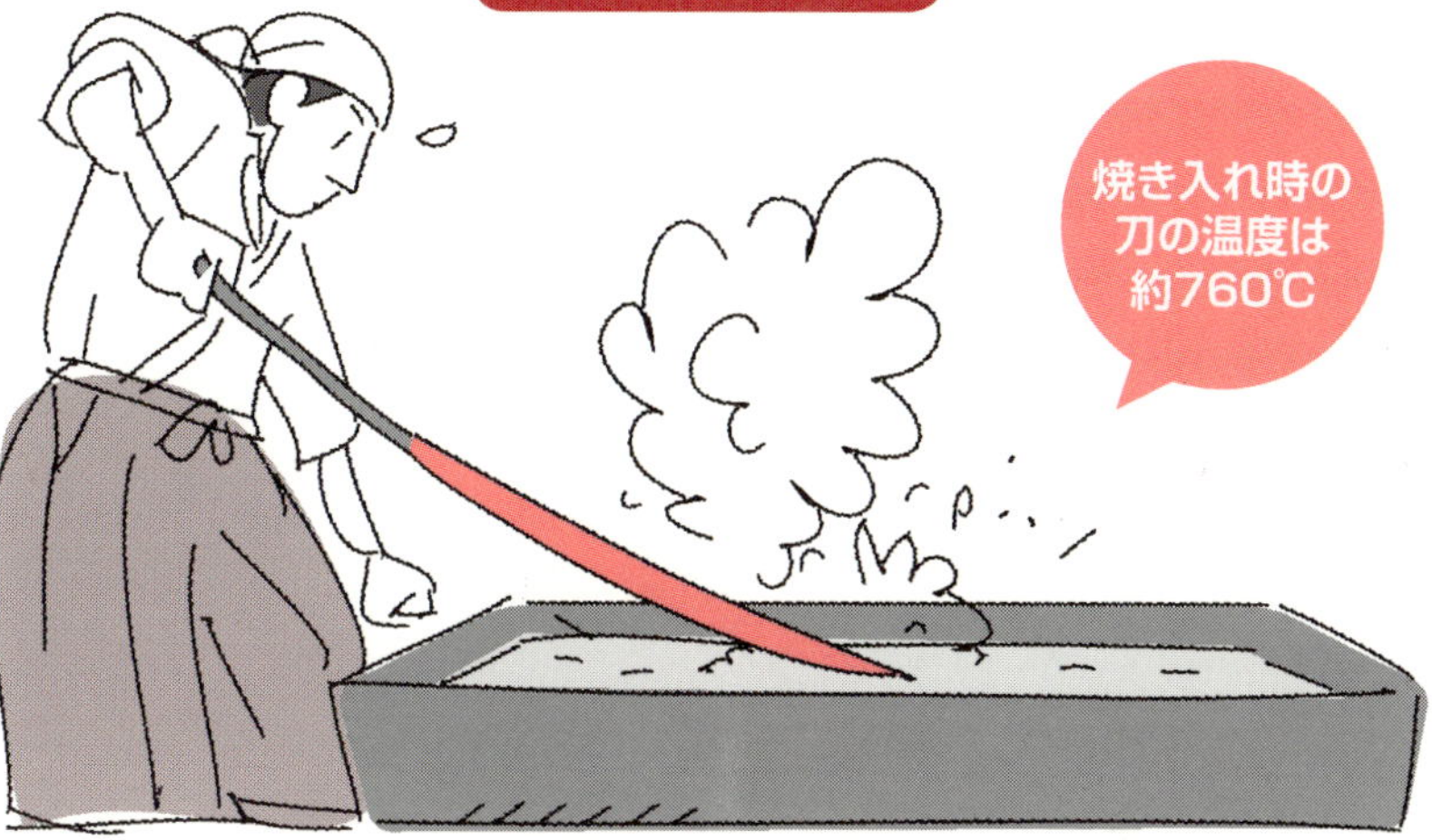


## 黒体の温度と色

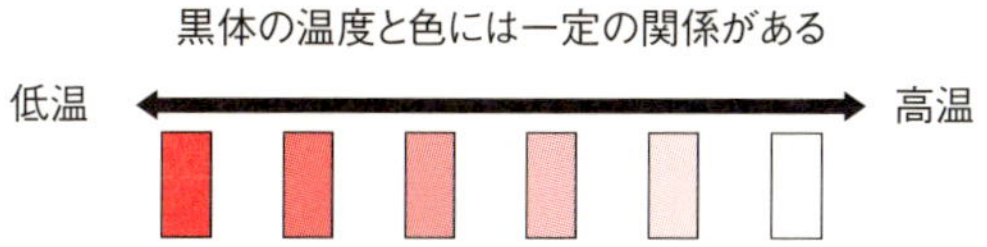

黒体の温度と色には一定の関係がある

## 黒体軌跡

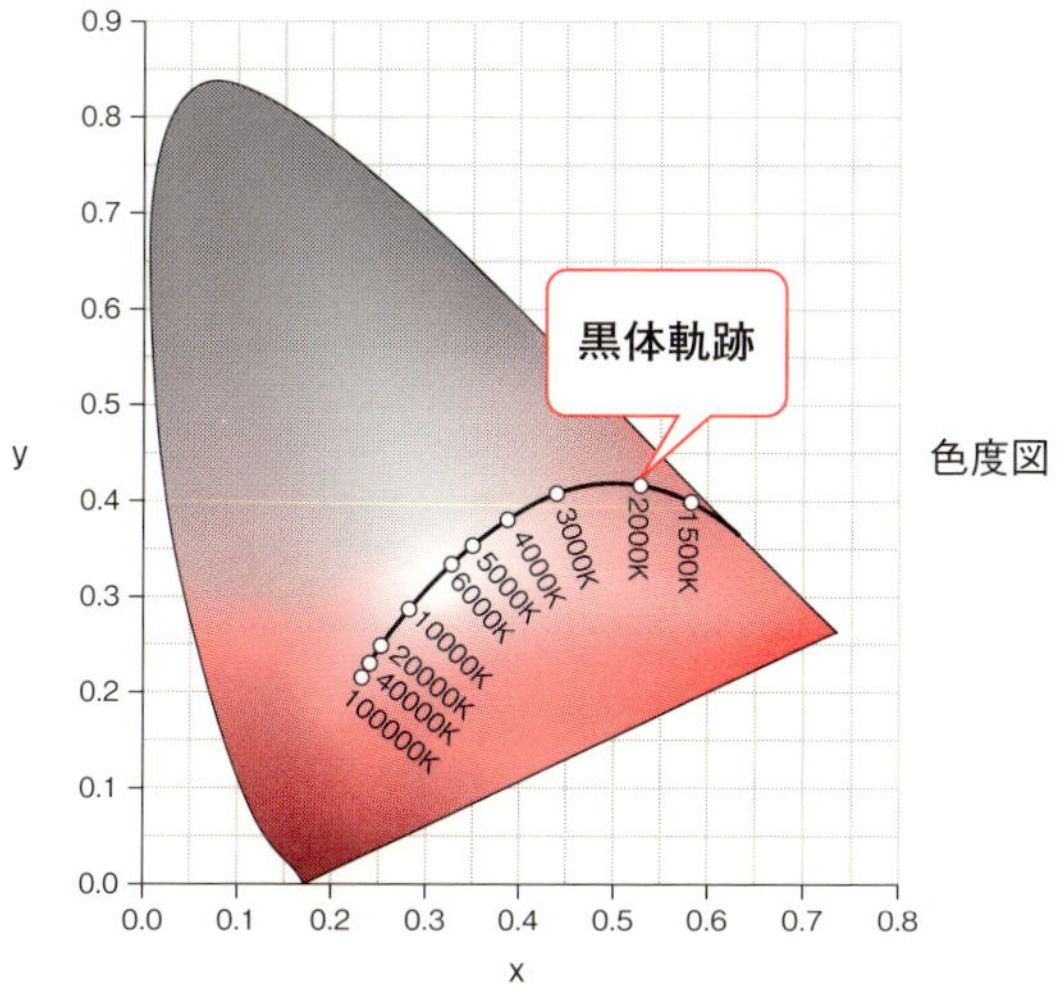

Column

# 恒星の色温度

　私事ながら、著者は花の名前と星座を覚えるのが苦手です。星座に至っては、恥ずかしながら、オリオン座くらいしかわかりません。そのオリオン座ですが、星によって色が違うようです。実は星の色と温度にも対応関係がみられます。ベラトリックスは青白い色で、表面温度は約21000℃です。リゲルは白く輝き、その表面温度は約11000℃、ベテルギウスはオレンジ色にみえ、約3300℃です。低温ほど赤く、高温ほど青いというのはピンとこないかもしれませんが、赤であっても3300℃と十分に高温です。いずれにせよ、遠く離れた星であっても、その色から表面温度を推定できます。ちなみに私たちの太陽は、約5500℃です。

　余談ながら、ベテルギウスを太陽系の中心に置いたとすると、木星軌道の近くまで達する大きさだそうです。これは、地球を0・14秒、太陽を15秒で一周する光でも、この星を一周するには4時間以上かかる計算になります。こんな星が近くではなく、はるか640光年先にいてくれてよかったと本当に思います。

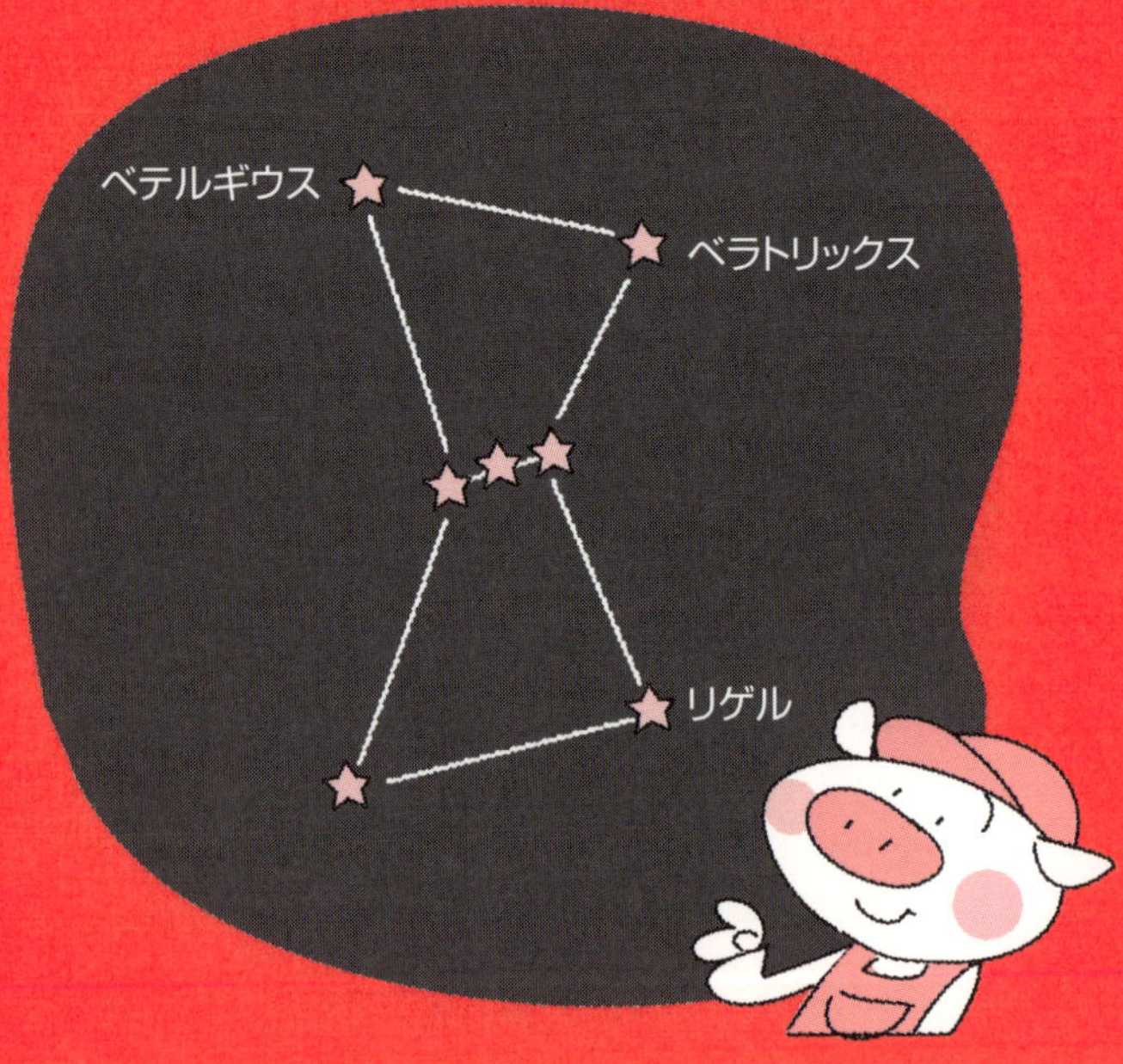

第 4 章

# 色の心理とその活用

# 34 色の現れ方による分類もある

前章では、色を三属性（色相、彩度、明度）や刺激値で色を分類してきました。しかし、色はその現れ方においても分類できるとしたのが、ドイツの心理学者カッツです。カッツによれば、「面色」、「表面色」、「空間色」という分類があります（実際には、カッツによれば、全部で9種類の分類がありますがここでは割愛します）。こちらは心理学的な色の分類ですので、「光源色」や「物体色」（4項参照）といった分類とは別物と考えてください。

まず「面色」は、夕焼けのように、実在する物体の色という印象を与えないものです。観察者からの距離が確定しないで、中に突き入ることができるようなやわらかい印象を与えます。一方、物体の表面は、多くの場合「表面色」として現れます。表面色は、目の前の赤いリンゴのように観察者からの距離が確定的で、表面がかたい印象で、視線に応じて凹凸を持つ面として現れる等、面色にはない特徴ばかりを有します。そして「空間色」は、三次元の空間が色で満たされてみえます。したがって、コップに入った炭酸水や海の水を連想されるかもしれません。しかし、炭酸水のコップの背景にあるのが単調な白い壁で立体感が失われているような状態では、空間色とよびません。炭酸水で満たされたグラスのむこうを通る船を想像してみてください。このように背後にものがみえて色に厚みが感じられるときに空間色になります。海の水の場合も、海の水を通して、海底がみえるようであれば、空間色となるでしょう。

次に、色の現れ方によっては、不透明であるはずのものが透明にみえることがあるという例を示しましょう。白い短冊と黒い短冊が交差しているようにみえる図があります。白い薄紙を通して黒がみえる気がしませんか。実際の交差部分は、独立した灰色の菱形領域に過ぎません。このように、物理的な透明性とは関係なく透明感を導くことができます。

**要点BOX**
- ●色は心理学的に分類できる
- ●物理的な透明性とは関係なく透明感を導くことができる

面色／表面色／空間色

## 面色の例：どこまでも広がる夕焼け

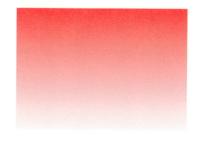

## 表面色の例：赤いリンゴ

## 空間色の例：背景のものがみえる炭酸水

## 物理的な透明性とは関係のない透明感

白い薄紙を通して黒がみえる気がする

デビット・カッツ(1884－1953)は、実験現象学派の主要人物とされるドイツの心理学者。

# 35 慣れによる明るさや色の感じ方の変化

## 明暗順応と色順応

目の虹彩は収縮、拡大することにより、目に入る光の量を調節します（7項参照）。カメラと同じように「絞り」の機能があるわけです。虹彩の絞りだけでは対応できない範囲については、私たちは明順応、暗順応という方法で対応しています。

上映中の映画館に入るとその直後は、スクリーン周辺以外は真っ暗でほとんど何もみえません。それは錐体（8項参照）が、暗所では感度不足で働かなくなってしまうからです。しかし徐々に目が慣れてくると、通路や座席の位置もわかってきます。これは、感度の高い桿体（8項参照）が働き出すからです。このように、周囲の視環境が明所から暗所に急変した直後は暗いところがよくみえないのに、しばらくするうちに徐々にみえるようになることを、「暗順応」といいます。逆に外の明るい部屋へ出ると、その瞬間は眩しくて周囲がみえなくなりますが、すぐに正常にみえるようになります。これを「明順応」といいます。

明暗の変化に対する応答時間は、錐体が短時間なのに対して、桿体は数分から数十分を要します。錐体は暗くなると感度不足で使えなくなってしまいますが、明るいところに出た途端に応答します。一方、桿体は感度が高く暗いところでも機能しますが、フル稼働するまでに時間がかかります。これが暗いところでは徐々に、明るいところにはすぐに順応できる理由です。

順応現象は明るさだけではなく、色に対しても起こります。例えば、蛍光灯の下で囲碁をしているとします。この状態で蛍光灯を消して、瞬時に白熱灯に切り替えたとします。白熱灯の方が長波長成分（赤色光）が多いため、切り替え直後は、白の碁石の色が赤味を帯びてみえます。しかし、しばらくすると、S錐体の感度は高くL錐体の感度は低くなるようにコントロールされて、元の蛍光灯の下でみていたのと同じような白にみえるようになります。これが「色順応」です。

**要点BOX**
- ●順応における錐体と桿体の働き
- ●順応現象は、明るさにも色にも起こる

## 順応現象

### 暗順応

昼間に暗い映画館に入ると、周りがみえなくなる。しかし眼が慣れてくるとみえるようになる。

### 色順応

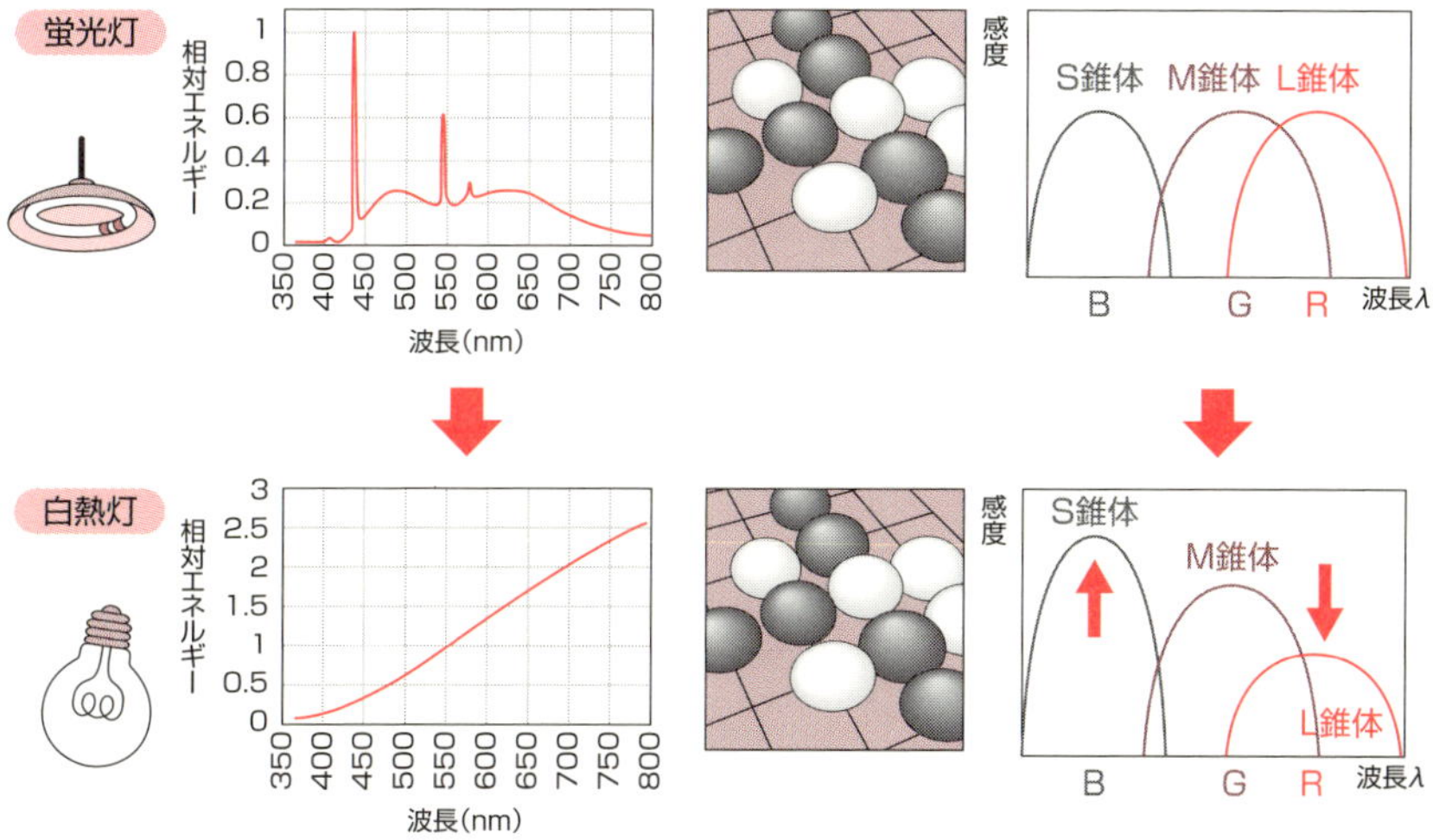


異なる照明下でも、錐体の感度をコントロールすることで、碁石の白さが同じ白さにみえる

# 36 色の対比

## 周囲の色の影響を受ける色①

「色の対比」とは、色が周囲の色の影響を受けて、異なった色にみえることをいいます。色の対比は、まず、同時対比と継時対比に大別されます。

「同時対比」は、空間的に隣接配置された複数の色を同時にみる場合に起こる現象で、色の三属性のそれぞれに対して対比現象が現れます（色相対比、彩度対比、明度対比）。

「色相対比」では、物理的には全く同じ橙色でも、背景色を赤色にした場合は黄色っぽく、背景色を黄色にした場合は赤っぽくみえます。橙色と背景色の色相差が反発強調されたような見え方をします。「彩度対比」では、物理的には全く同じ色でも、背景色の彩度の違いによって、私たちには背景の彩度が高い側はくすんでみえ、背景の彩度が低い側は鮮やかにみえます。彩度対比は、彩度の「差」が大きいほど対比効果が顕著に現れます。「明度対比」では、物理的には全く同じ色でも、背景色の明度の違いによって、私たちには背景が暗い側は明るく、背景が明るい側は暗くみえます。明度対比は明るさの要素のみ持つ無彩色（灰色）だけでなく、有彩色においても起こります。明度対比は、明度の「差」が大きいほど対比効果が顕著に現れます。以上の対比は、実際には、異なる明度、異なる彩度、異なる色相の組み合わせの三属性それぞれに応じた対比が同時に起こります。

「継時対比」は、みていた色が他の色に瞬間的に切り替わったような場合に、前にみていた色が後にみる色の見え方に影響を及ぼす現象です。「継時対比」については、38項の残像を参照してください。

私たちの感覚器官は、外界からの物理的な刺激の変化が大きいときに、その変化を感覚的に緩和しようとする特性を持っています。以上の対比効果は、そういった人間の生理的な営みに基づいて発現する色と考えられます。

**要点BOX**

- ●色の対比は、同時対比と継時対比に大別
- ●色の対比は、三属性（色相、彩度、明度）ごとに発現
- ●色の対比は、人間の生理的な営みに基づく

## 色の三属性（色相、彩度、明度）と対比現象

### 色相対比

### 彩度対比　　明度対比

表紙カバー参照

## 色の対比に対するキルシュマンの法則

色の対比については、19世紀末に「キルシュマンの法則」として、まとめられている。「誘導領域」は背景色、「検査領域」を対象とする色に相当する。

1. 誘導領域に対して検査領域が小さいほど色の対比が大きい
2. 色の対比は誘導領域と検査領域が離れていても生じるが、その距離が離れるほど対比効果は小さくなる
3. 色の対比は、明るさの対比が最小のときに最大となる
4. 誘導領域が大きいほど、色の対比は大きくなる

# 37 色の同化

## 周囲の色の影響を受ける色②

「色の同化」は色の対比（36項参照）とは全く逆の心理効果として現れる現象です。二つの異なる色が互いに隣接した場合に、互いに溶け込んでその中間の色にみえる現象を色の同化といいます。色の同化にも、対比同様に、色相同化、彩度同化、明度同化があります。

「色相同化」では、相互の色相が近寄っていきます。例えば、赤い背景色の上に黄色の細い線を引いたとき、背景色は黄色に、黄色の線は赤に近づきます。ただ、色相同化の場合、色は近づいても両方の色が認識される点で、混色とは異なります。「彩度同化」では、相互の彩度が近寄っていきます。例えば、中程度の彩度の橙色の背景色の上に、彩度の高い橙色と彩度の低い橙色の細い線を引いたとき、彩度の高い線付近の背景は鮮やかに彩度の低い線付近の背景はくすんでみえます。「明度同化」では、相互の色相が近寄っていきます。例えば、明度が中くらいの赤い背景色の上に、黒と白の細い線を引いたとき、黒線付近の赤は暗く、白線付近の赤は明るくみえます。

果物屋さんの店先では、みかんを赤いネットの袋に入れて販売しています。これは、みかんを赤いネットに入れることによって、ネットの赤とみかんのオレンジ色が同化して、裸のまま陳列するのに比べてより鮮やかな赤味を帯びたオレンジ色にみえ、熟れて美味しそうにみえる効果を狙ったものです。

対比現象も同化現象も、どちらも異なる二色が隣接して併存する場合に起こる現象です。しかし、実際に現れる効果は全く正反対です。いったい何が違うのでしょうか。実は、挿入する図柄の大きさが関係しています。図柄が小さい場合には同化現象が起こり易く、図柄が大きい場合は対比現象が前面に出てくることになります。このように、同化と対比は隣り合わせの心理現象であるといえます。

**要点BOX**

- ●色の同化は、色の対比と全く逆の心理効果として現れる現象
- ●色の同化は、三属性（色相、彩度、明度）ごとに発現

## 明度同化

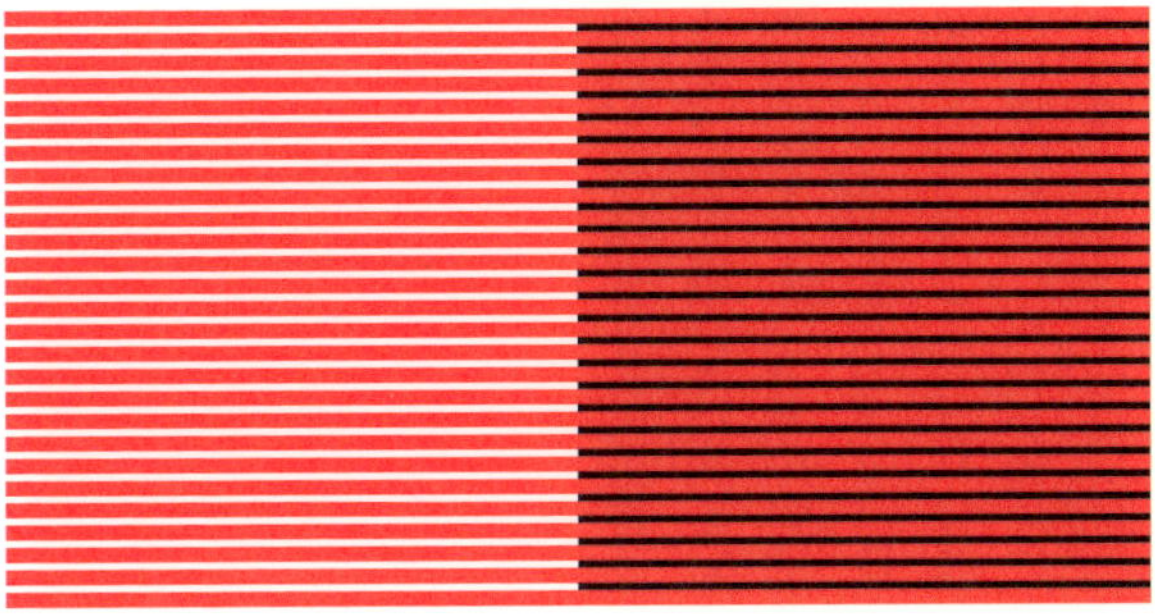

左右の正方形はどちらも同じ赤の背景だが、右は暗く、左は明るくみえる

表紙カバー参照

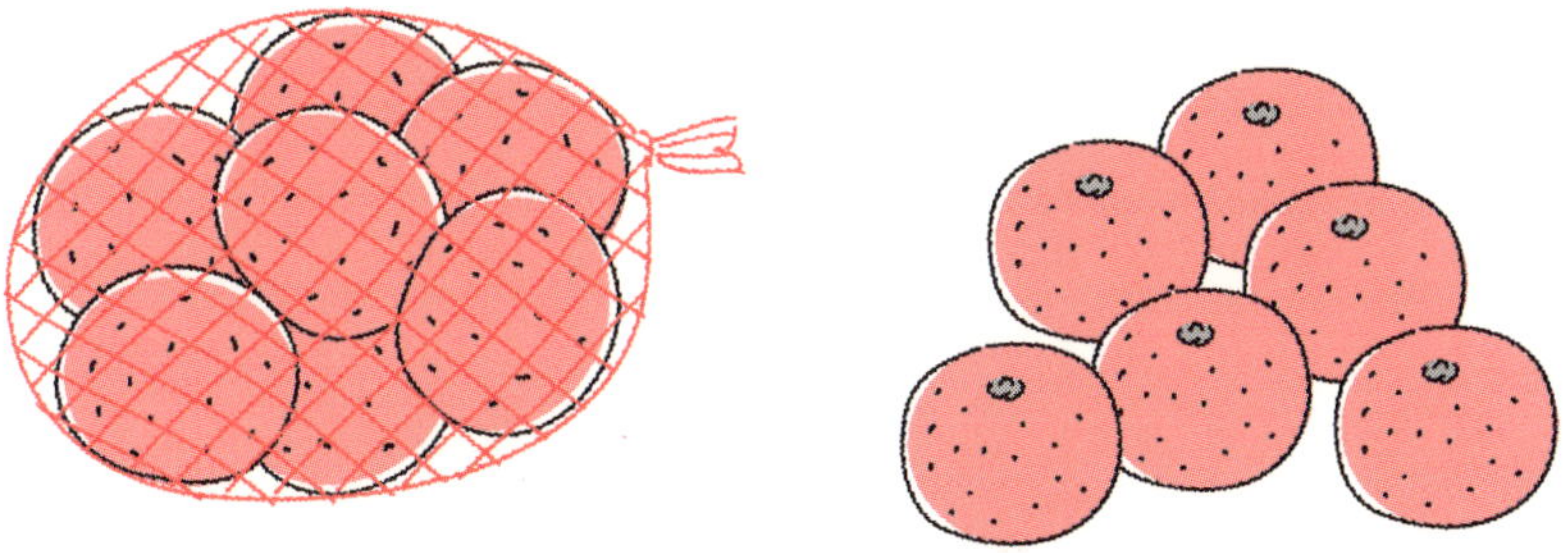

赤いネットに同化したみかんは、より赤みをおびて熟しているようにみえる。

## 同化か対比か

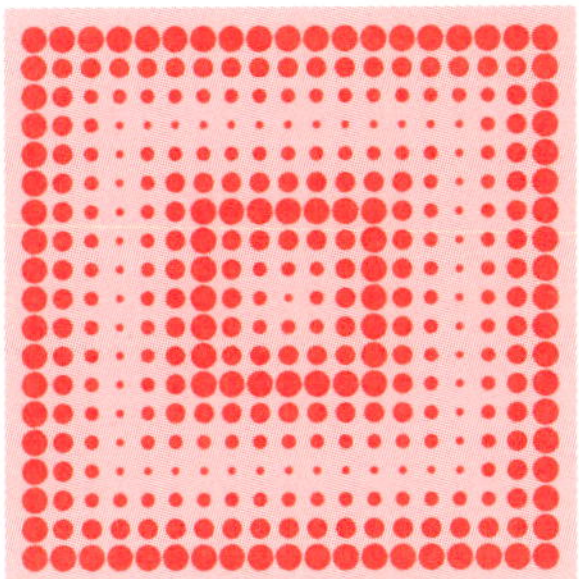

図柄が小さい場合同化が起こる。

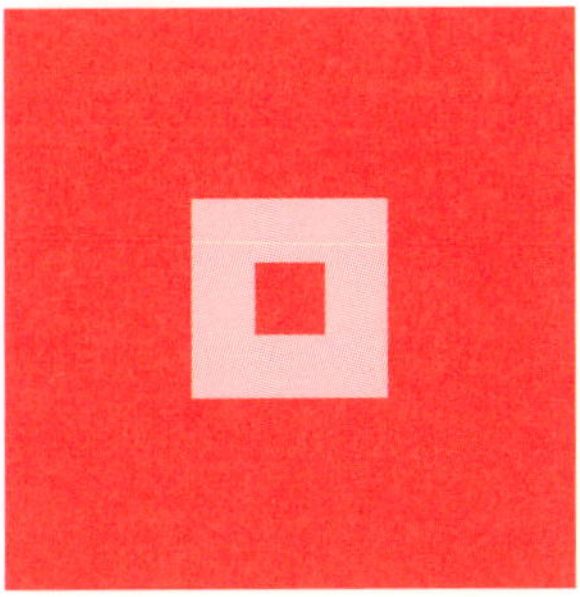

図柄が大きい場合対比が起こる。

表紙カバー参照

# 38 光がないところで感じる色

色が光の物理的な性質だけでは決まらないことを端的に示す現象として、光がない所にみえる「残像」や、白や黒しかないところに色がみえる「主観色」を挙げることができます。

まず、「残像」です。夜空を飾る花火をみてから、すぐに目をそらして再び夜空を見上げると、みたばかりの花火と同様な形と色の花火の残像をみることがあります。目を動かせば残像もそれにつれて動きます。このことから、外界の光ではなく、目の中の現象であることがわかります。このように、元の刺激と同様の色でみえる残像が「陽性残像」です。逆に、元の刺激に対して、色相が補色になり明るさも反対にみえる残像のことを「陰性残像」といいます。陽性残像と陰性残像が組み合わさって、時間と経過に伴って、次第に残像は薄らいでいきます。

次に「主観色」です。主観色とは全く色がなく、白と黒のパターンにすぎないものが色づいてみえるというものです。例えば、「ベンハムのコマ」という名称で有名なコマを回すと、回転速度を最適化することにより、円弧の間の部分に淡い色が現れます。この色は、中心からの距離に応じて色相が変わります。ベンハムのコマで色が発現する理由は、まだ解明されていません。

最後に「記憶色」です。記憶色は、物体に結びついて記憶されたり、想起されたりする色です。例えば、同じ橙色でも、トマトの形をしていれば、赤みを帯びてみえ、バナナの形ならば、黄みを帯びてみえる現象です。あるいは、実際の桜の花ビラは白に近いのですが、多くの人がピンクと認識しています。このように記憶色では、彩度が高彩度側、色相はより純度の高い方向へ強調される傾向があります。

以上、いずれの現象も色は外界に存在するものではなく、私たちが感じるものであることをよく示しています。残像は、比較的低次の生理過程、記憶色は高次の認知過程が影響していると考えられています。

残像／主観色／記憶色

**要点BOX**

- 色は光の物理的な性質だけでは決まらない
- 色は外界に存在するものではなく、私たちが感じるものである

## 陰性残像

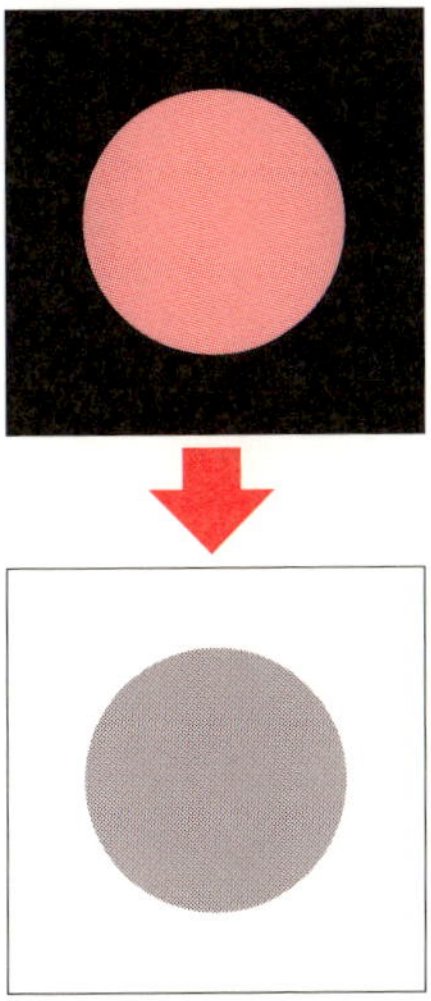

黒い背景に赤い円が描かれていたとする。目を転じて白い紙を見たときに補色の緑色の円が現れる。

## 主観色

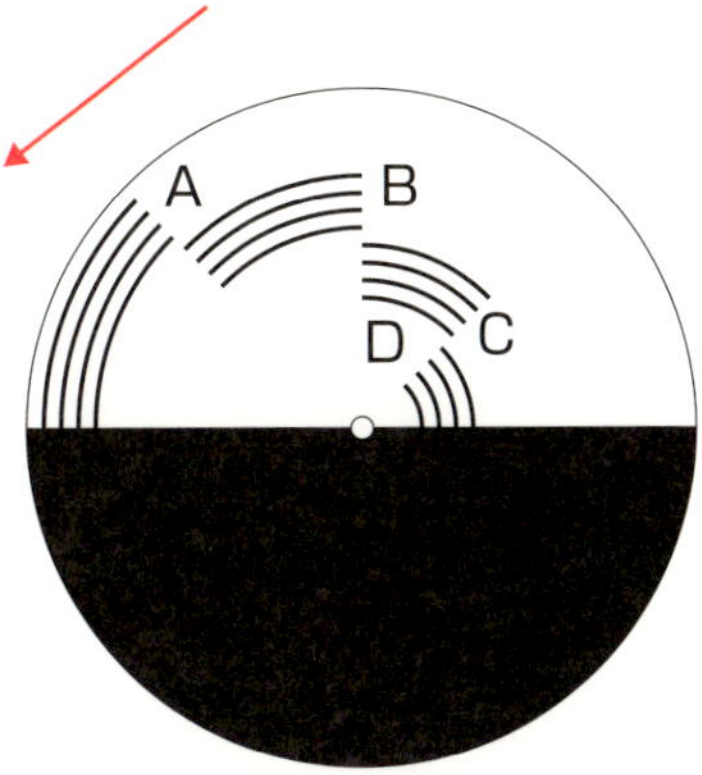


コマを矢印の方向に回すと、A、B、C、Dの４本の円弧それぞれにAは赤、Bは黄、Cは緑、Dは青の色に浮かんでくる。



## 記憶色

どちらが本物の桜の色に近いだろうか左の濃いピンク色としたら、記憶色の影響がでている。実際は、右の白に近い薄いピンクが本物に近い。

# 39 色から受ける感情効果

暖色／寒色、膨張色／収縮色、進出色／後退色

本項では、色がどのように私たちの感情に影響を与えているのか考えてみましょう。

見た人に温たかさを感じさせる色を「暖色」といいます。暖色は夏の太陽や焚火の炎を感じさせる色で、赤、橙、黄等が相当します。暖色は私たちの交感神経を刺激し呼吸数を増加させて、脈拍や体温を上げるといわれています。一方、冷たさを感じさせる色を「寒色」といいます。寒色は冷たい水や凍てつく冬空等青系統の色(青緑、青、青紫等)になります。寒色は私たちの副交感神経を刺激し呼吸数を減少させて、脈拍や体温を下げるといわれています。結果として、海や空の青色をみると落ち着くということがあります。暖色系の空間では時間が早く感じられ、寒色系の空間では時間がゆっくり感じられるという研究結果もあります。ここで色温度の話(33項参照)を思い出してください。暖色と寒色が私たちに与える心理作用と、青白いほど高温という色温度が真逆なのはおもしろいところだと思います。

次に、「膨張色」と「収縮色」です。一般に、赤、橙、黄等の暖色は膨らんでみえるので、膨張色といわれます。反対に青系の寒色は縮んでみえるので、収縮色といわれます。また色の明るさも関係しており、明度が高ければ膨張してみえ、明度が低ければ収縮してみえます。白は膨張色、黒は収縮色です。したがって、黒い服を着るというのはスマートにみせるための方法の一つです。

その次は、「進出色」と「後退色」です。飛び出してみえる色を進出色、引っ込んでみえる色を後退色といいます。一般に、膨張色は進出色であり、収縮色は後退色です。また、彩度も関係しており、同じ色相ならば彩度の高い色が進出してみえます。

その他、最も軽く感じられる色は白、最も重く感じられる色は黒といわれています。これは、明度との相関が最も高いようです。

要点BOX
●色は私たちの感情に影響する
●感情に与える効果は明度との相関が高い

## 暖色/寒色

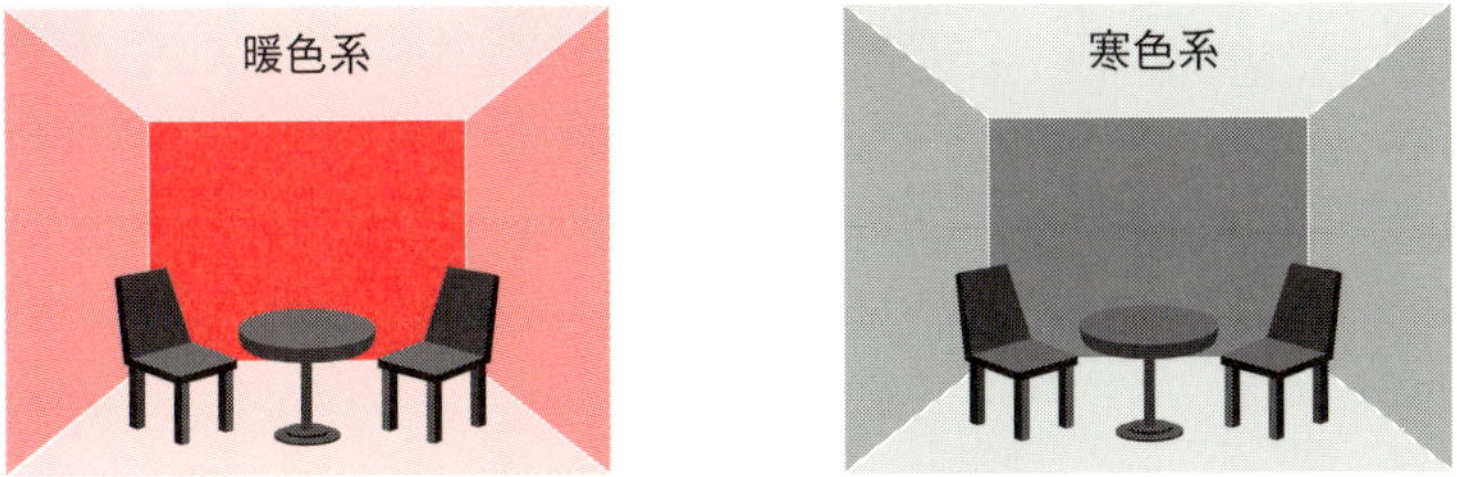


心理的には赤が温かく、青が冷たい

表紙カバー参照

## 色温度の場合

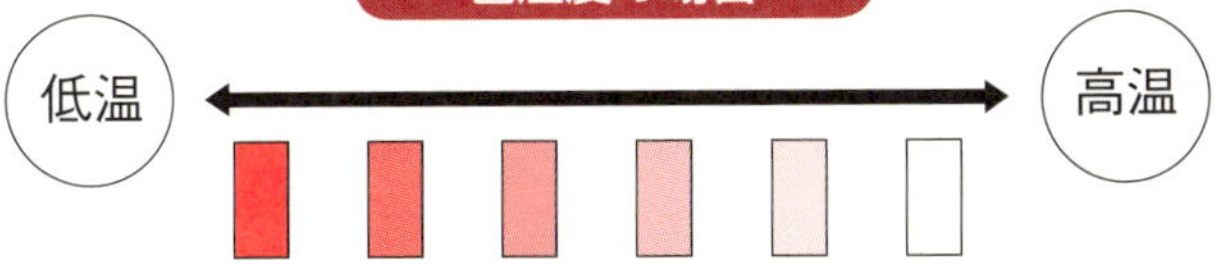


色温度では赤が低温、青が高温

## 膨張色/収縮色

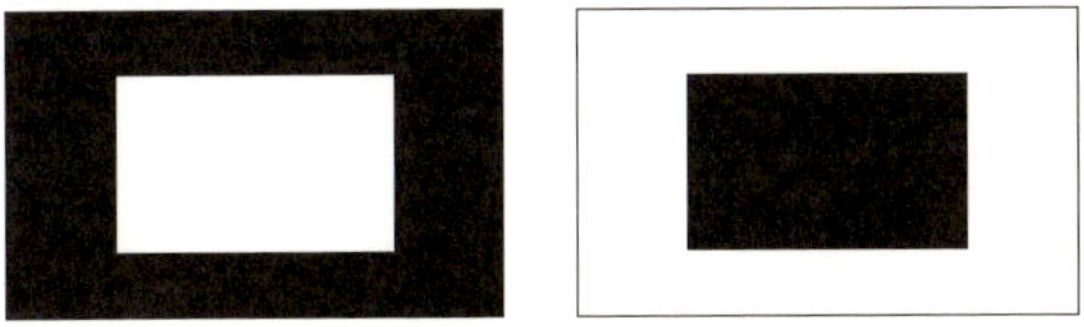

膨張色　　収縮色

中の長方形では白の方が大きくみえる。

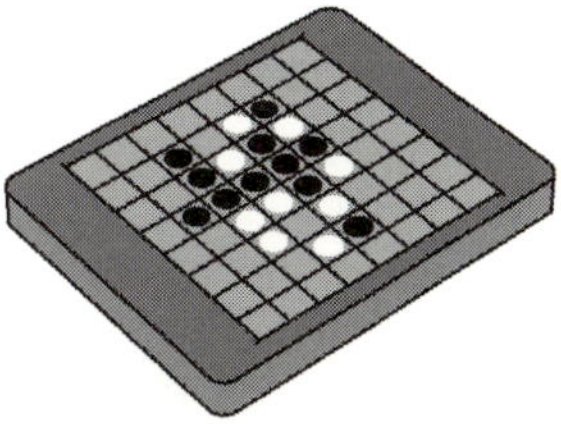

オセロゲーム
表面が白のときの方が
大きくみえる。

## 進出色/後退色

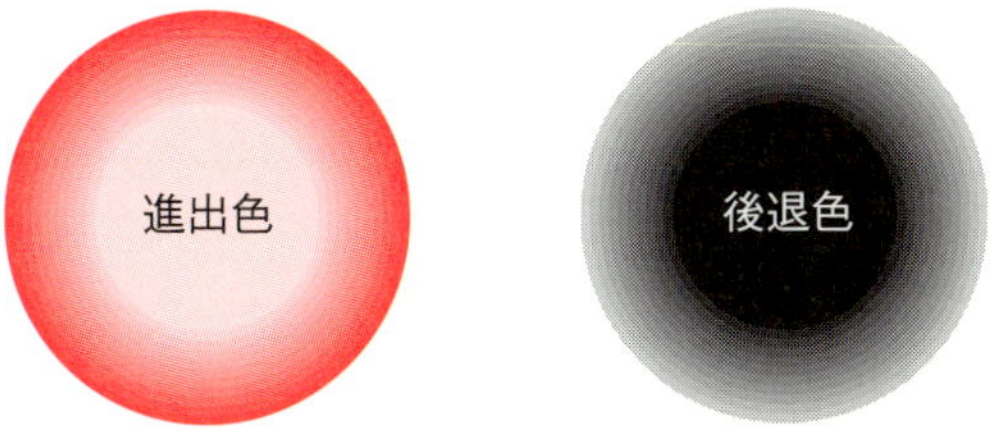


進出色では飛び出して、後退色では引っ込んでみえる。

表紙カバー参照

# 40 色と遠近感

進出色と後退色

前項(39項)でお話しした進出色と後退色について、もう少し追記します。戦国武将である武田や真田や井伊の「赤備《あかぞな》え」は有名です。膨張色・進出色である赤で統一された軍団にはせまってくる迫力があり、相手にとっては脅威だったことでしょう。また、ゴッホがピストル自殺の直前に完成させた「烏のいる麦畑」では、進出色である赤と後退色である青を使って遠近感を際立たせています。さらには、青い車は事故が多い、と聞いたことはありませんか。実際、古いデータ(「Using Colour to Sell」Eric P. Danger)ですが、赤い車の事故率8%に対して、青い車は25%と驚くような差があります。

ここでは、進出色と後退色のメカニズムについて考えてみましょう。目は、水晶体を通して、網膜に映像を届けています。この水晶体は、カメラのレンズのように働き、ピントを合わせる役割をします。自律神経によって、水晶体の周りの筋肉を締めたり緩めたりして、水晶体の厚さを調節してピントを合わせているわけです。実は、私たちが色を感じるときも、目は水晶体の厚みを調節しています。目は光を波長ごとに検知して、電気信号として脳に伝え脳内で色が認識されるのは、これまで何度も記した通りです。そして、光の波長によってもピントが異なります。これを色収差といいます。この色収差を解消するために、水晶体の厚みを調整しています。波長が長い色光ほど水晶体を厚く、波長が短い色光ほど水晶体を薄くするといわれています。色収差によって、赤色は他の色より手前に感じて、青色は他の色より後ろに感じます。赤は近くに青は遠くに感じることが、車の事故率に影響している可能性は確かにありそうです。

ただし、進出色と後退色の原因が色収差にあるという説を否定する報告(「色彩心理学入門」大山正)もあります。ここでは、進出色か後退色の原因は、赤や青といった色相ではなく、明度の違いにあるとしています。

**要点BOX**
- ●ゴッホの絵の遠近感
- ●車の事故率と色の関係
- ●進出色と後退色のメカニズム

## ゴッホの「烏のいる麦畑」

赤を手前、青を奥に配置し遠近感を出している。

## 色の違いによる車の事故率

| 順位 | 車の色 | 事故率 |
|---|---|---|
| 1 | 青 | 25% |
| 2 | 緑 | 20% |
| 3 | グレー | 17% |
| 4 | 白・クリーム | 12% |
| 5 | 赤・あずき色 | 8% |
| 6 | 黒 | 4% |
| 7 | ベージュ・茶 | 3% |
| 8 | 黄・金 | 2% |
| 9 | その他 | 9% |

「Using Colour to Sell」Eric P. Danger, 1968 年より



## 色収差による遠近感

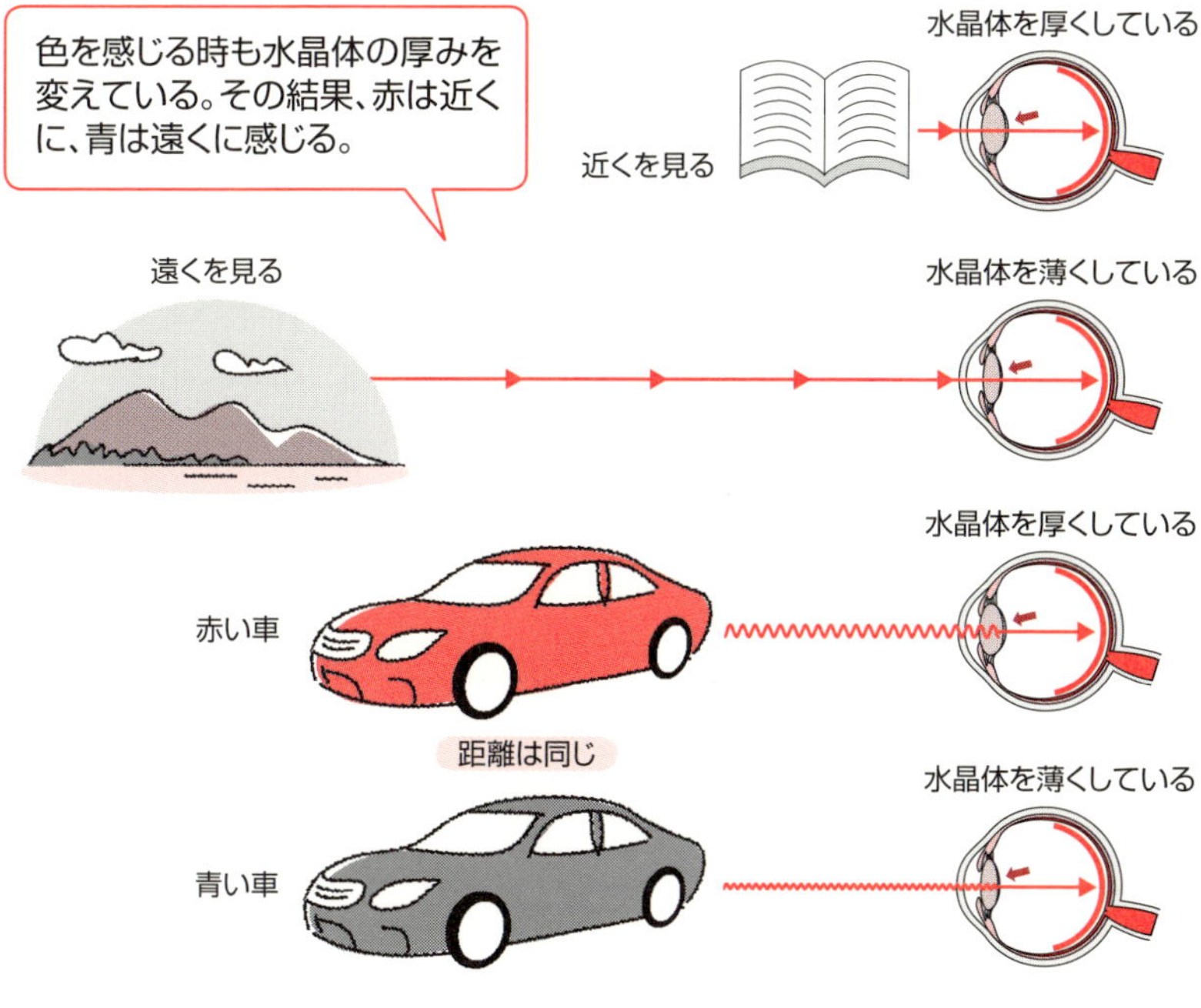

# 41 色は世界共通言語

## 実社会における色の利用

実社会において、色はさまざまな場面で活用されています。古の冠位十二階からスタートしましょう。聖徳太子が、徳、仁、礼、信、義、智の六段階を定め、さらにそれぞれを大小の二つに分けました。そしてこれらの位を冠の色で示しました。隋からの使節団等海外からの訪問者は、居並ぶ高官たちの冠の色をみて、日本が意外にも組織化された国だと驚いたことでしょう。海外に対するデモンストレーションといった側面があったと思われます。言葉ではなく、色による一種の外交だったといえるのではないでしょうか。

現代社会において、色の利用例として真っ先に思いつくのは交通関係です。東京や大阪の地下鉄の路線図等は、色がなければどの線に乗ってどこで乗り換えればよいのかわかりません。特に、外国人にとっては、おおよそ誰でも同じように感じる色は、万国共通の言語として、非常に助けになっているはずです。

もっと身近なのは、交通信号機の色です。緑は「進め」黄は「注意」、赤は「止まれ」だと思っていませんか。本当は、緑は「進んでもよい」、黄と赤は「止まれ」で、黄の場合「ただし安全に止まれないときは除く」だそうです。確かに渋滞のときでも緑が「進め」だと困ってしまいます。その他の安全標識もそれぞれ正式な色が決められていることは、免許証をお持ちの方ならご存知だと思います。

この信号ですが、実は世界共通です。欧米でもアジアでも、信号における緑、黄、赤の意味は同じです。文字だとこうはいきません。やはり色は、数学や音楽と同様に世界共通言語として働く場合があります。実際、国際照明委員会（CIE）は、交通信号に使うべき色をxy色度図（31項参照）を用いて、定めています。信号に使うべき、緑、黄、赤は、いずれもxy色度図におけるヨットの帆の輪郭部近くに位置し、純度の高い色であることが伺えます。

要点BOX
- ●交通関係における色の利用
- ●色は数学や音楽のように共通語として働くことがある

## 冠位十二階と冠の色

| 1 | 2 | 3 | 4 | 5 | 6 | 7 | 8 | 9 | 10 | 11 | 12 |
|---|---|---|---|---|---|---|---|---|---|---|---|
| 大徳 | 小徳 | 大仁 | 小仁 | 大礼 | 小礼 | 大信 | 小信 | 大義 | 小義 | 大智 | 小智 |
| 濃紫 | 薄紫 | 濃青 | 薄青 | 濃赤 | 薄赤 | 濃黄 | 薄黄 | 濃白 | 薄白 | 濃黒 | 薄黒 |
| ←高 | | | | | | | | | | | 低→ |

## 地下鉄の路線図

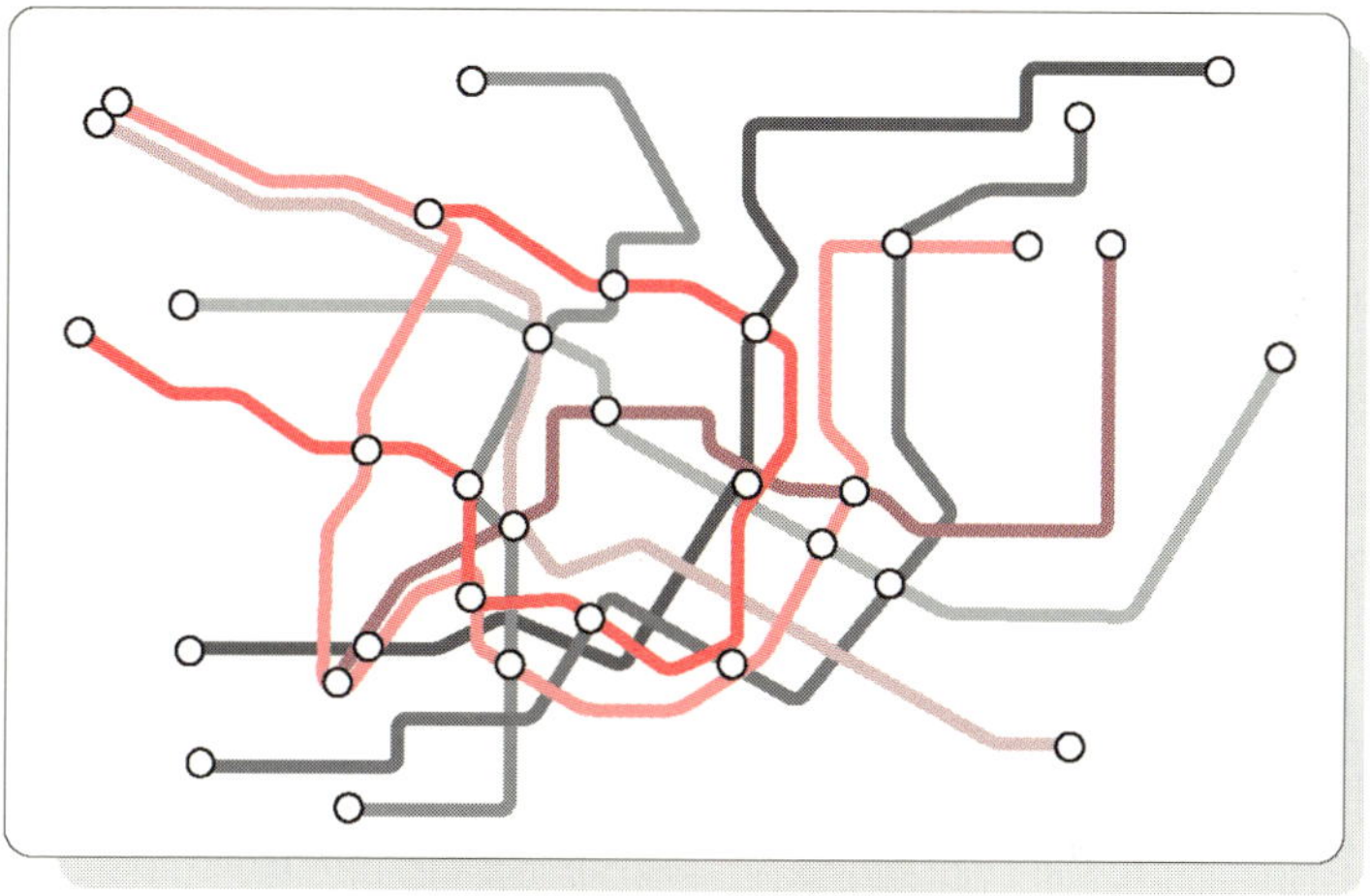

## 交通信号機の色領域

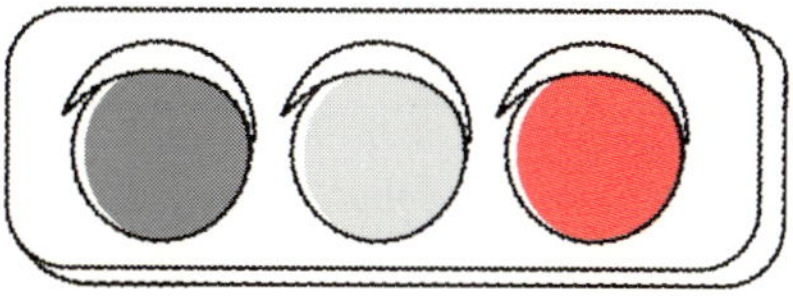

日本の信号機は、「緑」なのに「青」とよばれることがある。道路交通法の用語の中で、実際には緑の信号機の色を青と規定している。緑の葉でも「青葉」というように、日本においては、青の持つ意味が広いのかもしれない。

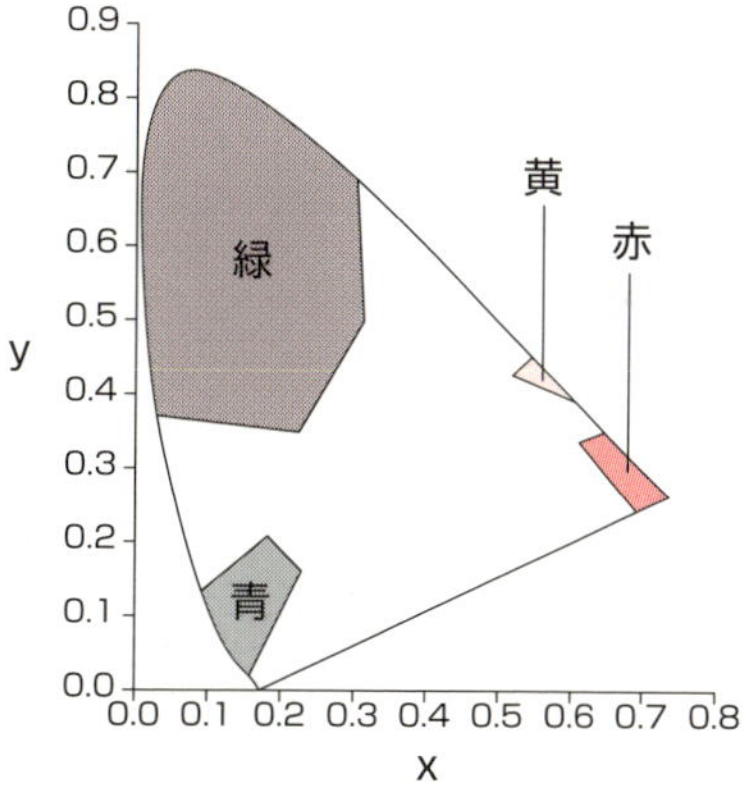


CIEがxy色度図上に定めた交通信号の色

# 42 色は本当に世界共通語？

色が引き起こす先入観

前項（41項）では、信号灯の色に世界共通のルールがあることを述べました。今度はスキーの話です。全国スキー安全対策協議会では、スキー場のコースを、緑：初級、赤：中級、黒：上級と色分けして表示することを推奨しています。ところが、実際にスキー場のゲレンデマップをみると、赤が初級だったり、上級だったりする場合があります。中級レベルの人が、自分のレベルにあったコースと思って赤いコースを選んでも、スキー場によっては物足りなかったり難し過ぎたりすることが起こりえます。

スキーには行かないから関係ない、という人もいるかもしれません。しかし、トイレだったらどうでしょう。行かないという人はいません。あなたは公共のトイレに入るとき、男性あるいは女性のシルエットで判断しますか、それとも男性用は青、あるいは女性用は赤といった色で判断しますか。日本人の場合には、色で判断するという人が多いのではないでしょうか。トイレ標示の色分けの発祥には多数の説がありますが、東京オリンピックの際につくられたピクトグラムにはじまるとする説が有力です。トイレのピクトグラムに、男性は青、女性は赤と色を付け加えたことにより、このトイレ標示が後に普及し、人々にイメージとして刷り込まれたと考えられます。

一方海外では、トイレ標示のイラストこそ使われていますが色付けはされていないのが普通です。例えば、男女ともに黒というのが、一般的です。それどころか男性用がピンク、女性用が青、なんて場合もあるそうです。このようにルールが統一されておらず、世界共通でない理由には、文化的、歴史的背景もあるでしょう。

色が持つ意味に対する先入観が強過ぎて、共通化・ルール化が進んでいない面もあることを知っていないと、失敗するかもしれないという例でした。

要点BOX
- ピクトグラムにおける色の利用
- 色は、文化的、歴史的背景によって、異なる意味に解釈されることがある

## 全国スキー安全対策協議会の定めるコースの難しさを現す色と形

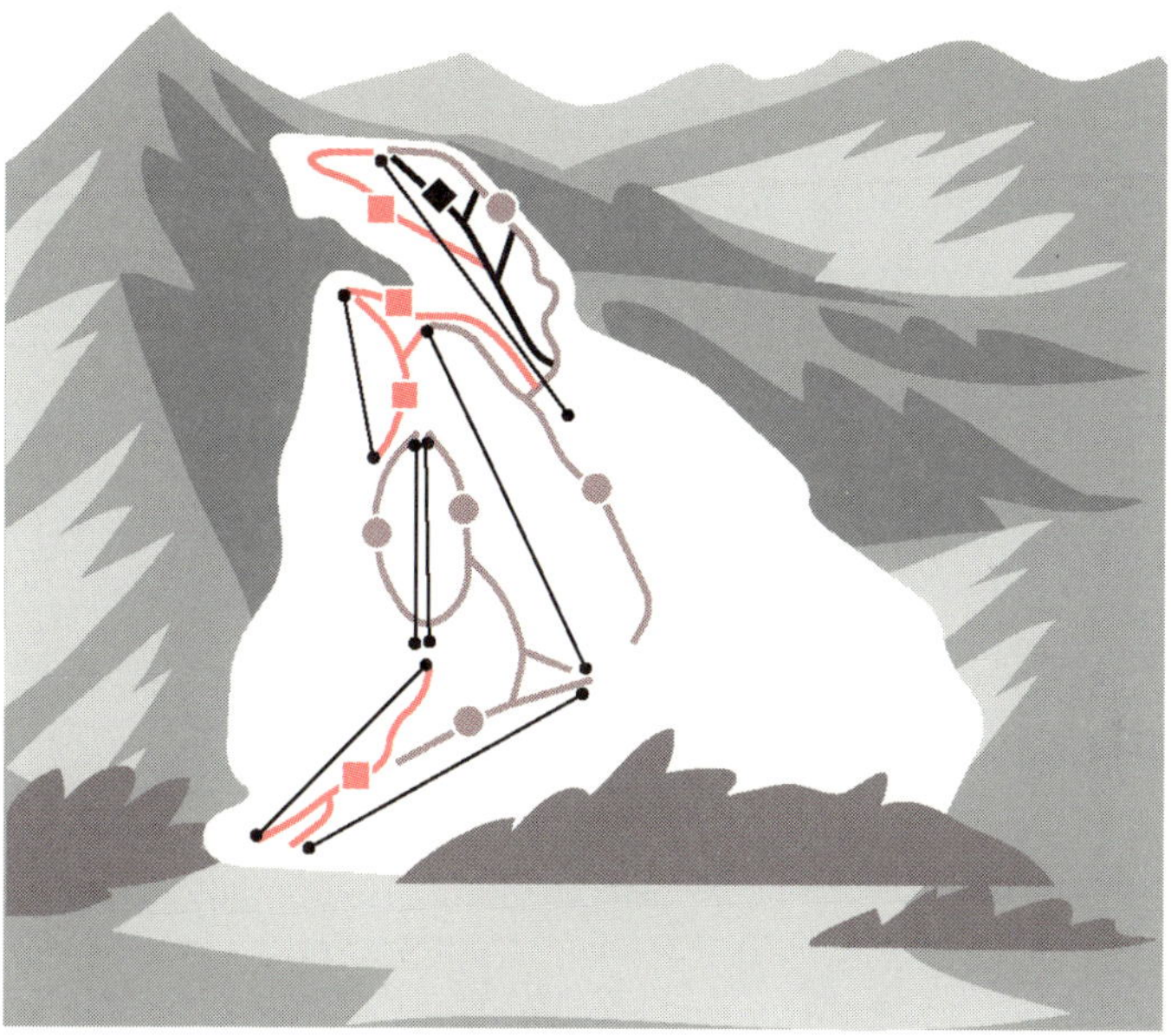

## トイレの一般的なピクトグラム

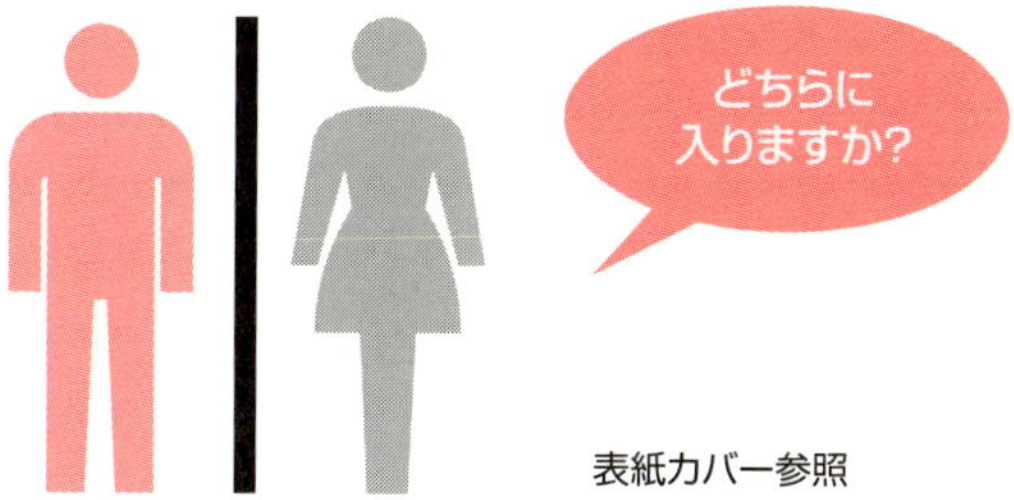


表紙カバー参照



**用語解説**

ピクトグラム：情報や注意を示すための「絵文字」「絵単語」等の視覚記号で、文字表現の代わりに、内容の伝達を直感的に行う目的で使用される。

# 43 加飾技術と色彩

## 高級感を感じる色は？



最近、「加飾」という言葉をよく聞きます。特に、加飾をテクニカルタームとして含む特許出願が増えています。加飾は製品を飾り付けて見栄えをよくして、付加価値を高めることと解釈できます。需要が供給を上回りつくれば売れる、という時代が終わってから久しい現在、過剰供給される製品から選ばれるには、何らかの付加価値が必要です。差別化の一手段として用いられるのが加飾です。機能が同じであれば、見栄えのよい方を選択するのは当然です。工業製品における加飾の手段としては、「塗装」「メッキ」「印刷」等が挙げられます。いずれも色彩に関係する技術です。

加飾のターゲットの一つは、高級感を演出することです。そこで、加飾の立場から、製品をどのように色付けするか考えてみましょう。高級感のある色と聞いて何色をイメージしますか。ある調査結果によれば、日本、中国、タイ、ベトナム4カ国全体で「高級」と感じる上位の色のトップ3は、黒、金、銀の順になるそうです。金や銀等貴金属を連想させるメタリックカラーよりも、黒の方が高級というイメージが強いようです。

一方、日本では、トップ3は4カ国全体と同じですが、順位は金、銀、黒と入れ替わります。足利義満の「金閣寺」や豊臣秀吉の「金の茶室」のように、富と権力を誇示するときには金が使われています。日本人は、金を最も高級に感じているのではないでしょうか。日本冠位十二階（41項参照）では、一番低い位の色は黒でした。高貴と高級を結び付けて考えると、現在は黒がトップ3に入ってきたのは不思議な気もします。鎌倉時代あたりで、日本人の意識が変わったという説があります。鎌倉時代には、強さや権力を誇示する鎧の大部分に黒が使用されていました。黒が強いイメージに変わり、そこから高級感を伴うようになったのかもしれません。

要点BOX
- ●加飾技術における色の重要性
- ●日本と世界と高級感のイメージ

## 「加飾」を含む出願件数の推移

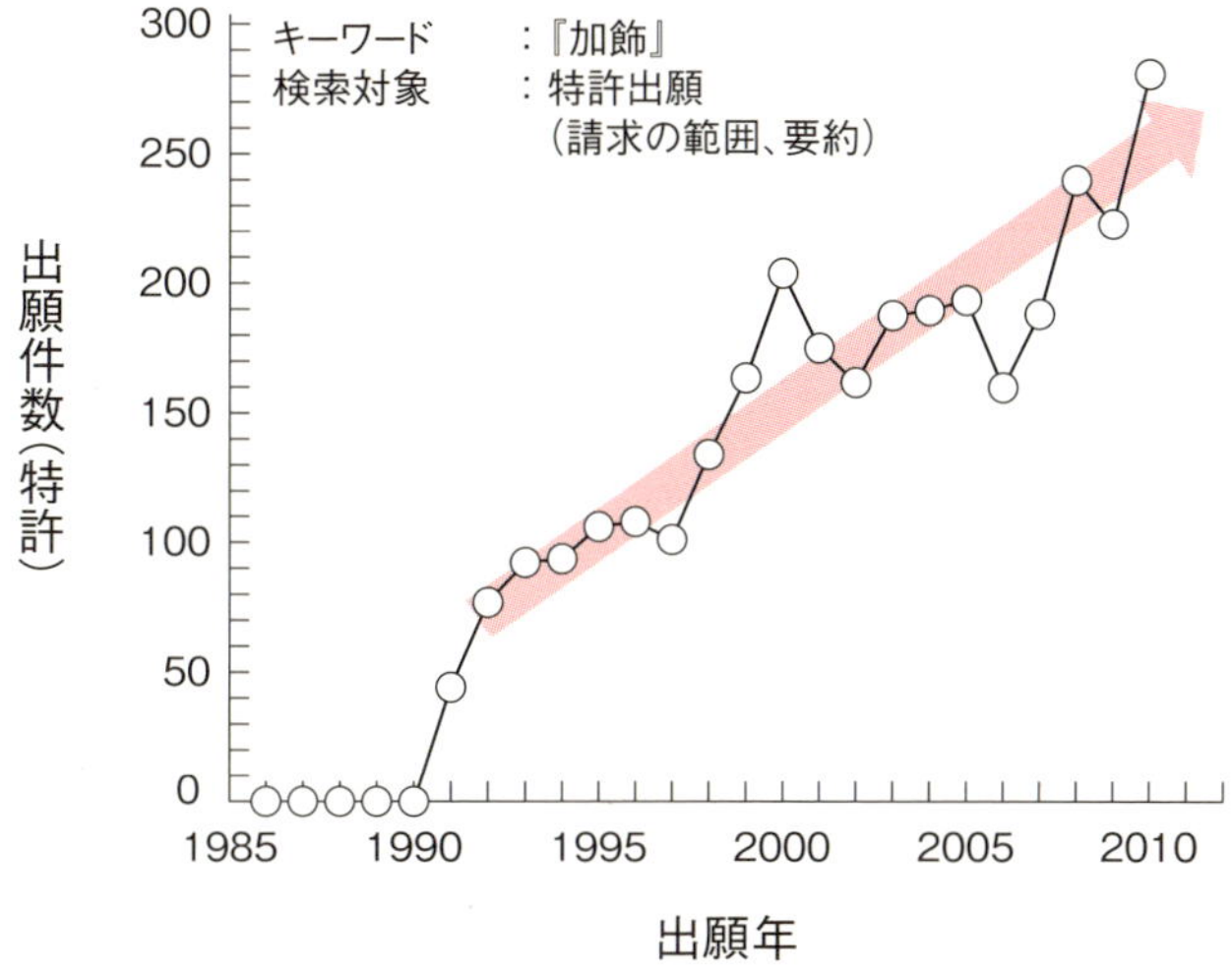


## 色ごとの高級感を感じる人の割合

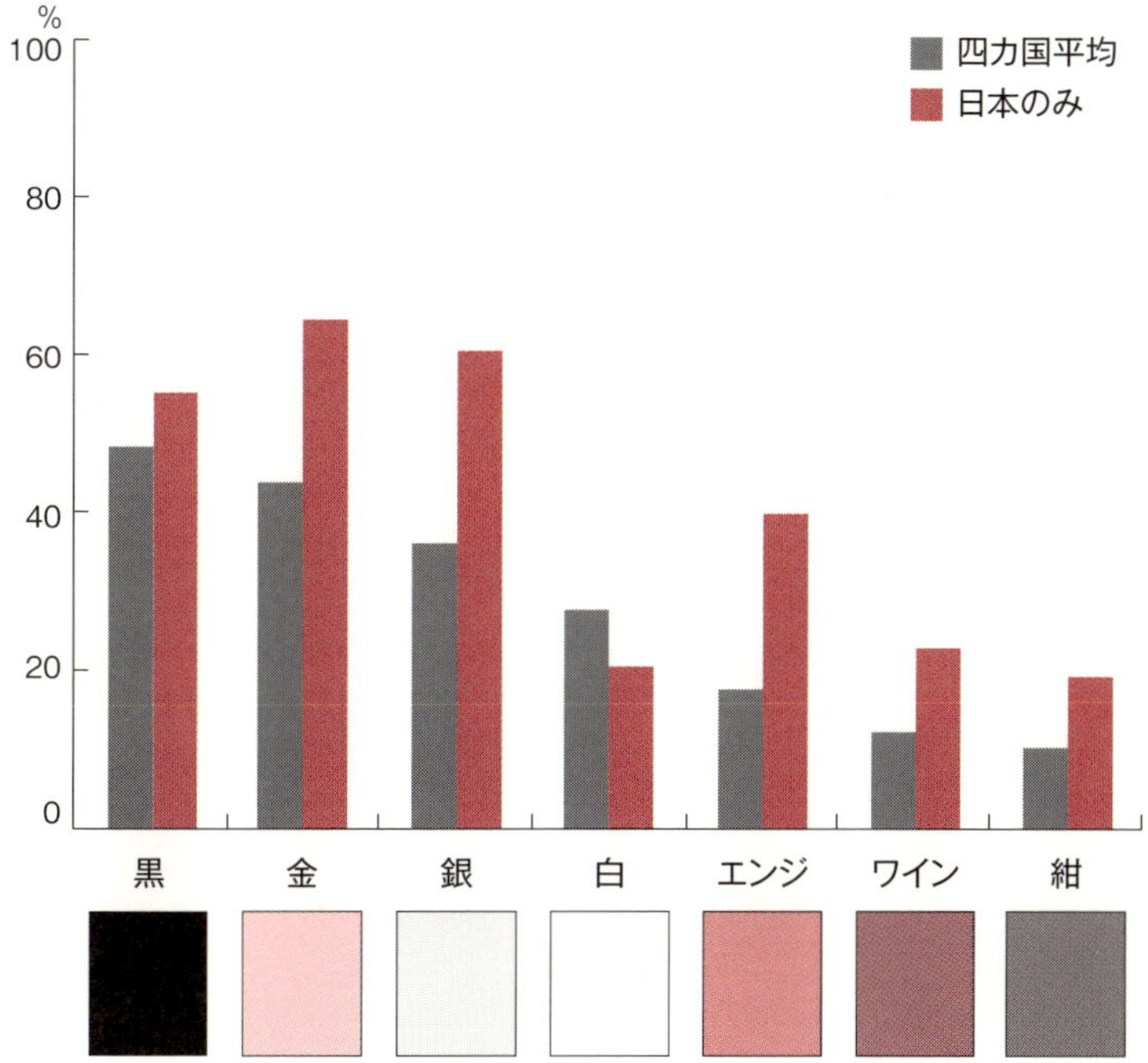


http://www.intage.co.jp/library/20130703/ のデータをもとに著者作成

Column

# 色の恒常性・明るさの恒常性と錯覚

　物体の色に関して、ある程度の知識や記憶があると起こるのが「色の恒常性」です。例えば、私たちがみる人の肌は、白熱灯でも蛍光灯でも同じようにみえます。しかし、昔のフィルムカメラで写真にとったときは、肌が赤味をおびていたり、青味をおびていたりすることがありました。このように、みせかけの色を、私たちが本来の物体の色に修正することを「色の恒常性」といいます。

　同様に「明るさの恒常性」もあります。この場合も知識や記憶をもとに、明るさを修正します。下の図で、AとBのマスを見比べると、Aの方が暗くみえませんか。実は全く同じ明るさなのです。AとBは物理的に同じ明るさですが、白と灰色が規則的に並ぶチェッカーボードとして認識するのであれば、Aは灰色、Bは白とみる方が正しいということになります。私たちの脳は影の効果を無意識的に差し引いています。そして、影と灰色を間違えることもなく、(チェッカーボードとしては)正しく認識できるわけです。ちなみに反射濃度計による測定では、影の影響を差し引くことができず、AとBは同じ明るさ(原稿作成時の誌面上では、いずれも反射率25%)という結果がでています。

　ここまでは、人間の生理機能がいかに優れているかと書き方になってしまいました。しかし、見方を変えれば、物理的な意味においては正しく明るさを認識できなかったという言い方もできます。色や明るさの恒常性は、ときに錯覚の原因にもなります。恒常性は、記憶や思いこみを原因としています。その点で、慣れを原因とする「色順応」や「明暗順応」(35項参照)とは異なります。

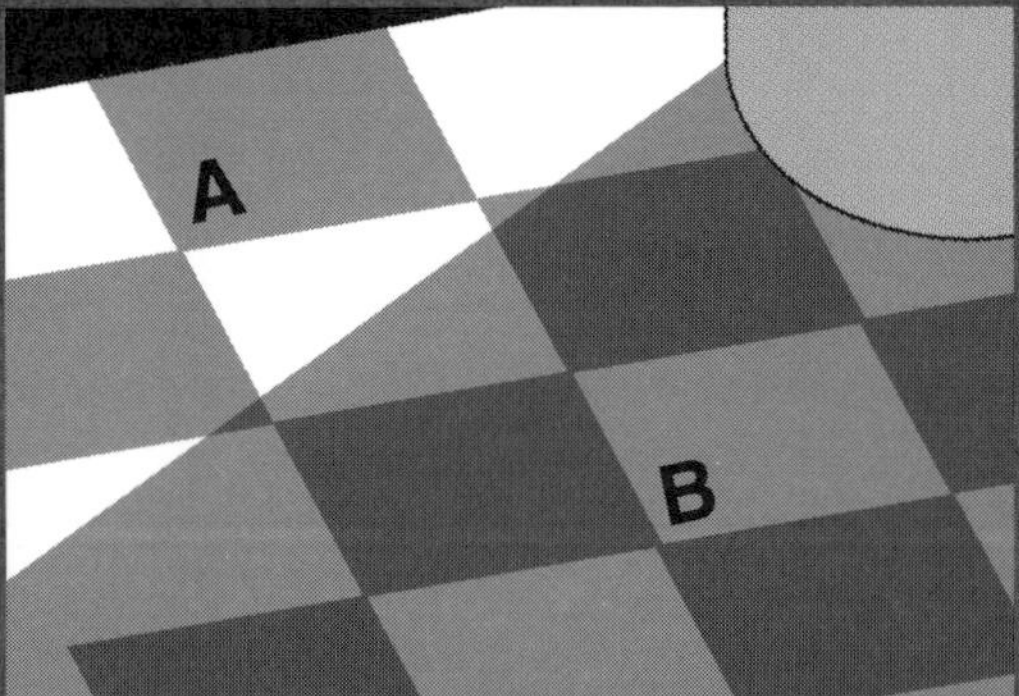

# 第5章

# 物質を中心に考えたときの色

# 44 光の吸収による色、光の放出による色、そして構造色

心理的な変動要因を排して物質中心に考える

色は観測者の個人差や周囲の環境等心理的な変動要因を含むことを説明してきました。本章では、一旦心理的な要因を忘れ、物質という観点から物理的・化学的に色を論じたいと思います。物質の立場からみたとき、色はその発現原因から、光の吸収による色、光の放出による色、そして構造色に分類することができます。

「光の吸収による色」は、「光の反射による色」と言い換えてもよいかもしれません。リンゴに白色光が当たると、リンゴは白色光の一部を吸収して、残りを反射します。物質の色は、入射光から特定の光を除いた反射光のつくる色ということになります。リンゴの場合、白色光の中の緑色光や青色光等を吸収し、赤色光だけを反射するので、私たちはリンゴを赤いと感じます。どのような波長の光を吸収するかは物質によって異なります。ここで、物質が吸収した色と、物質が持つ色の関係を、「補色」の関係といいます。

もし、物質が白色光の全てを吸収したら、それは真っ黒ということになります。

さて、前述のように物質が光をエネルギーとして吸収したり、あるいは電気や熱エネルギーを吸収したりした時、励起状態といわれるエネルギー的に高い状態になります。励起状態にあった物質はやがてエネルギーを放出して、基底状態といわれるエネルギーを受け取る前と同じ状態に戻ります。このときに、放出するエネルギーが可視光領域の光である場合に、「光の放出による色」が発現されることになります。もちろんリンゴ等の通常の物質は発光しません。放出すべきエネルギーは熱エネルギーとして使われてしまうからです。一方、ナトリウムランプ（50項参照）はこの原理に基づいて発光します。

物質による光の吸収でもなく発光でもない別の原理で色を発現するのは、干渉色や散乱色に代表される「構造色」とよばれるものです。

**要点BOX**

- ●リンゴは光の吸収による色
- ●ナトリウムランプは光の放出による色
- ●シャボン玉は構造色

## 光の吸収による色

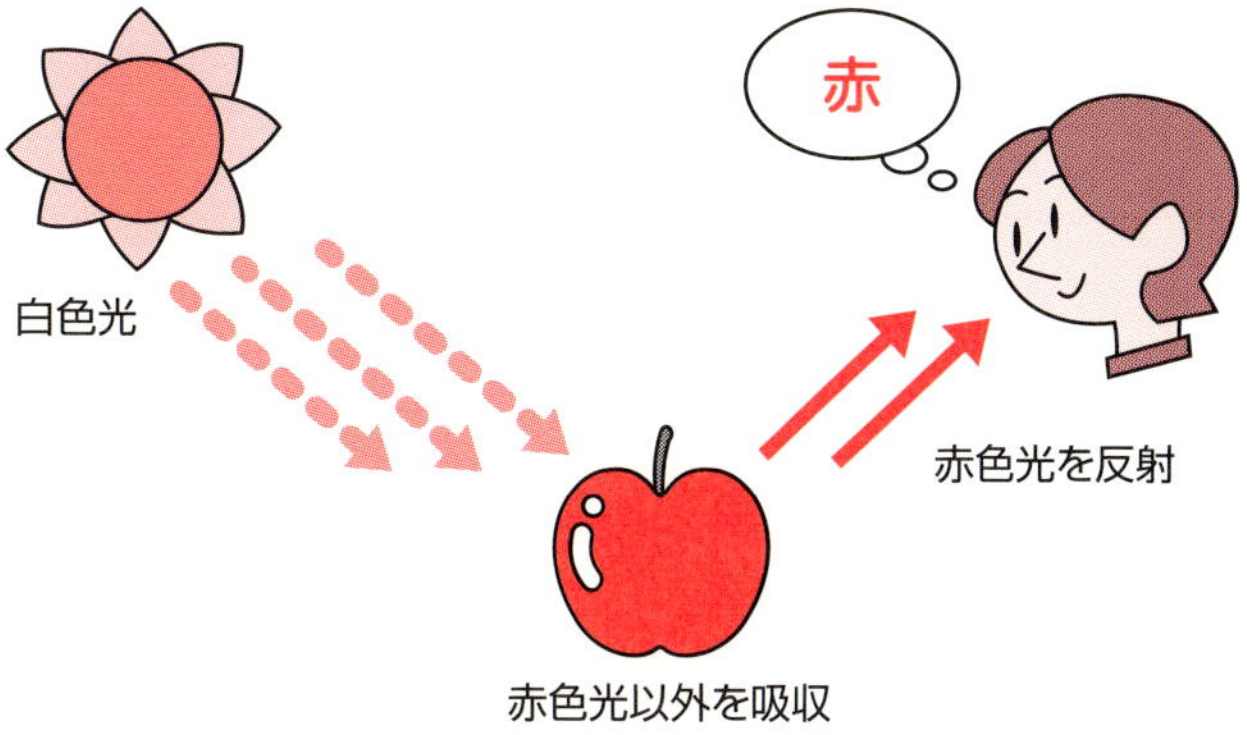


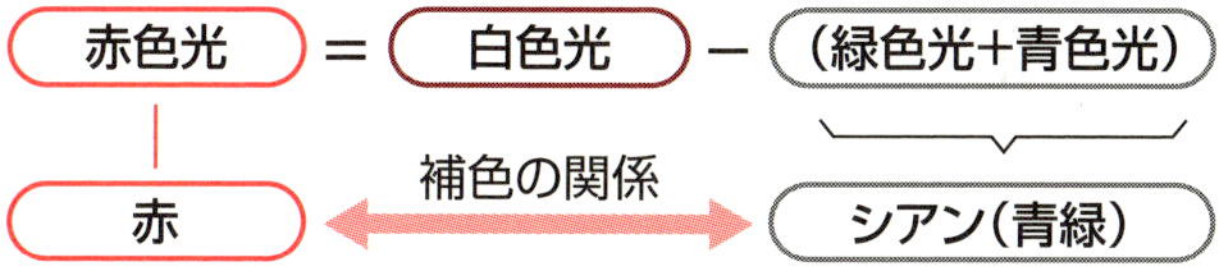


## 光の放出による色

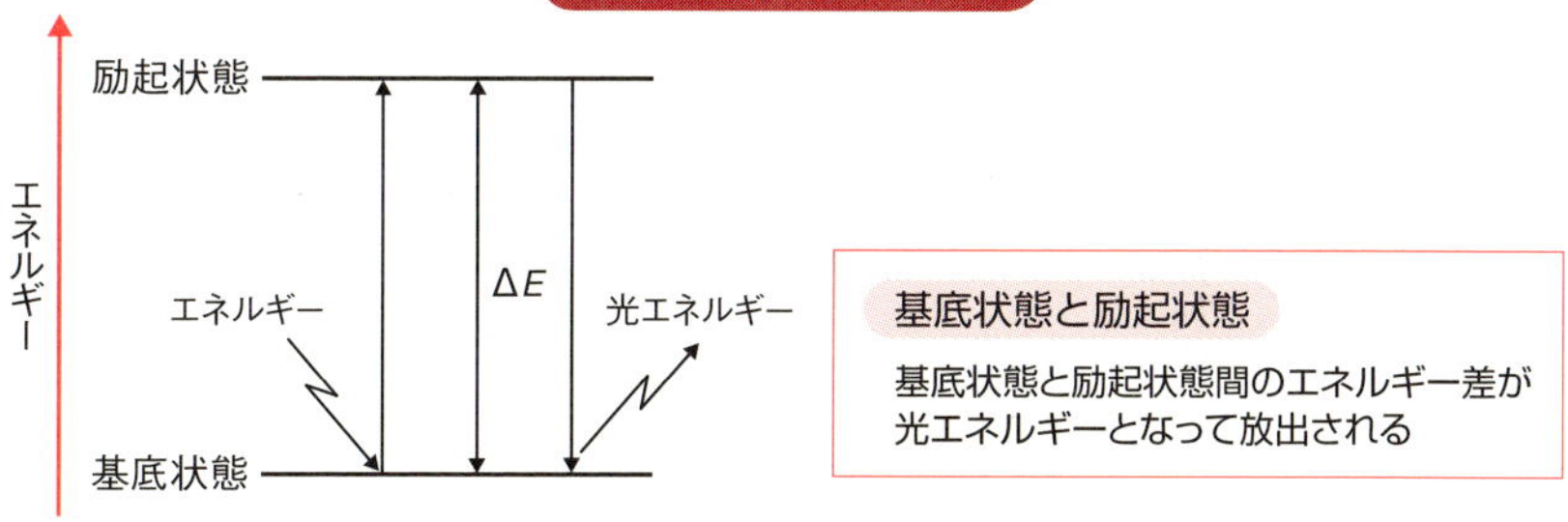


## 構造色（シャボン玉の例）

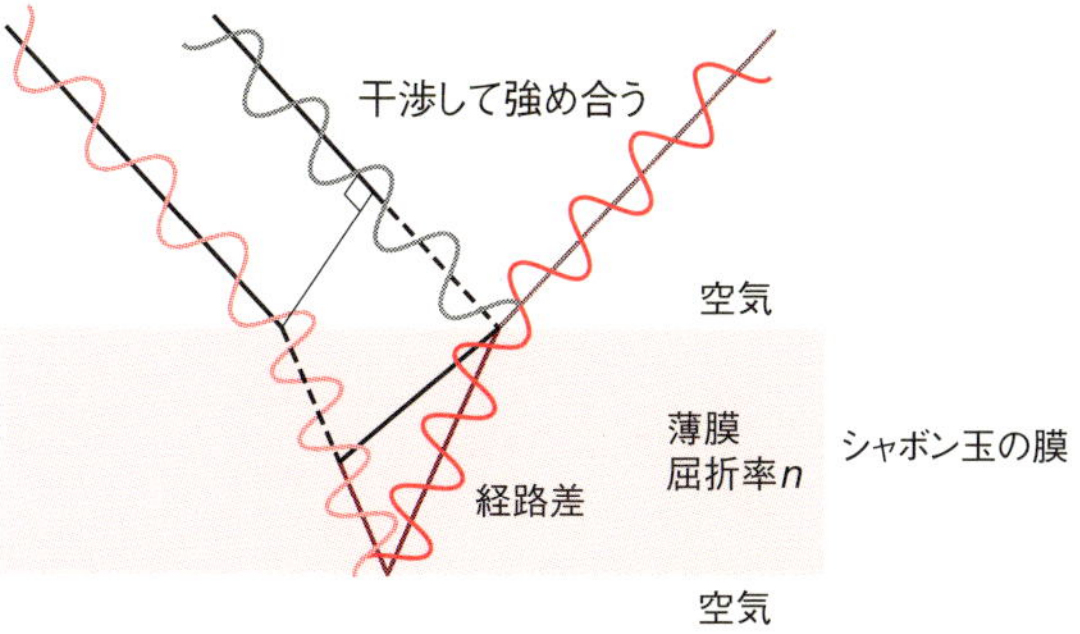

# 45 分子の構造と色

## 光の吸収による発色①

前項（44項）で、物質の色は物質が吸収する光によって決まることを示しました。それでは、物質はどのように光を吸収するのでしょうか。この解をみつけるためには、ほとんど全ての物質は分子でできていることから、分子と光の相互作用といった次元で考える必要があります。

通常の状態の分子は、「基底状態」という最も低いエネルギーに落ち着いた状態にあります。この基底状態において、分子が何らかのエネルギーを吸収した時、「励起状態」といわれるエネルギー的に高い、いわばエキサイトした状態に移ります。このときの何らかのエネルギーが、電気エネルギーや熱エネルギーでなく、可視光領域の光エネルギーであった場合に、光の吸収による色が発現します。

分子がどの波長の光を吸収するかは、分子ごとに異なります。これを決めるのは、基底状態と励起状態のエネルギー差⊿Eとなります。⊿Eが可視光領域のエネルギーに対応していれば、可視光の一部を吸収することになります。光のエネルギーと波長は反比例の関係にありますので、波長の短い青色光の方が波長の長い赤色光よりもエネルギーは大きいということになります。したがって、⊿Eが大きい分子であれば波長の短い青色光を吸収し、その補色である黄から赤の色を発現します。逆に⊿Eが小さい分子であれば波長の長い赤色光を吸収し、その補色である青から緑を発現します。

有機化合物の中では、共役二重結合を有する環状の分子である芳香族が、ちょうど可視光領域の光を吸収します。もっとも、ベンゼンからアントラセンまでは⊿Eが大きく、吸収する光のエネルギーが大きい（波長が短い）のでほとんど無色（白色）です。テトラセンになると緑色光くらいまでを吸収するので、赤色にみえます。さらに、ペンタセンになると、緑から赤を吸収するので、暗い青色になります。

**要点BOX**
- ●分子と光の相互作用
- ●芳香族の光吸収

## 基底状態から励起状態へのエネルギー吸収

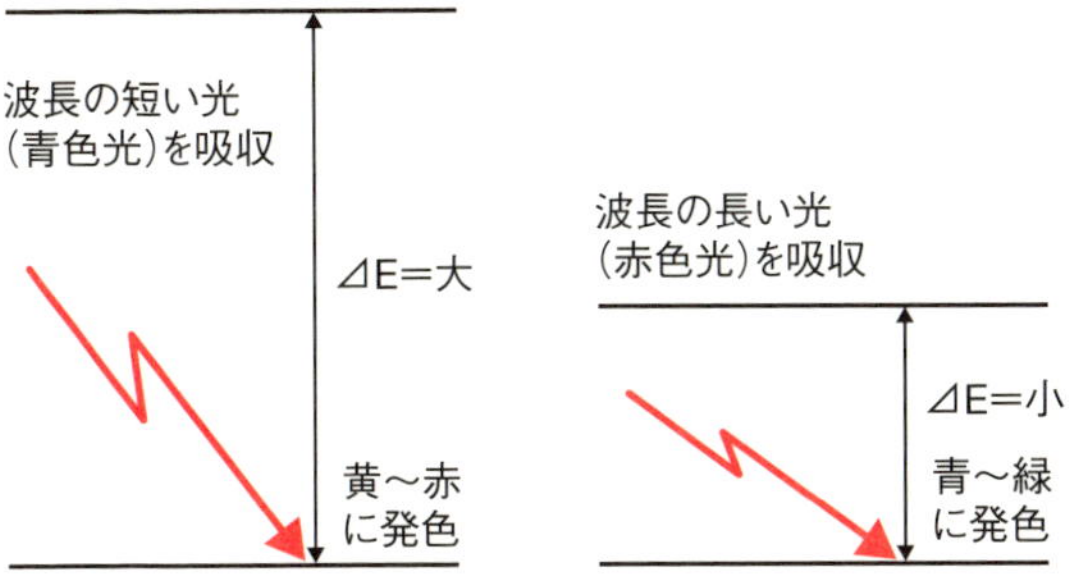


## 電磁波（光）のエネルギー

$$E = h\nu$$

$$c = \lambda\nu$$

$$E = \frac{hc}{\lambda}$$

E：電磁波（光）のエネルギー
h：プランク定数
$\lambda$：電磁波（光）の波長
$\nu$：電磁波（光）の振動数
c：電磁波（光）の速度

光のエネルギーと波長は反比例の関係にある。

## 芳香族化合物と吸収波長の関係

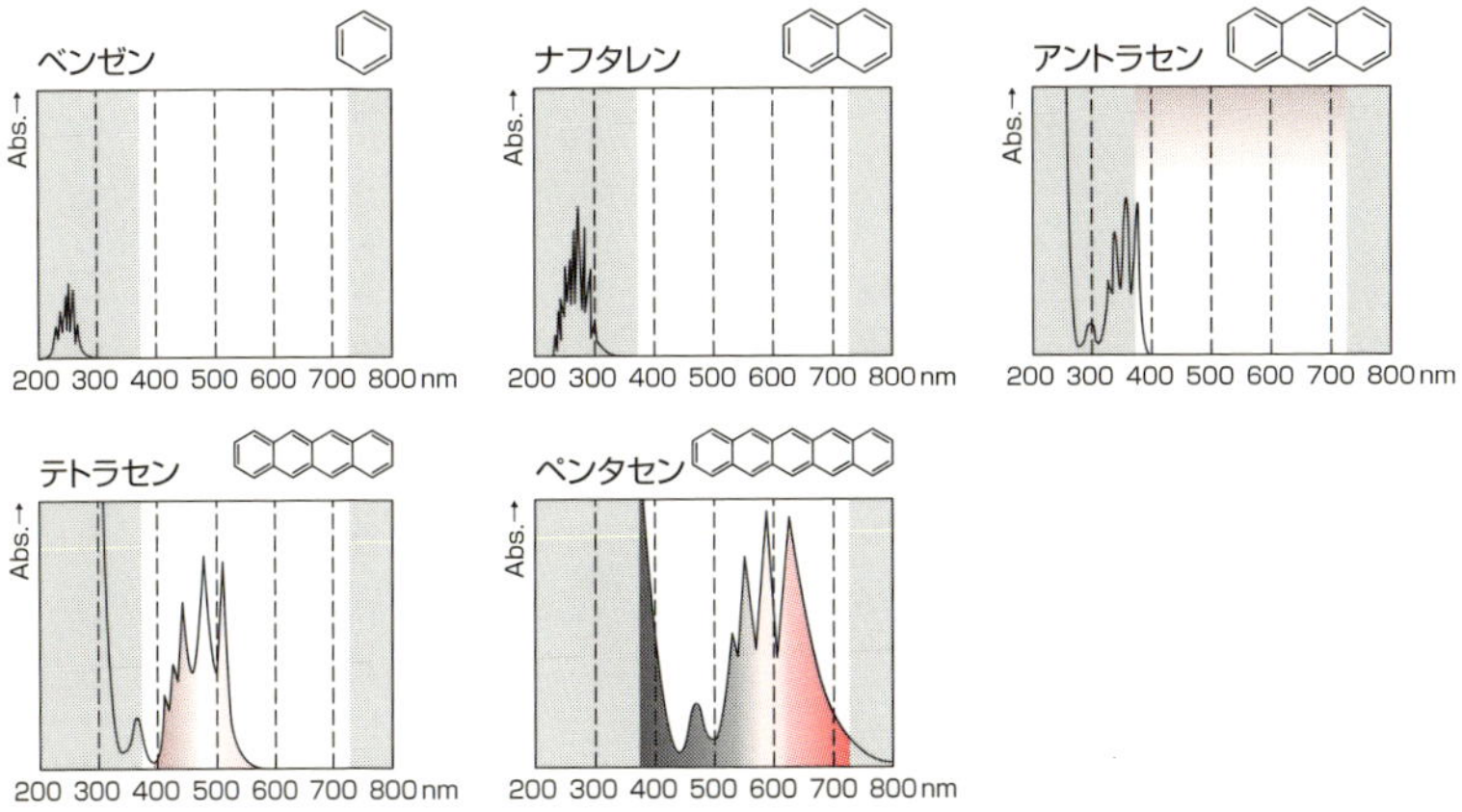


**用語解説**

**芳香族**：主にベンゼン環を含む有機化合物のこと。厳密にはヒュッケル則を満たす化合物となるが、ここでは深入りしない。

# 46 色素の役割

光の吸収による発色②

前項（45項）では、分子レベルから話しましたが、もっと身近なところで光の吸収による発色をみることができます。美味しそうなリンゴの赤も、木々の葉の緑も、あなたが履いているジーンズの青も、私たちの身の回りの多くが、光の吸収による発色です。色は私たちの頭の中でつくられる（1項、2項等参照）と再三申し上げてきたように、これらの物に色が付いているわけではありません。しかし、これらの物から感じられる色を変えられないわけではありません。そのために使われるのが、染料や顔料等の色素です。私たちがさまざまな色の衣装を着たり、自分の好みの色の車に乗れたりするのは、染料や顔料のおかげです。

色素は、波長およそ400～800㎚の可視光領域の一部を吸収して一部を反射させることにより、私たちに固有の色を感じさせる物質です。そのなかで、適当な染色法により繊維を染色し、実用に耐えうる耐久性を持つ色素を「染料」といいます。人間は、古来、植物や動物から色素を採取して染料として用いてきました。しかし現在では、染料といえば、ほとんどの場合、アゾ系染料、アントラキノン系染料等有機合成された染料です。染料は、水や有機溶剤に溶かして使われます。言い換えれば、水や溶剤に「溶解」するのが染料です。

一方、水や有機溶剤に溶けないのが、顔料です。顔料は水や有機溶剤に「分散」された状態で使用されます。そのため、分散した粒子の大きさやその分布のコントロールが重要になります。一般に色の鮮明性は染料の方が、耐久性は顔料の方が優れます。

そこで、インクジェットプリンター（58項参照）のように、写真の印刷は染料インク、文字の印刷は顔料インクといったように両者を使い分けている例もあります。染料や顔料は、繊維やプラスチックの染色や印刷ばかりでなく、液晶ディスプレイ（62項参照）や太陽電池（61項参照）等の分野でも利用されます。

**要点BOX**
- ●色素には染料と顔料がある
- ●色の鮮明性は染料の方が、耐久性は顔料の方が優れる

## 代表的な染料の化学構造

| 染料名 | 代表的な染料の構造 |
|---|---|
| アゾ系染料 | 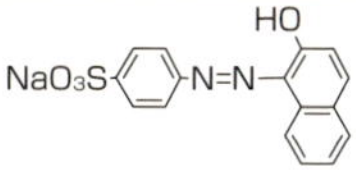 C.I. Acid Orange 7 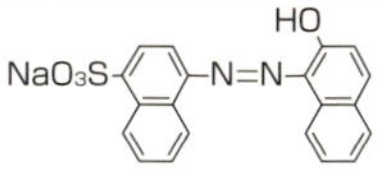 C.I. Acid Red 88 |
| スチルベン系染料 | 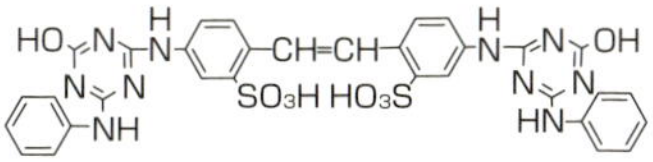 ブランコホル B（C.I. Fluorescent Brightener 32） |
| トリアリールメタン系染料 | 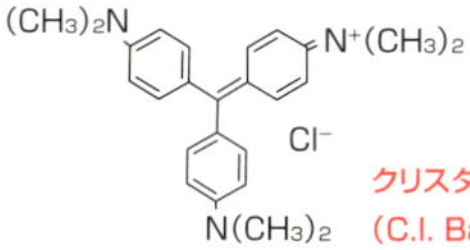 クリスタルバイオレット（C.I. Basic Violet 3） |
| アクリジン系染料 | 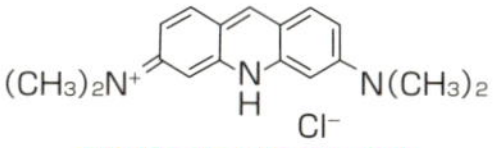 C.I. Basic Orange 14 |

## 代表的な顔料の化学構造

| 有機顔料 | | 有機顔料 |
|---|---|---|
| アゾ系顔料 | ナフトールAS系 | 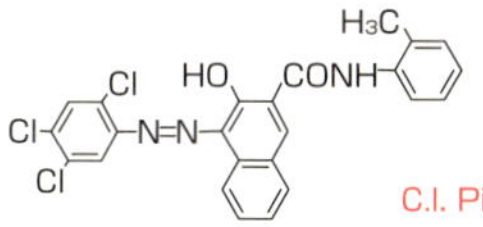 C.I. Pigment Red 112 |
| | ピラゾロン系 | 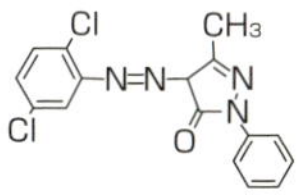 C.I. Pigment Yellow 10 |
| 縮合多環系顔料 | フタロシアニン系 | 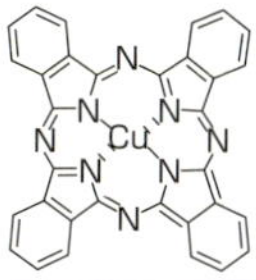 C.I. Pigment Blue 15 |
| | キナクリドン系 | 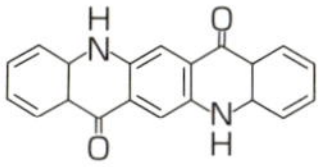 C.I. Pigment Violet 19 |

# 47 光の吸収により、色を変える分子

熱い飲み物を注ぐと絵柄が変化するマグカップが人気だそうです。温度により色が変化する色素を用いているのでしょう。物質には、熱や電気や光等の外部刺激によって、可逆的に色を変えるものがあります。この現象を「クロミズム」といいます。色が温度によって変わるものをサーモクロミズム、電気によるものをエレクトロクロミズム、溶媒によるものをソルバトクロミズム、圧力によるものをピエゾクロミズム、そして光によるものをフォトクロミズムとよびます。

フォトクロミズムの例を紹介しましょう。ベンゾスピロピランは、無色の閉環体が紫外光を吸収して、励起状態（44項、45項参照）になります。そして、化学変化を起こして、青色の開環体になります。しかし、開環体（青色）は閉環体（無色）と比べると不安定です。可視光や熱でも閉環体（無色）に戻りますが、紫外光を止めるだけでも徐々に元の閉環体（無色）に戻ります。紫外光の強い場所では着色し、それ以外ではもとの無色に戻るので、窓ガラスやサングラス用の調光材料に適しています。

一方、ジアリールエテンは、紫外光による化学変化で生成した生成物（閉環体、赤色）も安定であるため、室温状態に放置しただけでは、元の状態（開環体、無色）に戻りません。可視光を照射し、それなりのエネルギー障壁を乗り越えて、はじめて元の開環体に戻ります。この可逆反応における安定性が着目されて、光メモリー、光スイッチ、リライタブルペーパー等への応用研究がさかんに行われています。例えば、紫外光が当たったときは、導電性を有する閉環体になり、可視光が当たったときは絶縁性の開環体に戻りスイッチオフといった分子レベルのスイッチが開発されています。

サングラスであれ、エレクトロニクス材料であれ、フォトクロミズムは、何度でも繰り返すことができる点に、その産業上の利用価値があります。

**要点BOX**
- ●クロミズムは外部刺激によって色が変わる現象
- ●フォトクロミック材料は、光の吸収によって、自らの分子構造を変える

## フォトクロミズム反応の例

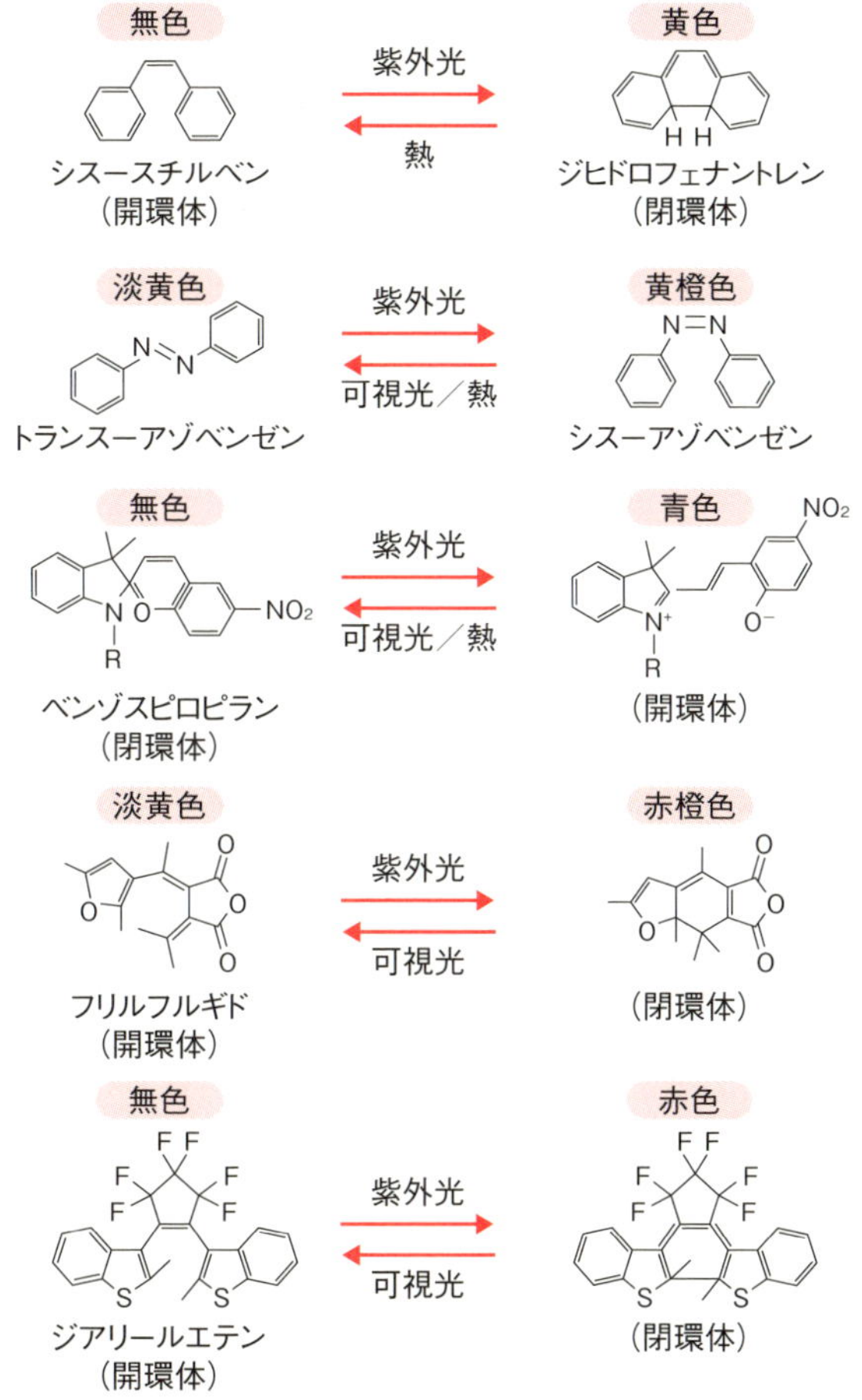

## フォトクロミズム反応を利用した光スイッチ

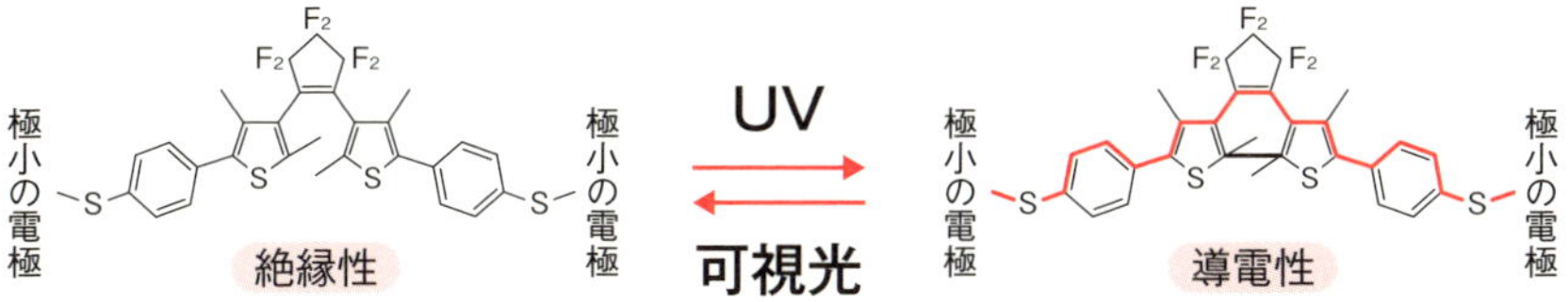


紫外線が当たったときはスイッチon
可視光が当たったときはスイッチoffになる

# 48 水の色・海の色





水の色は何色と聞かれたら、どう答えますか。グラスの中の水を想像すれば、透明と答えるでしょう。一応正解です。しかし、水の厚さによっては不正解になります。何メートルも水中を進んだ光をみると、青くみえます。海をイメージしていただけるとわかりやすいと思います。海といえば、空です。両者の青さは似ていますが、海の場合は、空の青さにおける散乱（56項参照）とは別の原因が大きく関係しています。実は、海の色は色素（46項参照）と同じように、光の吸収の影響を大きく受けています。

ただ、色素と違うのは、基底状態から励起状態になるために吸収される色光を原因としているわけではないという点です。水の場合には、水分子（$H_2O$）の振動が光吸収の主因になっています。水は、水素原子2個、酸素原子1個で構成されていますが、この3個の原子間で振動が起こります。この振動数に一致した光が入ってくると、その光を吸収します。このときの振動数は、おおよそ100テラヘルツ（1秒間に100兆回の振動）ですが、波長に換算すると3000nm程です。可視光領域はおおよそ380〜780nmですから、完全に可視光領域から外れています。しかし、この3000nm以外にも、n次（nは自然数）の吸収といわれる吸収があり、水の場合、（3000／n）nmの吸収があります。n＝5のときの吸収波長が、おおよそ600nmとなります。つまり、赤色光付近に相当します。したがって、光が通過する水の層が厚いほど、赤色光が途中で吸収されて、残った青色光が散乱されて青くみえるわけです。おおよそ7m進んだだけで、赤色光の成分のうち99％は水分子に吸収されてしまいます。n＝6や7のときは、緑色光や青色光も吸収されますが、nの値が大きくなるにしたがって吸収は桁違いに小さくなるので、赤色光の吸収に比べれば無視できます。

**要点BOX**

- ●水の色は水層の厚さが影響
- ●海の青さは水分子の赤色光吸収が主因

## 水分子の模式図

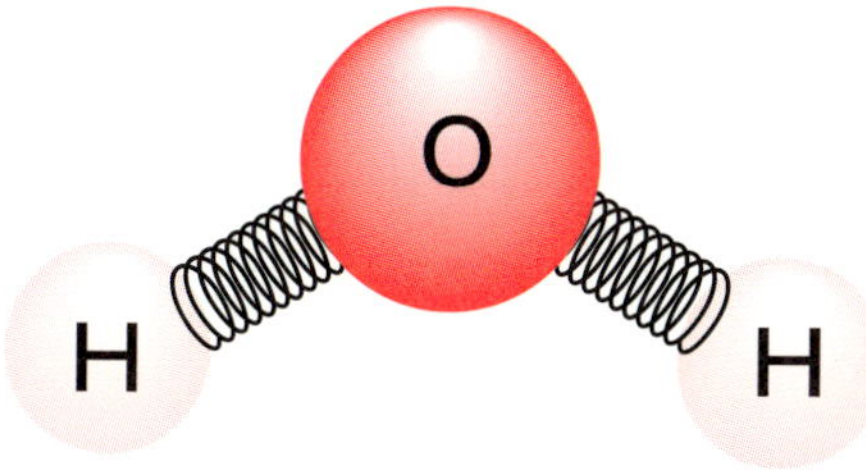
H：水素
O：酸素
HとOはバネに繋がれているようなイメージで振動する。


## 青い空と青い海

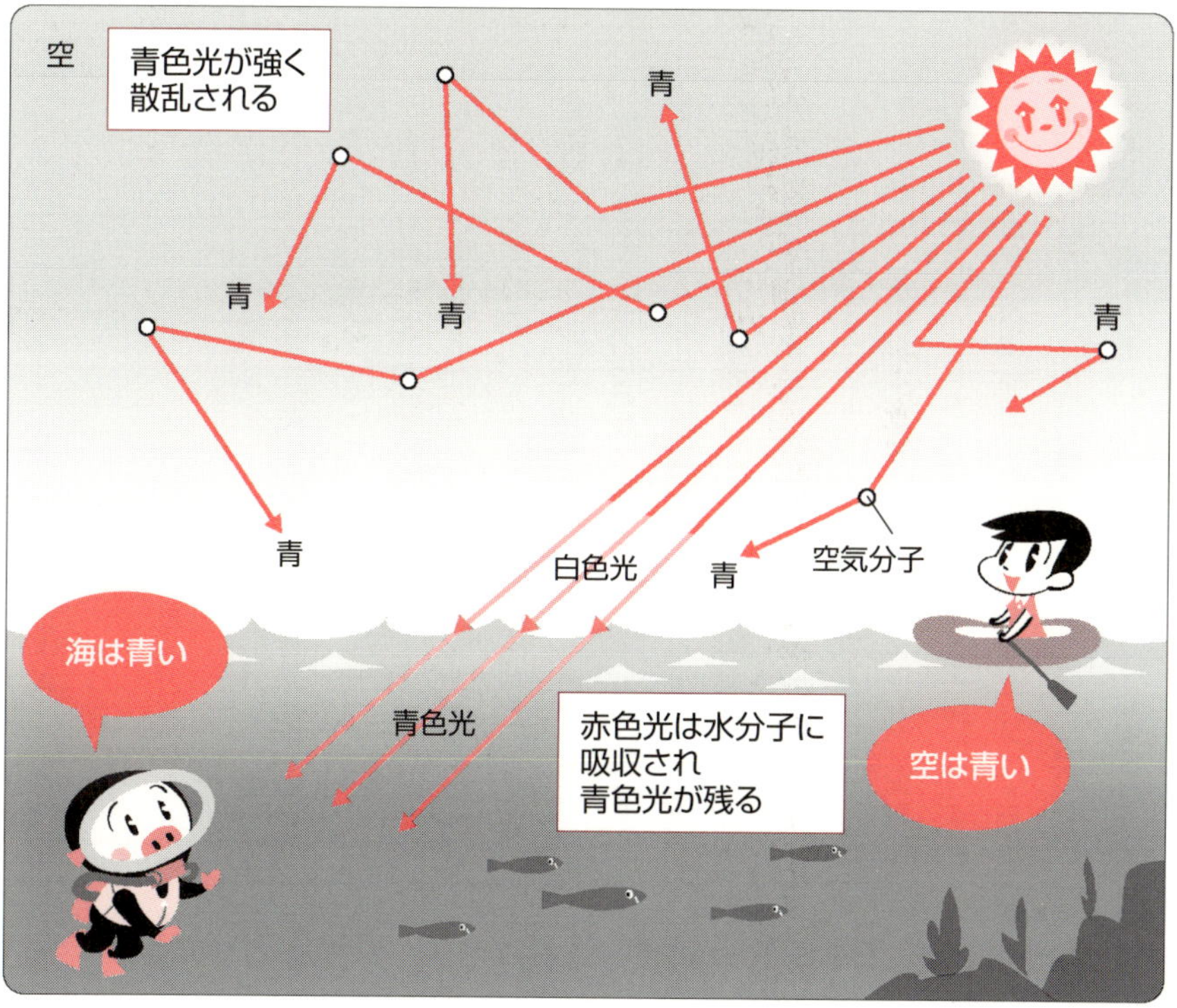

# 49 金属の色

光の吸収による発色について、有機分子（47項参照）と水分子（48項参照）について説明してきました。次は、金属です。金属原子の集合体では、電子は原子核の束縛から放たれ、金属中を自由に移動します。これを「自由電子」といいます。自由電子は金属中の全ての金属イオンに共有されている状態になります。このように金属イオンと自由電子からなる結合を金属結合とよびます。金属は金属結合によって、高い電気伝導性と熱伝導性、展性や延性、金属光沢等の金属特有の性質を持ちます。

金属中の自由電子はプラズマ振動という特異的な振動をします。自由電子がプラズマ振動をする振動数の限界値をプラズマ振動数といいます。金属の表面に光が当たるとき、光の振動数がプラズマ振動数より小さい場合には、自由電子は光の振動数にしたがって振動します。このとき、光のエネルギーは自由電子の振動に使われますが、自由電子はもとの光と同じ振動数の光を再放出します。この光の再放出が金属光沢の原因です。

金属の色は、光の吸収が可視光のどの波長領域で起こっているかによって決まります。プラズマ振動数より大きな振動数の光は金属の中に入っていきます。金属の中に入った光は原子核に束縛されている電子（束縛電子）に吸収され、熱エネルギーに変換されます。束縛電子の状態は金属の種類によって異なるので、吸収される光の波長が異なります。例えば、銀は紫外光を吸収しますが可視光はほとんど吸収せず、非常に高い反射率を示します。金は青色光を吸収します。その結果、赤色光と緑色光に金属光沢の影響も加えて黄金色になります。銅は、青色光と緑色光を吸収し、その一方で赤色光の吸収はわずかなので赤味を帯びた色になります。鉄は、銀やアルミニウムに比べ、可視光全域にわたって吸収が大きいため灰色がかった色になります。

要点BOX
- ●金属の色はプラズマ振動が関係する
- ●金属の色は光の反射が可視光のどの波長領域で起こるかによって決まる

## 金属中の自由電子の動き

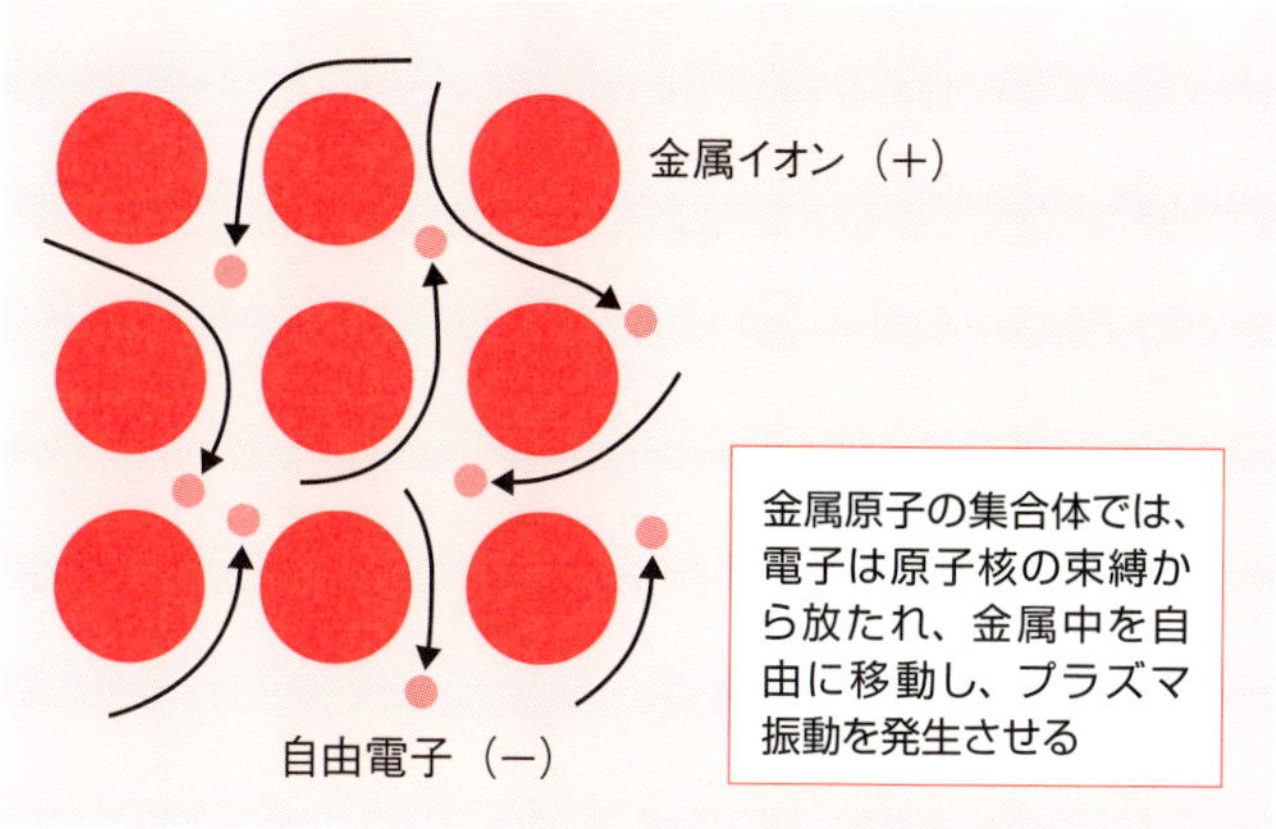


## 金属の反射（光吸収）

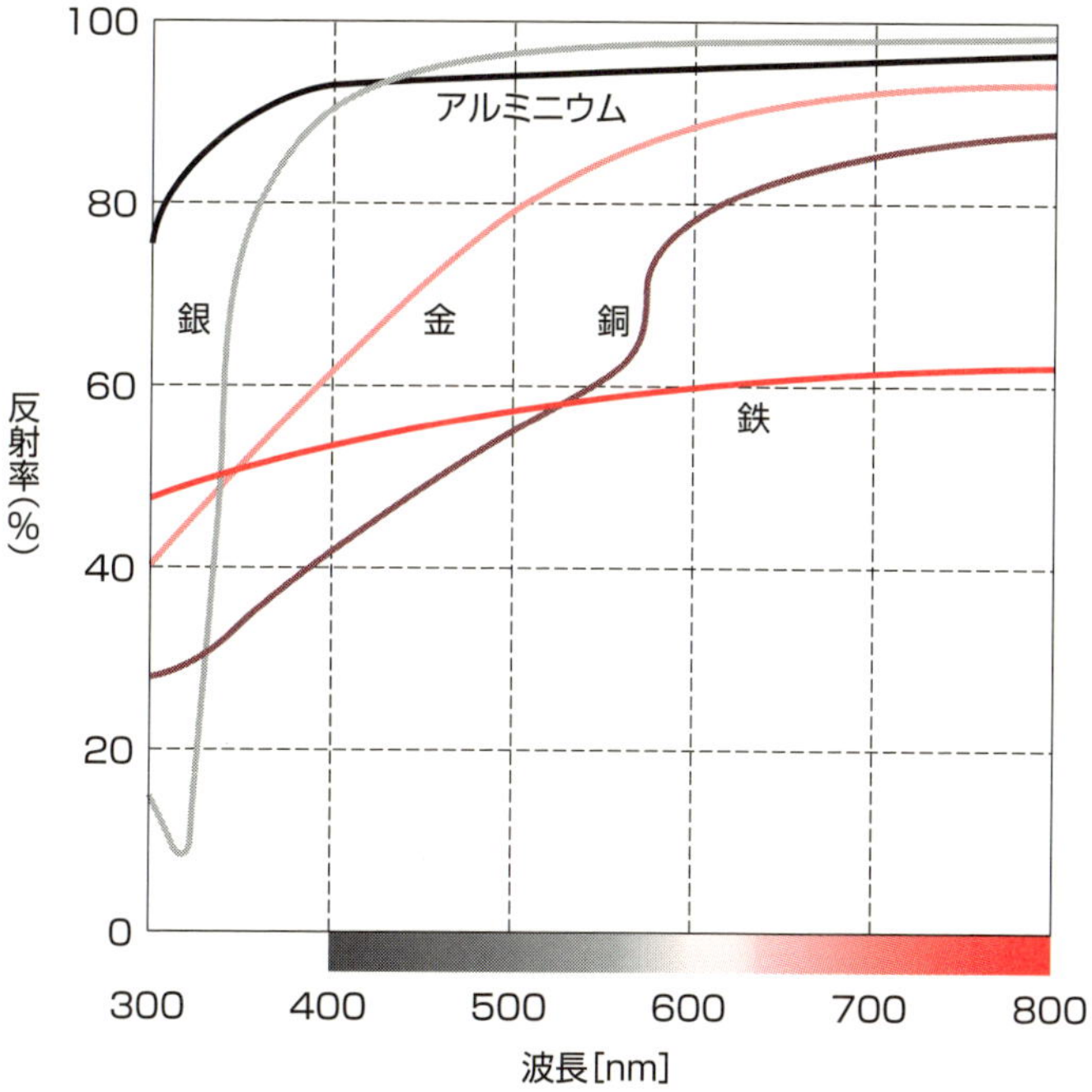


グラフの縦軸は反射率を表している
したがって、縦軸の値が小さいほど光の吸収は大きい

# 50 ナトリウムランプの発光

## 光の放出による発色①

本項からは、光の放出による色、すなわち発光によって色を示す物質について話します。光の吸収については分子による吸収をみてきましたが、まずは分子より単純な原子の発光をみていきましょう。

トンネルに入るとそれまで青白かった照明がオレンジ色の照明に変わることがあります。青白いのは水銀灯で、オレンジ色はナトリウムランプです。いずれも、原子の励起による発光現象を利用していますが、ここではナトリウムランプで説明します。光の吸収による発色では、分子が光エネルギーを吸収することで基底状態から励起状態に移りました。ナトリウムランプの場合は、ガス状のナトリウム原子を、放電による電気エネルギーで基底状態から励起状態に移します。この励起状態から基底状態に戻るときに放出される電磁波が、波長589㎚のオレンジの色光になります。実際には、ナトリウム原子はイオン化するまで、エネルギー的に高い位置に移ります。それから、電磁波を放出しながら、さまざまな経路を経て基底状態に戻ります。放出される電磁波の中に可視光領域のオレンジの色光があるという言い方が正確です。

ナトリウムランプがトンネル内照明に使われている理由は、散乱による発色に関係しています。トンネル内は車の排気ガスが充満しています。つまり多数の微粒子が浮遊しています。このような状態で問題になるのが光の散乱現象、特にレイリー散乱です。レイリー散乱（56項参照）は、光の波長の4乗に反比例して散乱が強くなります。つまり短波長成分を含んでいる白色光で照明すると、浮遊微粒子によって照明光の短波長成分が多く散乱されてしまい、前方の見通しが悪くなってしまいます。一方、ナトリウムランプは、D線とよばれる波長約589㎚のオレンジの色光以外の波長成分はほとんど含んでいません。オレンジの色光は、長波長寄りに位置しており散乱されにくく、遠くまで見通しが効くことにつながります。

**要点BOX**

- ●ナトリウムランプは原子の励起による発光現象
- ●ナトリウムランプ下では散乱による発色を緩和できるので、遠くまで見通せる

## ナトリウムランプの光の放出による発光

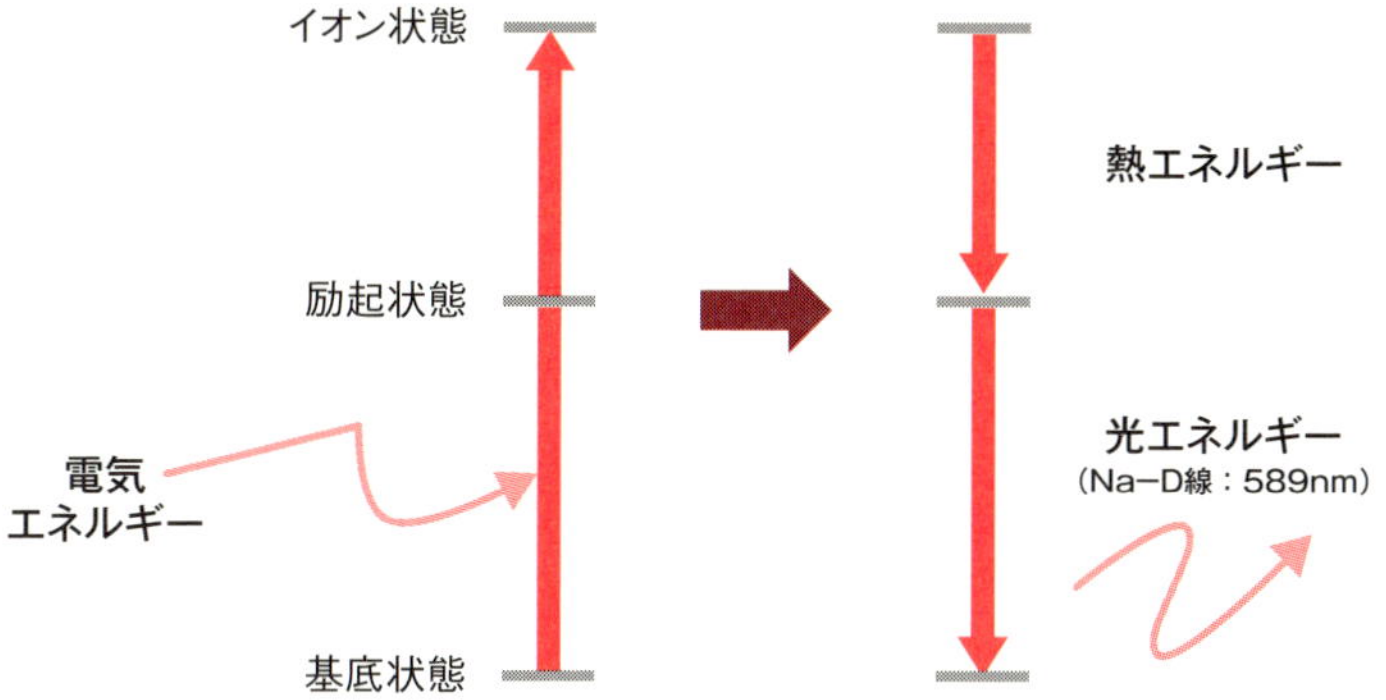


## ナトリウムランプの分光分布

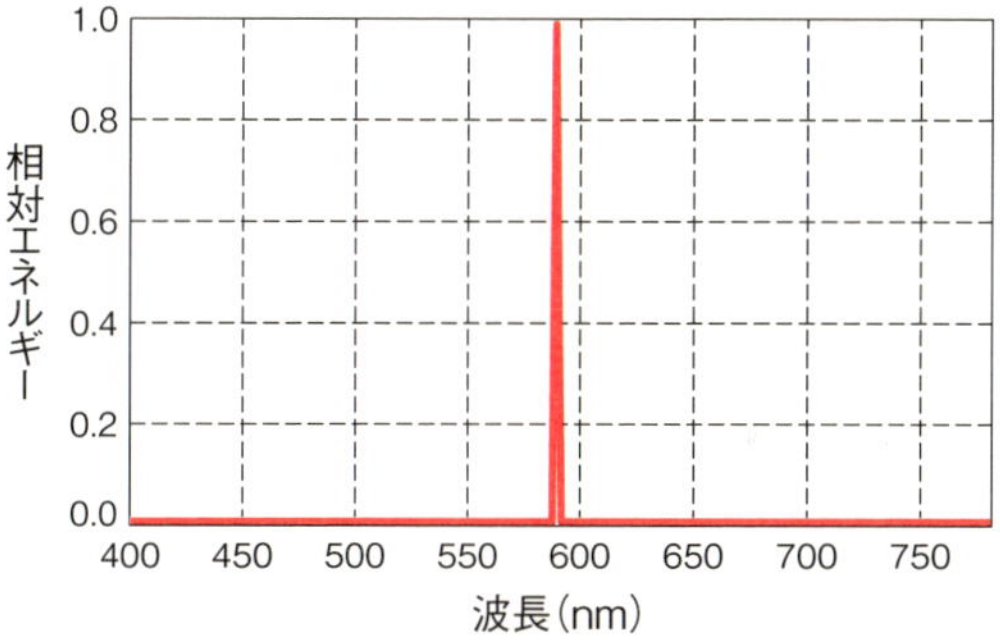


## トンネル内のナトリウムランプ

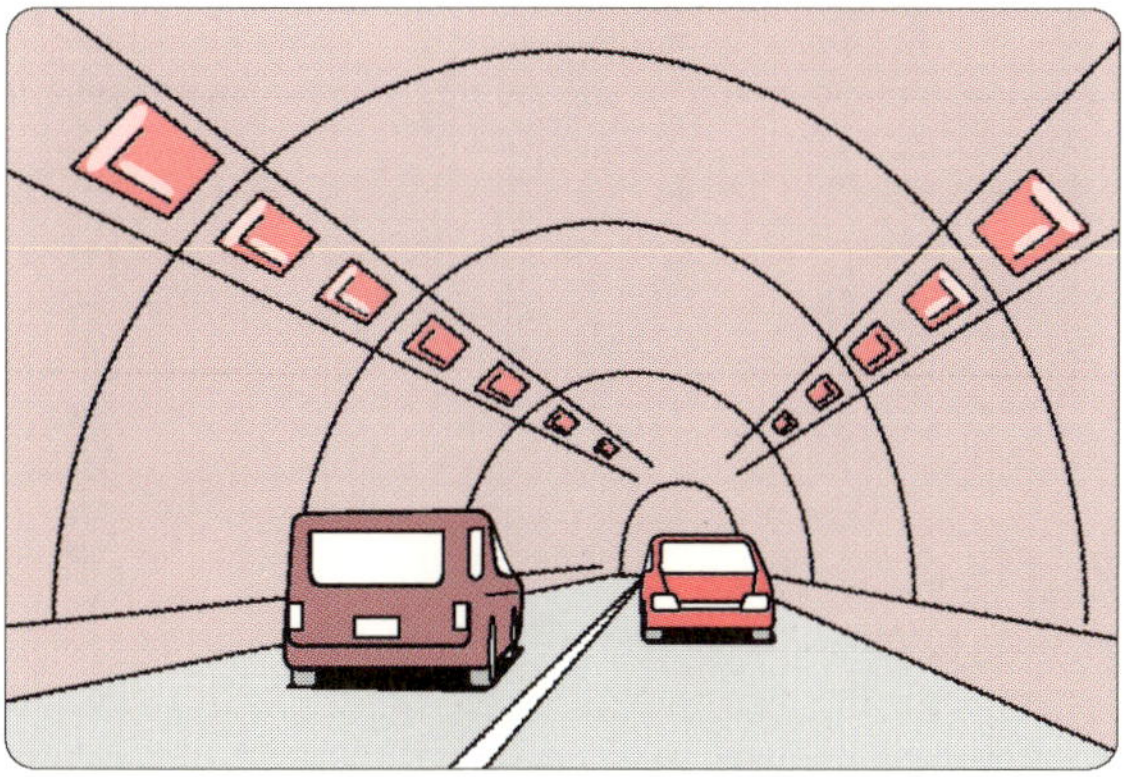

ナトリウムランプは、短波長成分を含まず、レイリー散乱を起こしにくい。微粒子を多く含むトンネル内でレイリー散乱を避けることは、遠くまで見通しが効くことに繋がり、走行安全上の効果が大きい。

# 51 炎色反応と花火



前項（50項）では、光の放出による色を、ナトリウムランプを例に説明しました。同様の原理で、発光するのはナトリウムだけではありません。中学や高校の理科の実験でお馴染みの「炎色反応」について説明します。リアカー（Li赤）なき（Na黄）K村（K紫）動力（Cu黄緑）借りると（Ca橙）するもくれない（Sr紅）馬力（Ba緑）と覚えませんでしたか。

カリウムやカルシウム等のアルカリ金属やアルカリ土類金属、あるいは銅等を、イオン化して水に溶かした液を、炎の中に入れて熱すると、それぞれの元素特有の光を発します。これを炎色反応といいます。熱せられて気化した金属原子は、熱エネルギーを受け取り、基底状態から励起状態へ移動します。その後、基底状態に戻ろうとします。そして、二つのエネルギー状態の差に相当するエネルギーを電磁波として放出します。その電磁波の波長が可視光領域にあるとき、炎色反応として金属ごとに特有の色が認識されます。元素ごとに基底状態と励起状態のエネルギー差が異なるので、放出される光の色も異なるわけです。ですから逆に、発せられた光の色をみれば、その金属が何であるかを定性的に分析することも可能になります。

この炎色反応の応用例の一つが花火です。花火は玉の中に2種類の火薬が入っています。一つは上空で花火玉を割るための火薬で、もう一つが丸い粒状の「星」とよばれる火薬です。この星にはさまざまな金属が含まれていて、上空で火薬により燃えて炎色反応を起こし、さまざまな色を呈します。花火の中には、上空で広がってから、色が美しく変化するものもあります。こうした花火の星は、真ん中にある「しん」に向かって、違う色の火薬をまぶしていく方法でつくられ、上空で星が外側から燃えていくため、だんだんと色が変化していくしくみになっています。

**要点BOX**
●炎色反応で金属の定性分析が可能
●炎色反応を利用したのが花火

## 炎色反応の実験

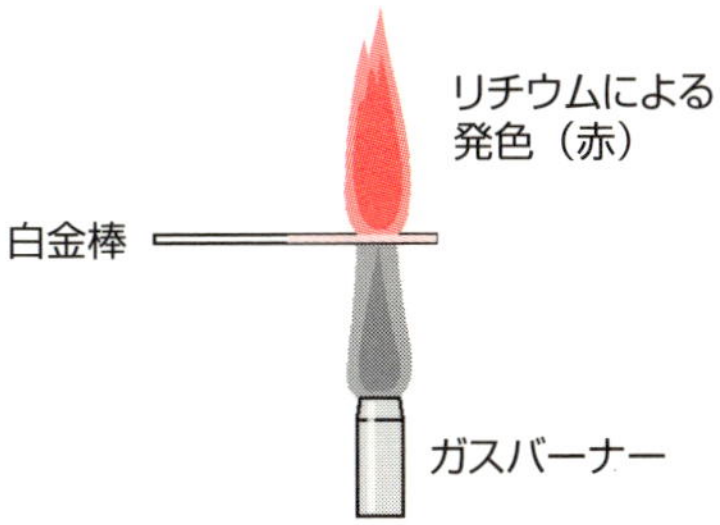


金属イオンが溶けた水溶液を
白金棒につけて炎に入れると
特有の色を発する

## 炎色反応の例

| 族 | 元素 | 色 |
|---|---|---|
| 1族（アルカリ金属） | リチウム(Li) | 深紅色 |
| | ナトリウム(Na) | 黄色 |
| | カリウム(K) | 淡紫色 |
| | ルビジウム(Rb) | 暗赤色 |
| | セシウム(Cs) | 青紫色 |
| 2族（アルカリ土類金属） | カルシウム(Ca) | 橙赤色 |
| | ストロンチウム(Sr) | 深紅色 |
| | バリウム(Ba) | 黄緑色 |
| 11族 | 銅(Cu) | 青緑色 |
| 13族 | ホウ素(B) | 緑色 |
| | ガリウム(Ga) | 青色 |
| | インジウム(In) | 藍色 |
| | タリウム(Tl) | 淡緑色 |

## 花火の内部構造

### ■花火の色が変わる「星」の断面図

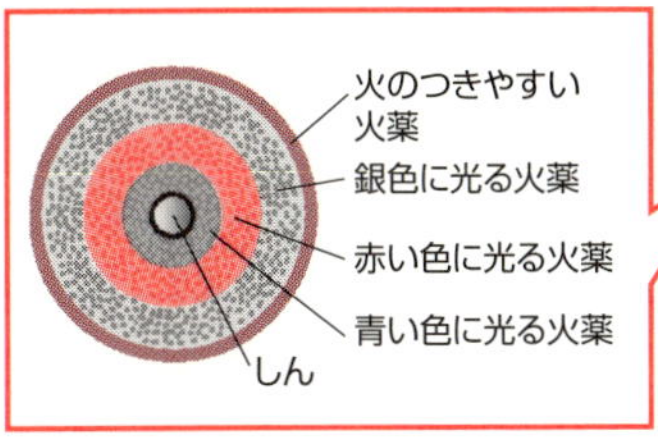


### ■花火の断面図

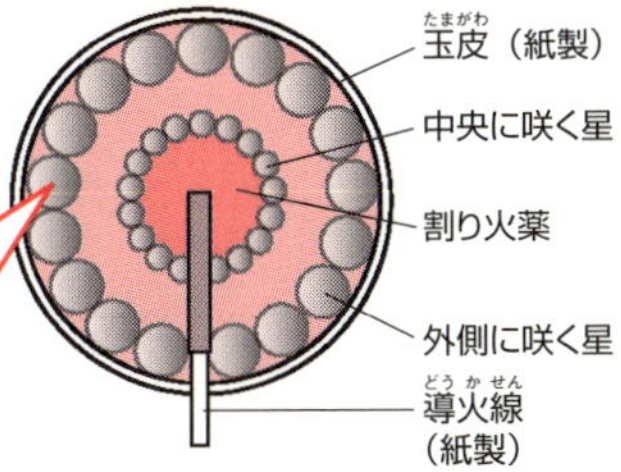

**用語解説**

**イオン**：電気的に中性の原子や分子が、1個又は複数の電子を失うか取り込んだことで生じた、電荷を持つ原子、又は分子。 電子を失って正電荷を帯びたものを陽イオン、取り込んで負電荷を帯びたものを陰イオン、電子の授受を経てイオンになることをイオン化という。

# 52 蛍光と燐光





炎色反応（51項）では、金属が熱エネルギーによって基底状態から励起状態に移りました。光エネルギーによって、基底状態から励起状態に移る場合もあります。この場合も、最終的には励起状態から基底状態に戻る際に光エネルギーを放出します。これが「蛍光」です。ただし励起状態から直接基底状態に戻るのではなく、熱を放出しながら少し低いエネルギー状態に一旦落ち着いて、そこから基底状態に戻るときに蛍光を発光します。そのため、初めに照射した光と同じ波長の光ではなく、エネルギーを失った分だけ波長の長い光が放出されます。例えば、私たちには認識されない紫外光（波長$\lambda_1$）を吸収しながら、波長が長くなった可視光（波長$\lambda_2$）として放出する物質がありますが、これが「蛍光材料」です。

お札等には蛍光繊維や蛍光インクが含まれていることがありますが、紫外光を当てたときだけ発光がみられるので、偽造防止に効果があります。また、蛍光灯では、アルミニウム酸化物にユーロピウムを加えたもの（青）や、イットリウム系の酸化物にテルビウムを加えたもの（緑）、ユーロピウムを加えたもの（赤）等の蛍光材料が管の内側に塗られています。放電によって、管内に充満した水銀ガスから発生した紫外光がこれらの塗料に当たると、各蛍光体がそれぞれ違った波長の可視光を出します。

蛍光と似た現象に「燐光」があります。蛍光と燐光の励起状態は、厳密にはそれぞれ一重項励起、三重項励起とよばれ、少し様子が異なります。ここでは深入りしませんが、三重項励起状態の方が少し安定と考えてください。燐光は蛍光よりもゆっくりと励起状態から基底状態に戻ります、そのため、発光時間が長くなる傾向があります。そのため、時計の文字盤や針に塗られている「燐光塗料」は、部屋を暗くしてもしばらくは光っているので、「蓄光塗料」とか「夜光塗料」とよばれています。

**要点BOX**

- ●蛍光は励起状態から基底状態に戻るときに放出される
- ●燐光は蛍光より発光時間が長い

## 蛍光の発光のメカニズム

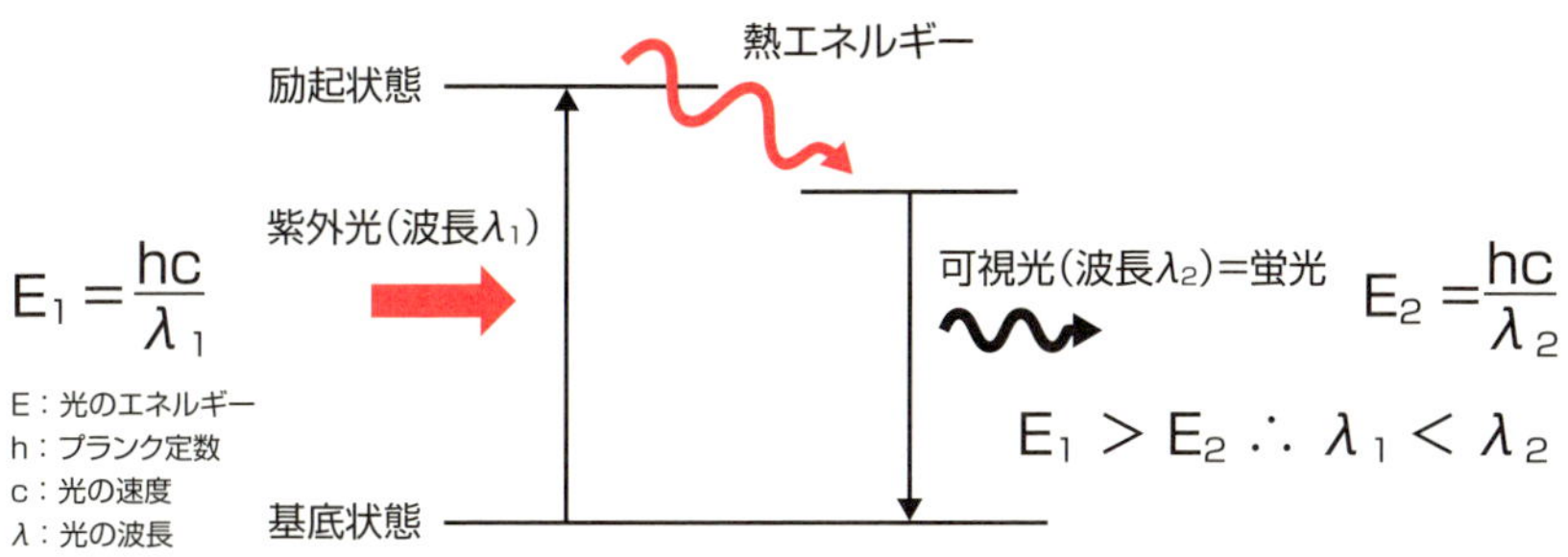


## 一万円札への紫外光照射

## 蛍光灯のしくみ

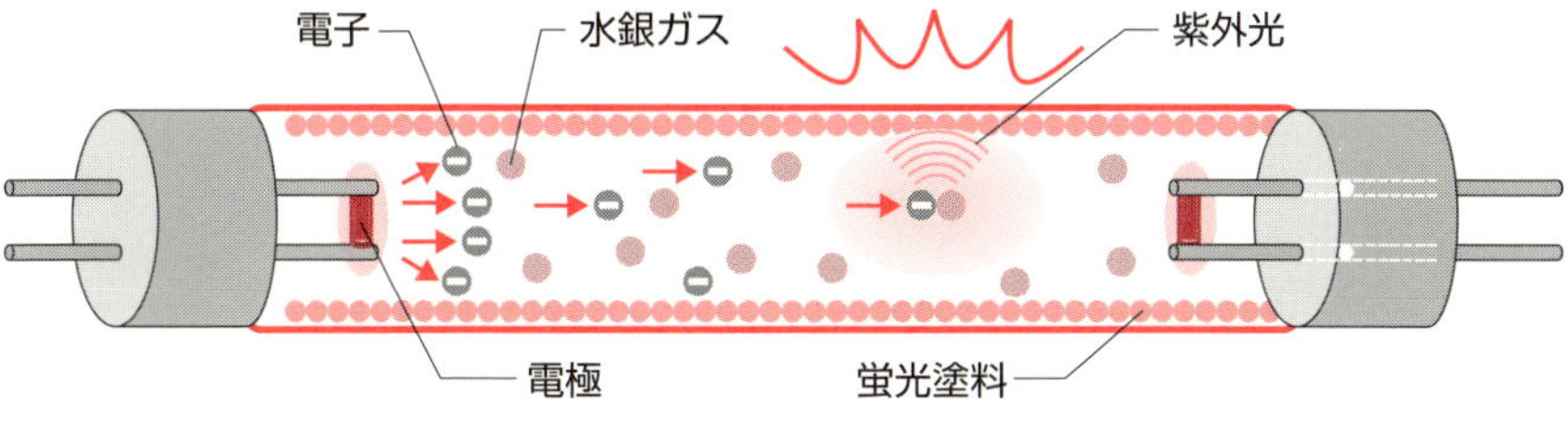

# 53 黒体放射

50項から52項までの光の放出による色は、いずれも、物質が基底状態から励起状態に移行した後に、励起状態から基底状態にもどるときに放出される光エネルギーに起因していました。しかし、白熱電球のフィラメント材料（タングステン）のように、励起状態まで上がりきる前に、エネルギーを放出して基底状態に戻ってしまう場合があります。いわゆる「黒体放射」も白熱電球と同じ原理で色を発現します。

「黒体」とは、外部からその物体に入射する光を、波長にかかわらず全て完全に吸収してしまう架空の物体のことです。架空ですので現実には存在しません。反射成分が全くないので常温では真っ黒です。木炭、石炭、熔けた鉄等は、完全な真っ黒ではありませんが、黒体に近いものとされています。

物質を加熱すると、その温度に応じて熱エネルギーを電磁波の形で外部へ放出します。放出される電磁波の分光分布は温度の上昇に伴って変化し、色としては赤→黄→白→青と変わっていきます。このとき、元の物体に何らかの色がついていれば、温度上昇に伴う色を正確には見極めることができません。その点、黒体のように真っ黒であれば、都合がよいわけです。

この変化を理論的に研究・解明したのがドイツの物理学者プランクです。プランクによって、黒体から放出される光の分光分布特性を記述するプランクの放射式が導出されました。ここでは詳述しませんが、この式によれば、黒体の絶対温度が決まれば、放出される光の分光分布が一義的に決まります。プランクの放射式をグラフ化すると、温度が高いほど放出エネルギーが大きく、温度が低いほど放出エネルギーが小さく、ピーク波長が長波長側にシフトしています。なお、プランクの放射式を導く過程で考えられた「エネルギーの量子化」は、物理学史上初めて導入された量子論的概念として重要です。

**要点BOX**

- 黒体とは全ての光を吸収してしまう架空の物体
- 黒体の絶対温度が決まれば、放出される光の分光分布がわかる

## 黒体とは

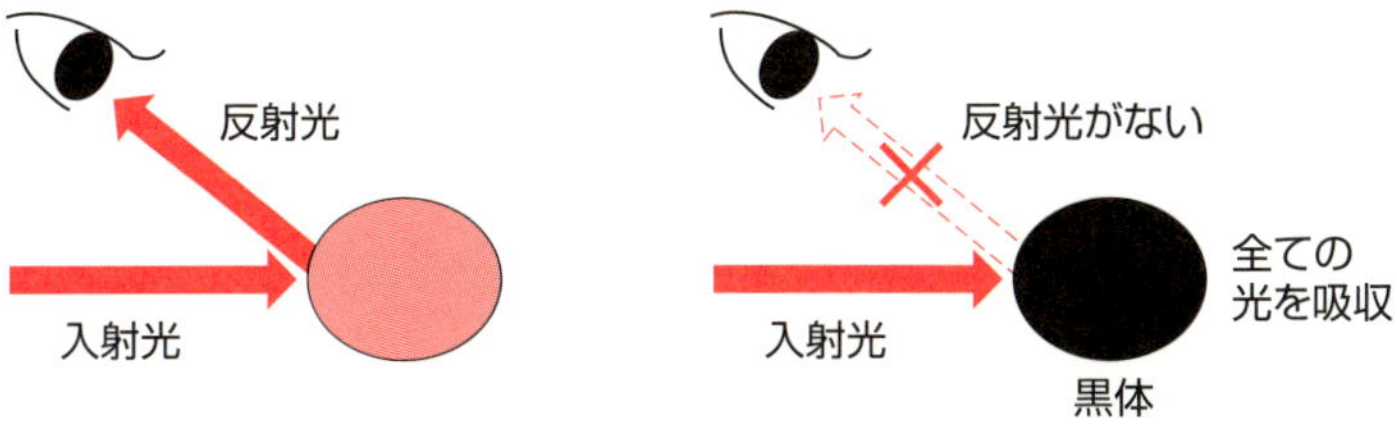


ベンタブラック

カーボンナノチューブ黒体をアルミホイルにコーティングしたもの。吸収率は99.6%で、現状では世界で一番黒い物体である。



## プランクの放射式のグラフ化ー黒体の色温度と分光分布

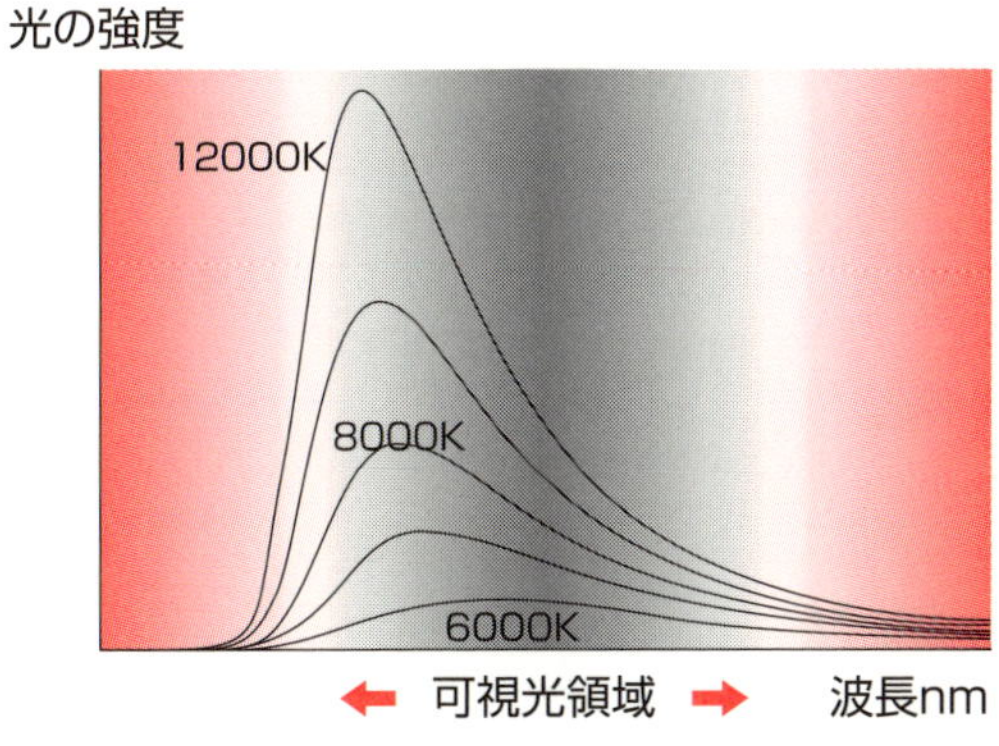


可視光領域内でのグラフの傾斜と色が密接な関係を持っている。例えば、絶対温度が 10000K の方が 8000K よりもグラフの傾斜が急になっている。単色光スペクトルの色を考えあわせると 10000K の方が 8000K よりも青味が強いのが分かる。

黒体放射と同じ原理にあるのが白熱電球。白熱電球の中のフィラメントに電流を流すことで電気抵抗を生じさせる。電気抵抗が生じることで、フィラメントの温度が上昇し 2000 ～ 3000℃の高温になり白熱化し発光する。

# 54 虹とCD

本項からは、光の吸収でも放出でもない発色原理として、「構造色」を取り上げます。構造色というと、干渉（55項参照）や散乱（56項参照）がイメージされますが、虹のように「屈折」を要因とするものも広い意味で、構造色と考えることができます。ニュートンのプリズム実験（13項参照）では、白色光がプリズムによって、七色に分解されました。空気中の水滴はプリズムと同じような役割を果たします。大気中を進んできた太陽光は、水滴に当たると、一部は屈折して水滴の中に入り込みます。このときの屈折は、波長の短い青色光ほど大きく、波長の長い赤色光は小さくなります。そして、水滴の内側で反射して再び屈折して、表面から出ていくことになります。このように、光は水滴の中に入るときと出るときの2回屈折します。色光によって屈折の大きさが違うので、青色光はやや上向きの角度で、赤色光はやや下向きの角度に出てきます。赤色光は下向きに光が出るので、水滴の集まりのうち上の方にある水滴からの光が目に入ります。一方、青色光は上向きに光が出るので、下の方にある水滴からの光が目に入ることになるのです。このため、虹は外側から赤、黄、緑、青と並んでいきます。ちなみに虹の根源にたどり着くことはできません。なぜなら、虹をみている私たちが動けば、別の場所の水滴からの光が目に届くので、動く前とは別の虹がみえることになるからです。

さて、虹から虹色のCDを連想することもあるのではないでしょうか。光は（粒子であると同時に）波でもありますので、障害物に当たると後方に回り込む性質があります。これが光の「回折」です。回折の度合いも、屈折と同じように、光の波長によって異なります。CDの表面は、「デジタル情報を記録するために多くの溝が掘られています。この溝に回り込むように回折が広がっていき、さらに回折した光が干渉（55項参照）することにより、きれいな虹色が発現します。

**要点BOX**
- ●光の屈折と回折による色
- ●決して虹の根源にはたどり着けない

## プリズムとして働く水滴による虹

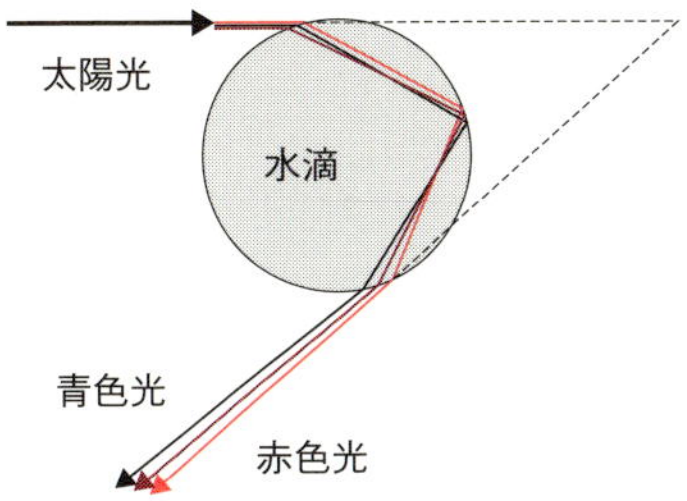


赤色光はやや下向きに
青色光はやや上向きに出てくる。

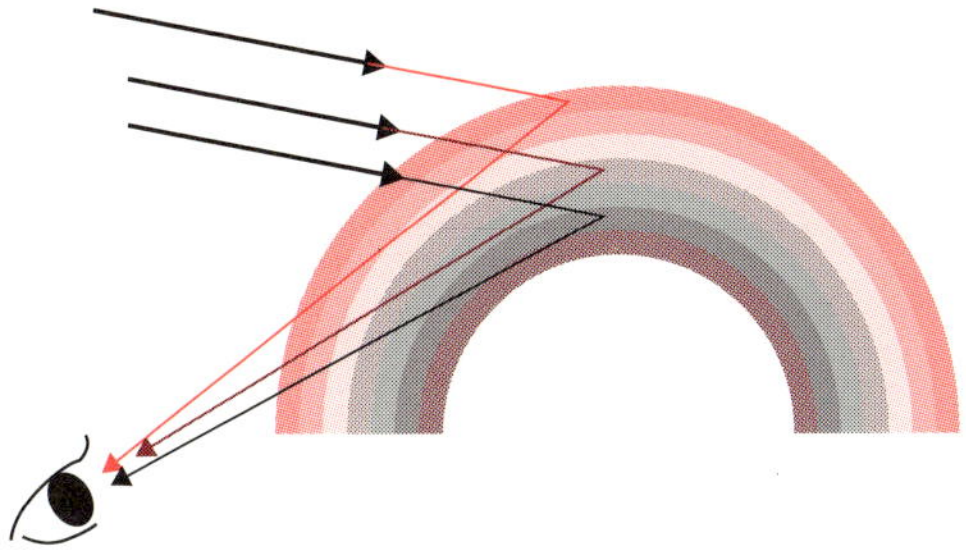

上側にある水滴からは赤色光が
下側にある水滴からは青色光が目に入る。

## 回折現象

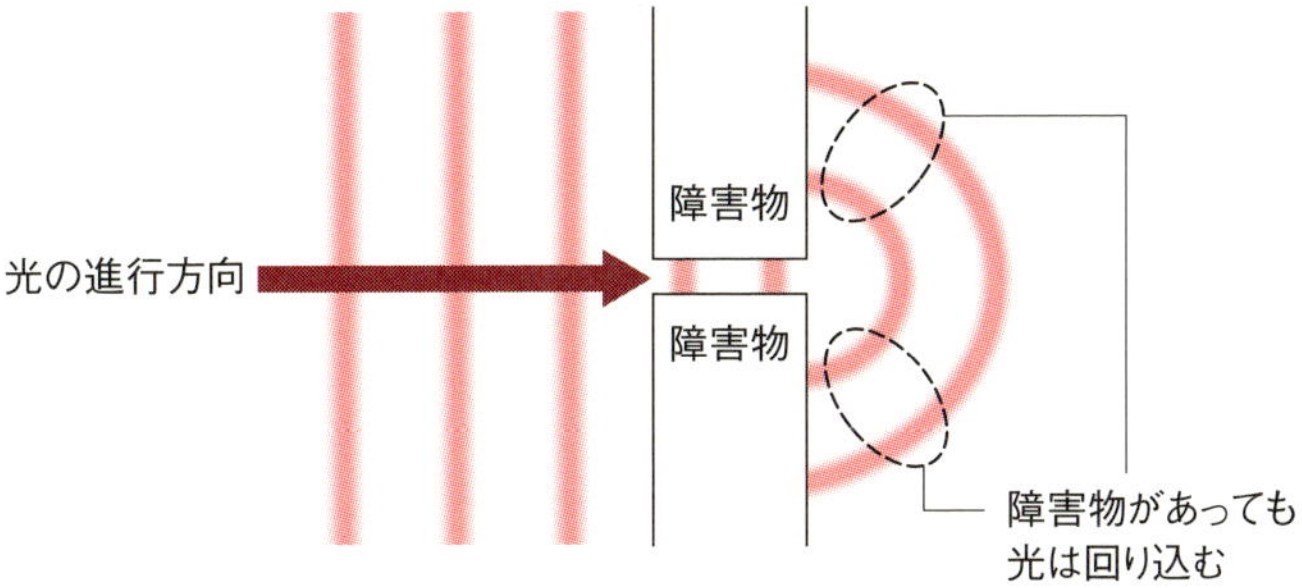


## CDの虹色

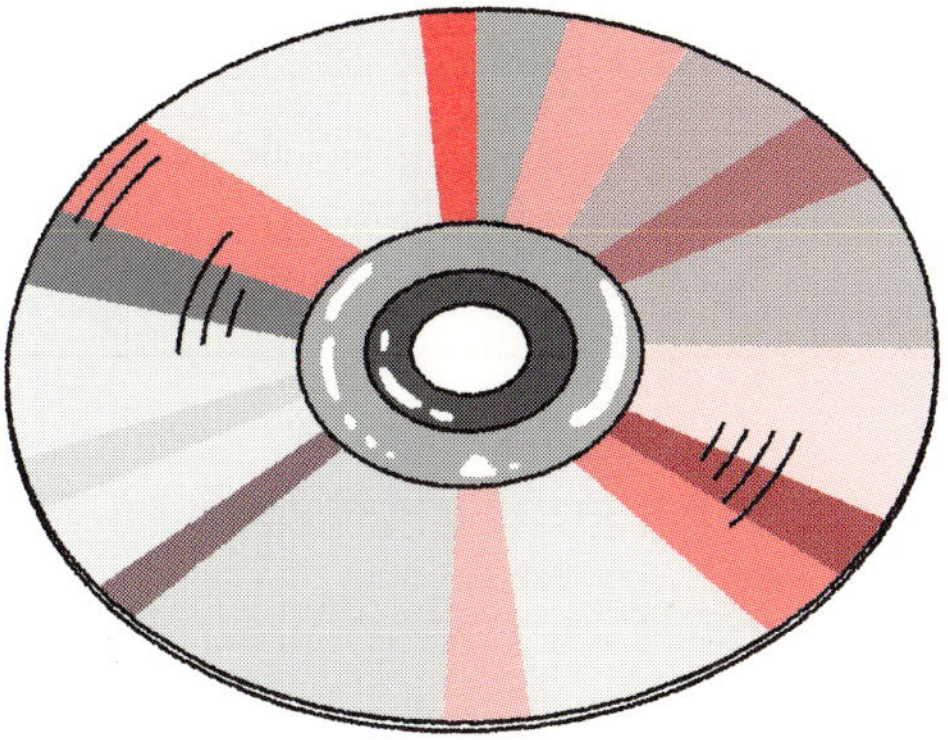

# 55 シャボン玉の色

構造色の中で、光の「干渉」を原理とする例について、シャボン玉を考えてみましょう。石鹸水には色はついていないのに、シャボン玉の表面には色がみえます。そして、その色は刻々と変化していきます。

シャボン玉の透明で薄い膜（膜厚$t_1$、屈折率$n_1$）に、波長$\lambda_R$の単色光が入射した場合、入射光は薄膜表面に達すると、一部は反射し残りは薄膜内部に屈折して進入します。進入した光はそのまま膜内を進行し、膜の裏面で一部は反射し、残りは反対側の空間に透過します。裏面で反射した光は膜内を元来た方向へ逆進し、膜表面側に達します。ここでまた、一部は反射し、残りは透過して入射側空間に戻って行きます。このようにして、薄膜内の表面と裏面の間で繰り返し反射が起こります。

ここで、膜表面で反射された反射光成分Aと、裏面で1回反射した後、薄膜内部から膜表面を経由して入射側空間に透過した光成分Bに着目します。光成分Bは、光成分Aに比べて薄膜内の厚み方向の1往復分の距離だけ多く走行し、入射側の空間に出た段階で、光成分Aと進路が重なることになります。走行距離差が波長$\lambda_R$の「整数倍」であるときには、光成分AとBは位相が揃い（「山」と「山」、「谷」と「谷」が重なる）、互いに強め合うことになります。次に、同じ薄膜に対して、異なる波長$\lambda_G$の単色光が入射し、この「走行距離差」が入射光の波長$\lambda_G$の「波長$\lambda_G$の整数倍＋半波長」だけずれている場合を考えます。このとき、光成分AとBは、ちょうど位相が逆の関係となり、「山」と「谷」が重なり、打ち消し合うことになります。つまり、入射光の波長によって干渉条件が変化し、反射光が強くなったり、弱くなったりすることになります。その結果、特定の波長のみが強い光として目に入ることになり、私たちはその波長に対応する色を感じることになります。

**要点BOX**

●干渉による色
●位相が揃った光同士は強め合い、位相が逆になった光同士は打ち消し合う

## 波長$\lambda_R$の光の入射

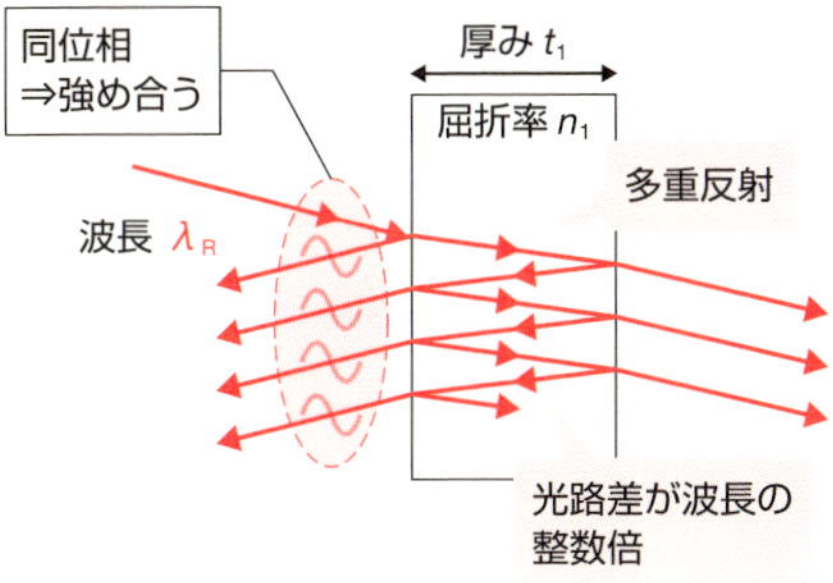


## 走行距離差（光路差）

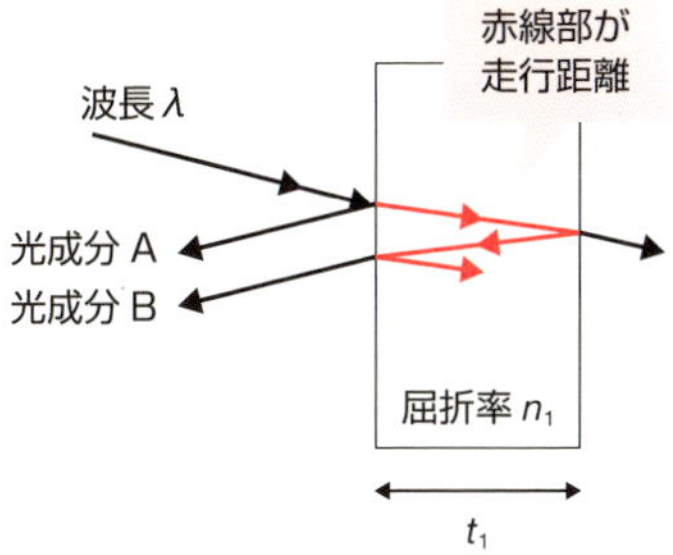


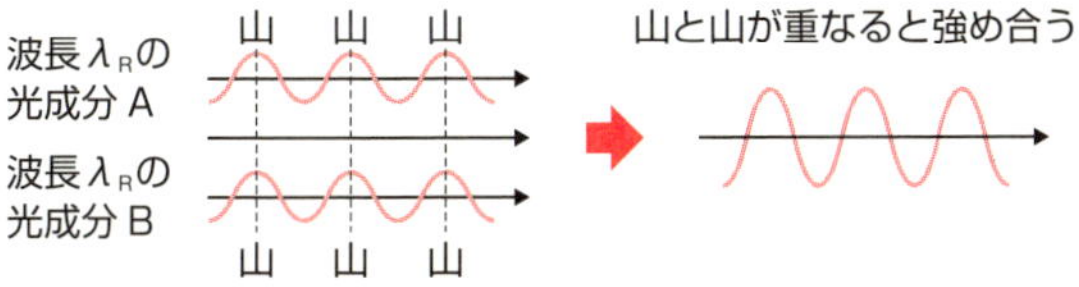


## 波長$\lambda_G$の光の入射

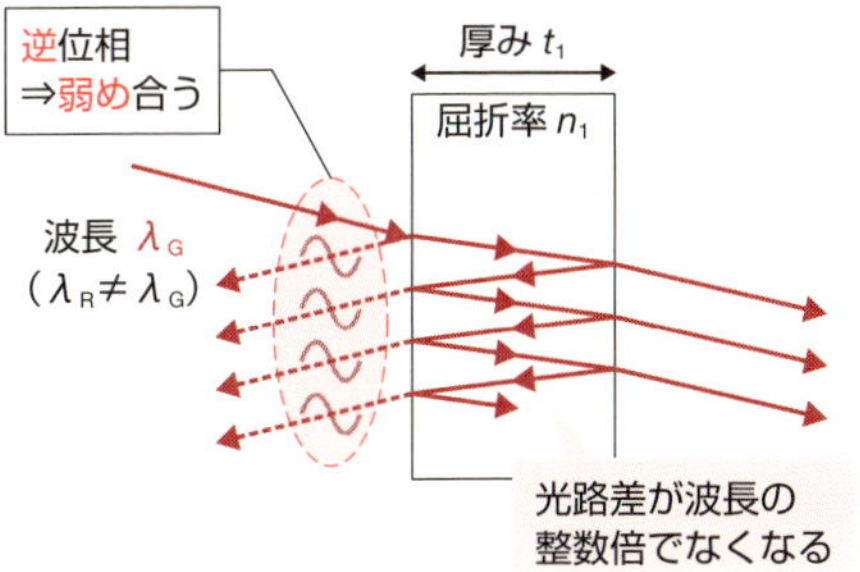


## 膜厚等の条件の変化の影響

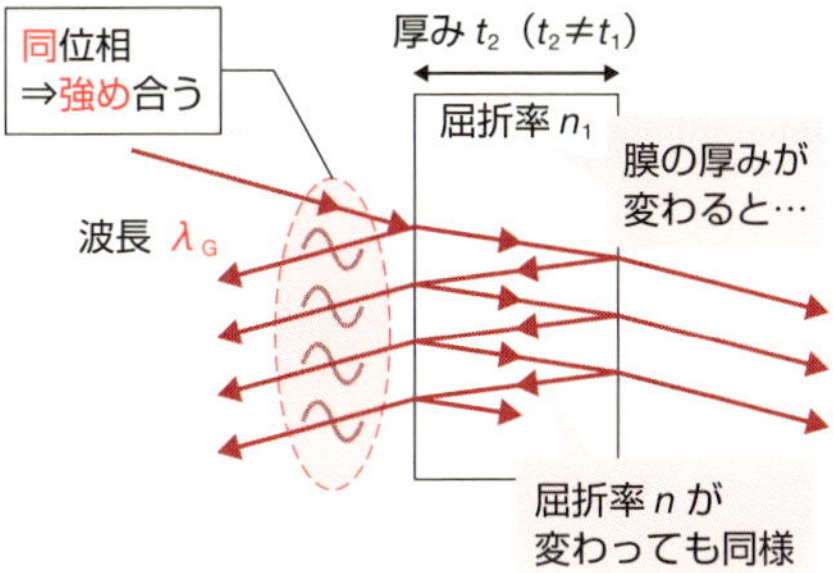


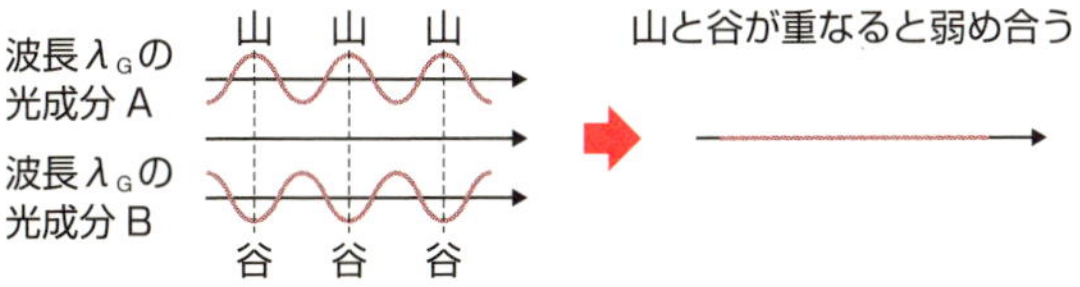


「走行距離差」に影響を与えるような他の条件（薄膜の厚さ、屈折率、光の入射角等）が変化しても、干渉の起こり方は変わり、発生する色も変わる。

**用語解説**

**位相**：周期的に繰り返される運動の一周期のうち、その運動がどのタイミングにいるかを示す量。

# 56 白い雲・青空・夕焼け

本項では、構造色における発色現象の中で、光の「散乱」を原因とするものを取り上げてみましょう。晴れた日の昼間には、白い雲が浮んだ青空がみえます。また夕方の西の空には、真っ赤な夕焼けがみられます。白い雲、青い空、赤い夕焼け、それぞれ全く異なる色ですが、その原因はいずれも光の「散乱」という物理現象によるものです。

まず、雲から考えていきましょう。太陽光の大部分は、大気を素通りします。しかし、その一部は、大気中の空気や水蒸気等、微小な粒子に当たって散乱します。この微小粒子が、雲を形成する水滴や氷（粒子径1000〜100000nm）のように太陽光の波長に比べて大きければ、「ミー散乱」によって、あらゆる波長の光を一様に散乱するので白色になります。

一方、空気を構成する窒素分子や酸素分子（粒子径0・2nm以下）等、光の波長よりはるかに小さい粒子では、散乱の度合いが波長によって大きく異なる「レイリー散乱」が起きます。レイリー散乱では、光の波長が短いほど散乱されやすく、光の散乱量は波長の4乗に反比例します。赤色光の波長を青色光の波長の約2倍とすると、青色光の方が16倍も散乱されやすいわけです。青色光が多く散乱された結果が、青い空です。

真昼は、地表からみれば、太陽の高さは高く頭上方向から光が射しています。一方、明け方や夕方には、この場合、太陽の高さは低く水平方向から光が射してきます。太陽光は大気に対して浅い角度で入射するので、太陽光が大気を通過する距離が長くなります。距離が長いだけに、青色光のほとんどは、私たちの目に届く前に失われてしまいます（他の地方では散乱して青空をつくっています）。届くのは、あまり散乱せず残った赤色光ばかりということになるので、明け方や夕方の空は赤くみえるわけです。

要点BOX
●光の散乱による色
●ミー散乱とレイリー散乱

## 散乱による白い雲・青空・夕焼け

## レイリー散乱の波長依存性

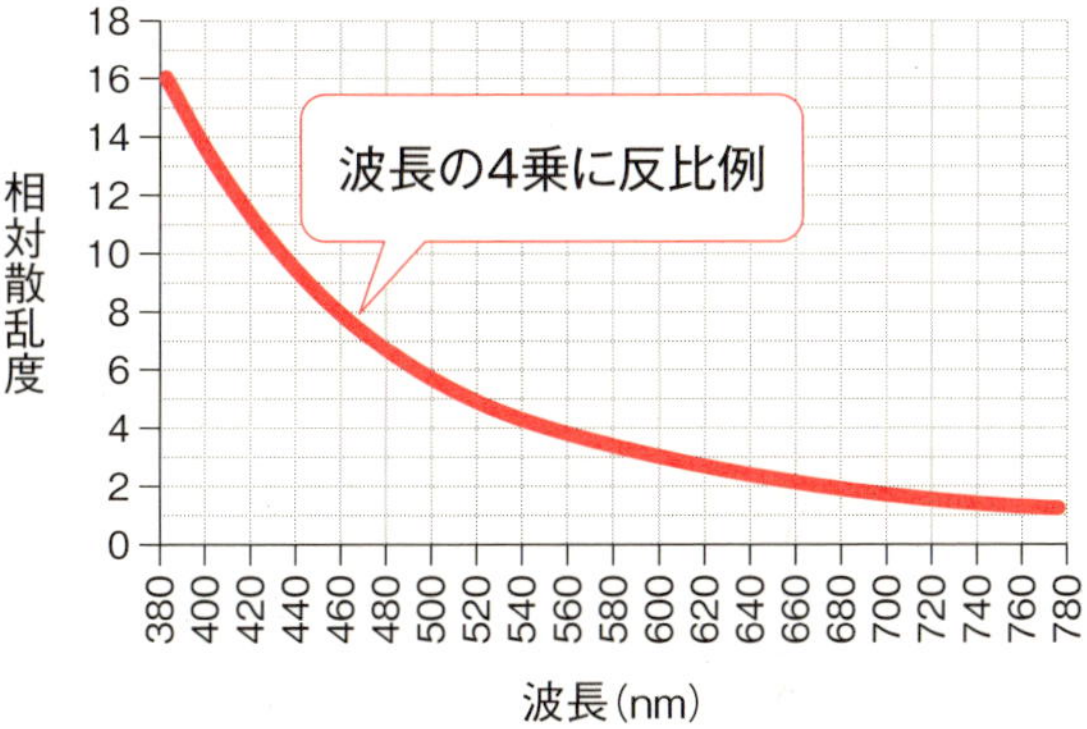


## 太陽光の昼間(青空)と夕方(夕焼け)における通過距離の違い

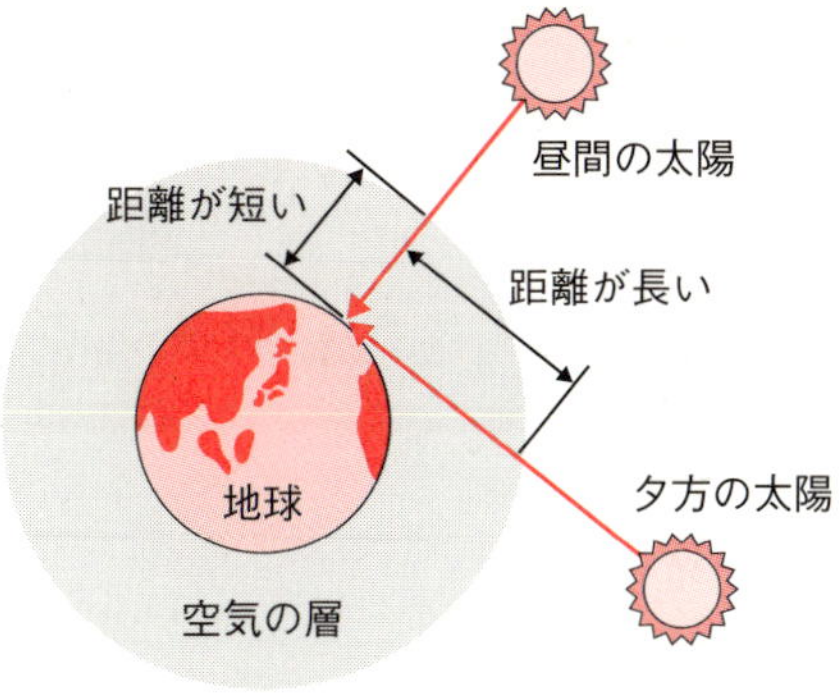


用語解説

**ミー散乱**：光の波長と同程度以上の大きさの球形の粒子による光の散乱現象。
**レイリー散乱**：光の波長よりも小さいサイズの粒子による光の散乱現象。散乱量は、波長の４乗に反比例する等、粒子の大きさや光の波長に依存する。

Column

# 宝石の色彩

5章では、光の吸収、光の放出、そして構造色による色の発現を説明してきました。ここでは、ルビー、エメラルド、オパール、真珠といった代表的な宝石が放つ色彩がどのような原理に基づいているのかを紹介したいと思います。ルビーとエメラルドは主に光の吸収、オパールや真珠は主に構造色による色彩です。

ここで、特に面白いのが、ルビーとエメラルドの関係です。宝石には含まれる不純物により色が決まるものが数多くあります。例えば、ルビーの主成分は、酸化アルミニウムで無色の結晶です。酸化アルミニウム中のアルミニウムの一部がクロムに置き換わると、赤色光以外の光を主に吸収するようになります。一方、エメラルドもルビーと同様の組成から成りますが、ルビーとの結晶構造の違いから、緑色光と青色光以外の光を吸収するようになります。以上より、ルビーは赤、エメラルドは青緑の色を発現します。これだけだと、全て光の吸収だけで話がついてしまいます。

しかし、実は、ルビーもエメラルドも光を放出しています。いずれも、赤色光の蛍光（52項参照）を放っています。ルビーの場合、基底状態から励起状態における光の吸収の段階でも赤、励起状態から基底状態に戻るときの光の放出の段階でも赤を発現します。行きも帰りも赤といったところでしょうか。一方、エメラルドの場合は、行きは青緑、帰りは赤になります。ルビーとエメラルドの色の比較から、帰りの蛍光（赤）よりも行きの光吸収による補色（ルビーは赤、エメラルドは青緑）の影響の方が強いといえます。

宝石の色彩の原理

| | 光の吸収 | 光の放出（発光） | 構造色 |
|---|---|---|---|
| ルビー | ○ | △ | — |
| エメラルド | ○ | △ | — |
| オパール | — | — | ○ |
| 真珠 | — | — | ○ |

第6章

# 進化する色をあやつる技術

# 57 世界の四大発明の一つ、印刷技術





本章では、さまざまな色をあやつる技術を紹介していきます。グーテンベルグによって発明された活版印刷は世界の四大発明（紙・印刷術・火薬・羅針盤）の一つとされています。印刷技術によって出回った数多くの書物が、人々の知識欲を満たし情報を広めたことが、ヨーロッパにおけるルネッサンス、宗教改革、近世社会の到来に大きく貢献したことは間違いありません。今日のインターネット以上のインパクトだったのではないでしょうか。

さて、現在の主な印刷方式としては、凸版印刷、凹版印刷（グラビア印刷）、孔版印刷（シルク印刷）、平版印刷（オフセット印刷）が挙げられます。いずれの印刷物においても、顕微鏡で拡大してみると、無数の細かい色点で構成されていることがわかります。これを「網点」とよんでいます。私たちはこれら細かい網点の集合を、ある面積的広がりの中で画像としてみています。印刷では、版に網点を付着させ、網点の大きさと配列によりさまざまな色を再現させる方法をとっています。特にプロセス印刷とよばれるカラー印刷では、イエロー（Y）、マゼンタ（M）、シアン（C）、ブラック（K）の四色のインクで印刷されます。YとMの混色で赤（R）、MとCの混色で青（B）、CとYの混色で緑（G）が表現できます。さらに、YMCを重ねると、おおむね黒になります。しかし、これだけでは真っ黒にはならないので、ブラック（K）のインクが併用されます。この印刷では、異種の色の網点が重なった部分では減法混色（25項参照）で色を出しています。しかし、網点が重なることなく隣接した部分では、並置加法混色（24項参照）で色を出しています。なお、白については、ほとんどの場合特別にインクを用いることなく、紙の白さをそのまま活かします。なお、印刷の世界では「インク」ではなく「インキ」という言葉を用いることが多いですが、本書ではインクジェット等で使われる「インク」に統一しました。

**要点BOX**

- 主な印刷方式は、凸版印刷、凹版印刷、孔版印刷、平版印刷
- 印刷は、減法混色や並置加法混色を利用

## 印刷方式の原理と特徴

| | 原理 | 特徴 |
|---|---|---|
| 凸版印刷 | 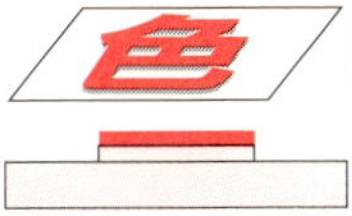 | 印刷する画線部が凸になった版を使用する印刷。印刷した画線部のエッジがシャープになる特徴がある。インクを紙に転写する際に圧力をかけるため紙に凹みが発生することや、広い範囲へのインク転写には向かないことなどが短所。活版印刷は凸版を使う代表的な印刷。 |
| 凹版印刷 |  | 印刷する画線部が凹上になった版を使用する印刷。転写するインクの量で濃度を表現するため、印刷された画線の表面に段差ができる。グラビア印刷とも呼ばれ、写真の印刷や美術印刷に適している。版の生成が難しいことやインクの転写に強い圧力が必要なことなどが短所。 |
| 孔版印刷 | 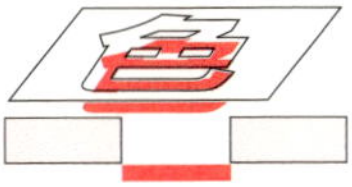 | メッシュ状の版に印刷したい画線部のみインクが通るように処理し、そこからインクを押し出して紙などに転写する方法。版にシルクを使った時代もあり、シルクスクリーンとも呼ばれる。版の柔軟性を活かして曲面などにも印刷できるという特徴がある。短時間での大量印刷や精度の高い画線の印刷には向かないことなどが短所。 |
| 平版印刷 |  | 現在主流の印刷方式。精度の高い画線を短時間で大量に印刷できることや版の耐久性が高いなどの特徴がある。水と油が反発することを利用して版にインクを塗布して印刷する。塗布したインクを一旦ゴムや樹脂などに転写することから、紙と版が直接接触しないので、オフセット印刷ともよばれる。 |

## 印刷における減法混色と並置加法混色

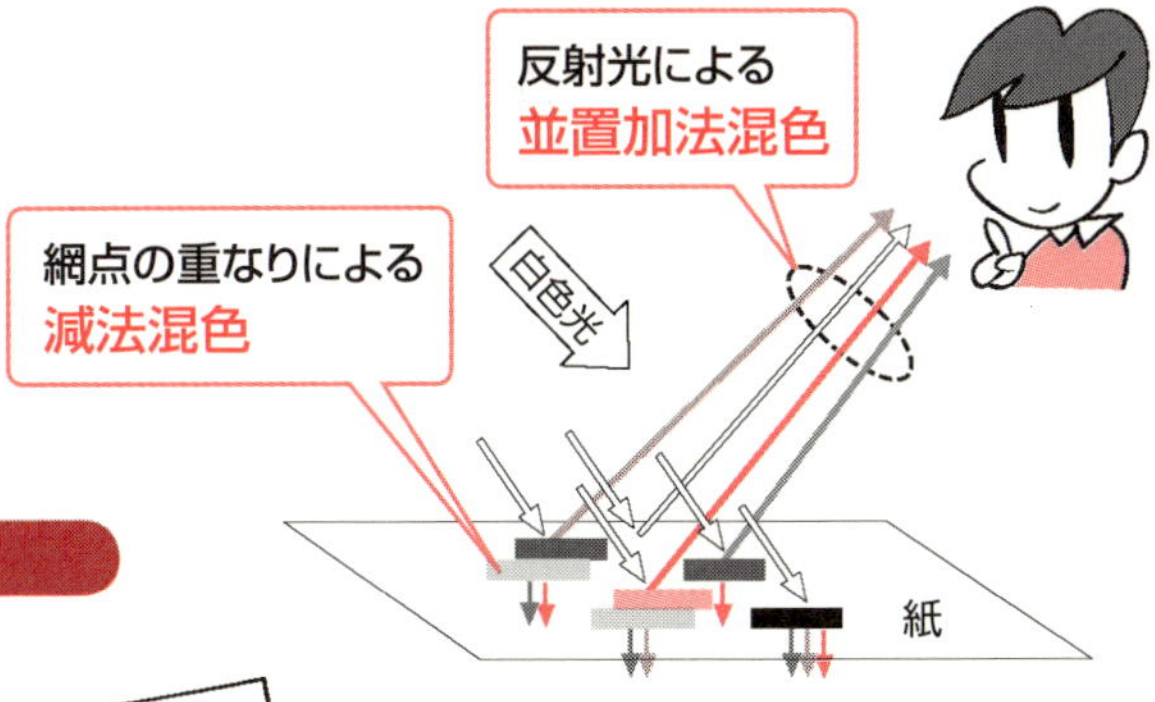


## 網点

# 58 パーソナルユースから高速プリントまで、インクジェットプリンター

## インクジェット方式

インクジェットプリンターは、パーソナルユースから高速プリントまで、幅広く使われるようになりました。インクジェットの方式は、まずインクを連続的に飛ばす連続噴射型と、必要なときだけインクを飛ばすオンデマンド型に大別されます。本項では、主にパーソナル用途に使われる後者について説明します。オンデマンド方式で普及しているのは、ピエゾ方式とバブルジェット方式です。

ピエゾ方式は、通電によって変形する圧電材料（ピエゾ素子）を利用したものです。ピエゾ素子を信号に応じて変形させ、ノズルからインクを吐出させる仕組みです。電気―機械変換型ともよばれています。

バブルジェット方式では、プリントヘッドの流路に発熱体が設置されています。この発熱体に電流を通電して加熱し、発熱体上で発生した蒸気の圧力でインク滴を吐出させるものです。電気―熱変換型ともよばれています。バブルジェットというと、気泡が徐々に大きくなってインクを押し出すイメージがあります。しかし、熱したフライパンに水滴を垂らしたときにその一部が急激に気化しその勢いで水滴が飛び出す、といったイメージの方が正しいかと思います。実際、インクの入った注射器に誤って半田ゴテが触れたときに、インクが飛び出したことがきっかけで考案されたといわれています。

インクジェット方式における色再現の考え方は印刷の場合と同様ですが、インクジェットゆえの問題もあります。例えば、プリントの際に、シアン（C）、マゼンタ（M）、イエロー（Y）の順に並んでいるプリントヘッドで往復プリントすると、色の打ち込み順が往路と復路で異なります。そして、先行インクの色材が後続インクによって流されてしまう場合があります。先行Cで後続Yのときは黄味の強い緑に、先行Yで後続Cのときは青味の強い緑となってしまいます。これを「色順ムラ」といいます。

**要点BOX**
●主な方式はピエゾ方式とバブルジェット方式
●色に関する課題として「色順ムラ」がある

## ピエゾ方式とバブルジェット方式

### ピエゾ方式

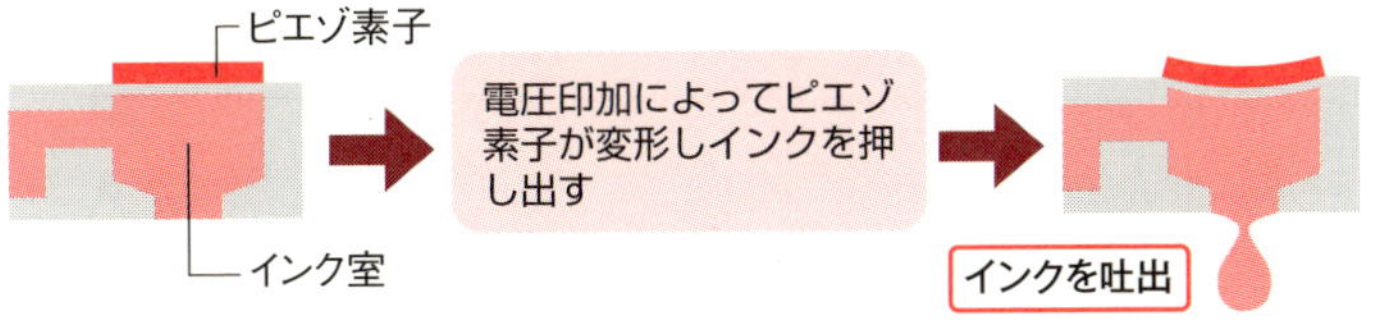


### バブルジェット方式

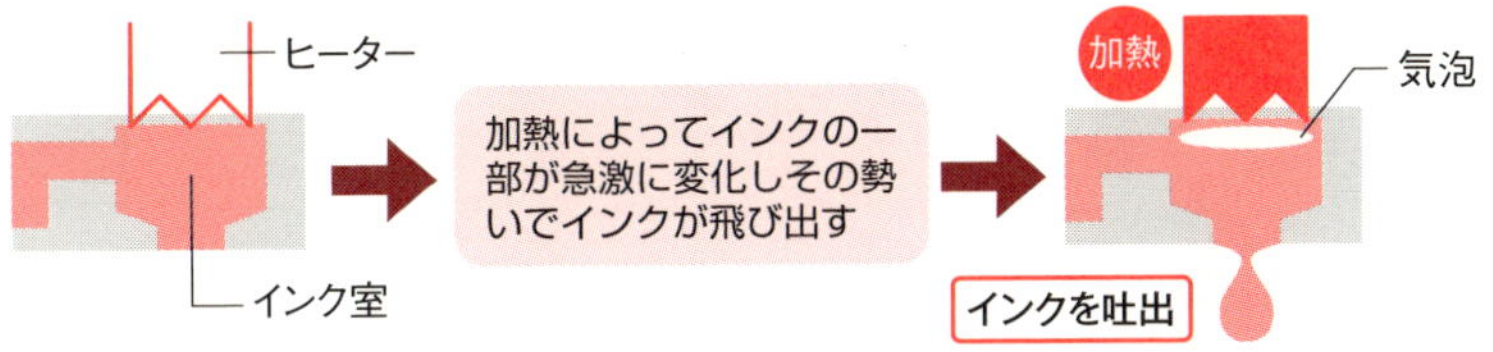


## インクジェット用の色素の例

### イエロー

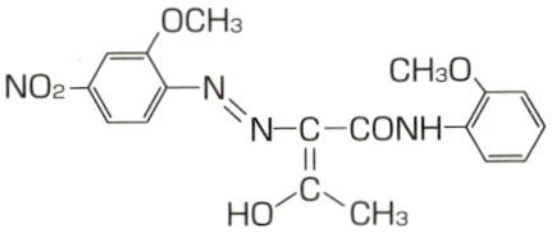

### マゼンタ

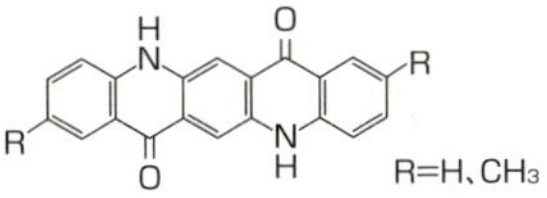


### シアン

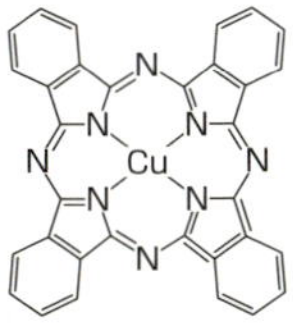

## 色順ムラ

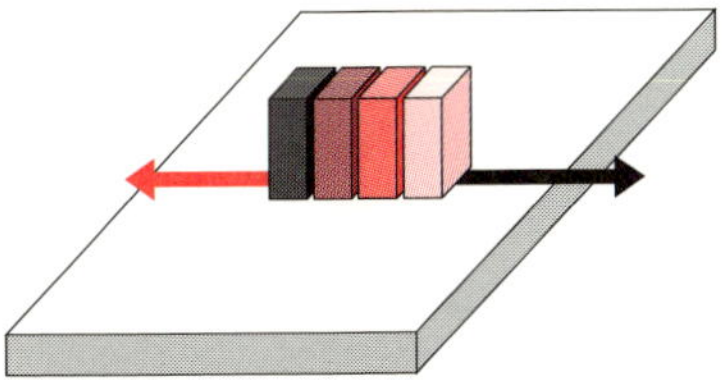

プリントヘッドを左右に往復

····▶ 色順ムラ

## インクジェットのドット拡大図

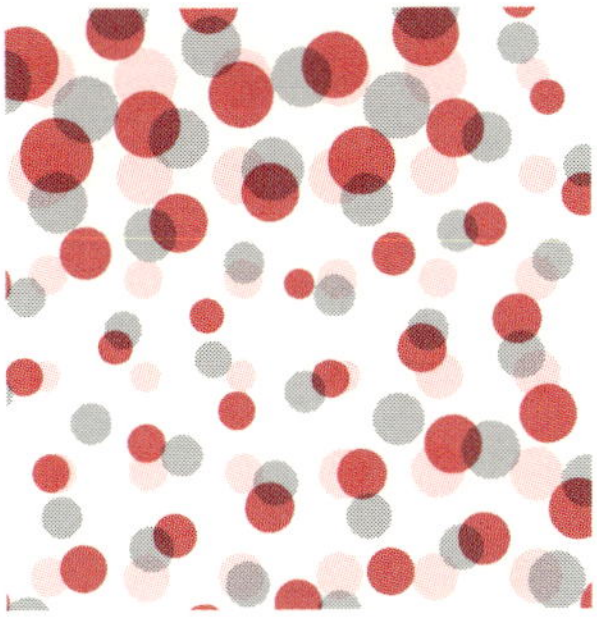

減法混色と並置加法混色による色再現

# 59 「プリクラ」やコンビニのレシートで活躍するサーマルプリンター

## サーマル記録方式

インクジェットプリンターやコピー機ほどは知られていませんが、サーマル記録方式はみなさんの身近なところで利用されています。

サーマル記録方式は、熱転写タイプと熱化学反応タイプに大別されます。熱転写タイプでは、インクリボンから受像シートへの色材の移動によって画像が形成されます。色材のタイプや移動の仕方によって、「昇華方式」と「溶融方式」に分かれます。昇華方式では、インクリボンに含まれる染料が熱によって受像シートに移動します。染料分子だけが昇華や拡散によって移動し、その他のインクリボン成分は移動しません。分子レベルでの移動であり、熱量で画像濃度をコントロールできるので、いわゆる「濃度階調」のきれいな画像を得ることが可能です。プリントシール機「プリクラ」はこの昇華方式を採用しています。一方、溶融方式では、顔料インクを熱だけではなく圧力も用いて転写します。顔料成分だけでなく、接着成分等顔料周辺のインク全体が転写されます。電子写真方式（60項参照）同様にドットで画像濃度をコントロールする「面積階調」で耐久性の高い画像が得られるので、バーコードの印刷等に用いられます。昇華方式、溶融方式いずれにおいても、イエロー、マゼンタ、シアン、ブラックの四色のインクを使うのが一般的です。

次に、熱化学反応タイプです。この方式では、プリンターは感熱記録紙といわれるシートに熱を与えるだけの働きしかしません。予め感熱記録紙には発色成分（ロイコ染料、顕色剤）が含まれていて、熱を与えられた部分のみが化学反応して発色します。外部からの色材供給が必要ないのでダイレクトサーマル方式ともよばれます。コンビニのレシートが、まさに感熱記録紙です。ロイコ染料と顕色剤の熱反応によって発色するわけですが、この反応を可逆的に制御することも可能です。この可逆性利用しているのが、ICカード定期券等のリライタブルカードです。

**要点BOX**

- ●記録方式は、昇華方式、溶融方式、そしてダイレクトサーマル方式
- ●ダイレクトサーマル方式はリライタブルも可能

## サーマル方式の概略図

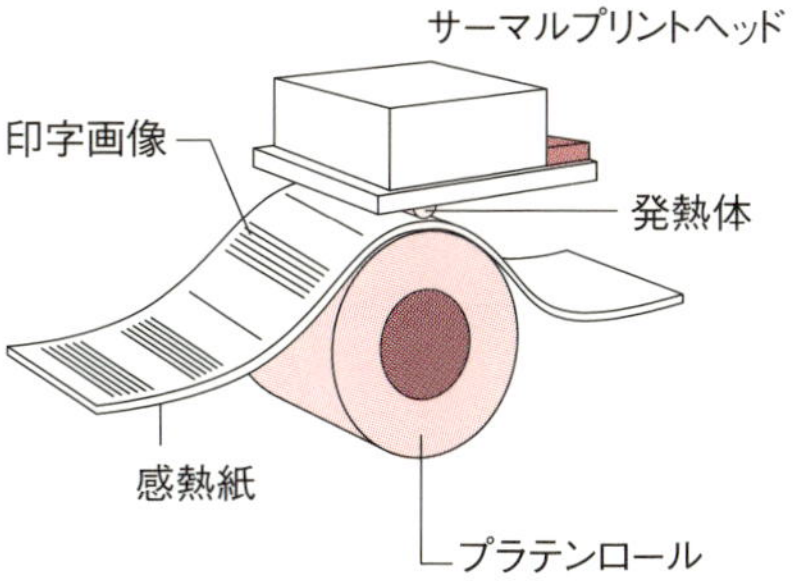


## ICカード定期券

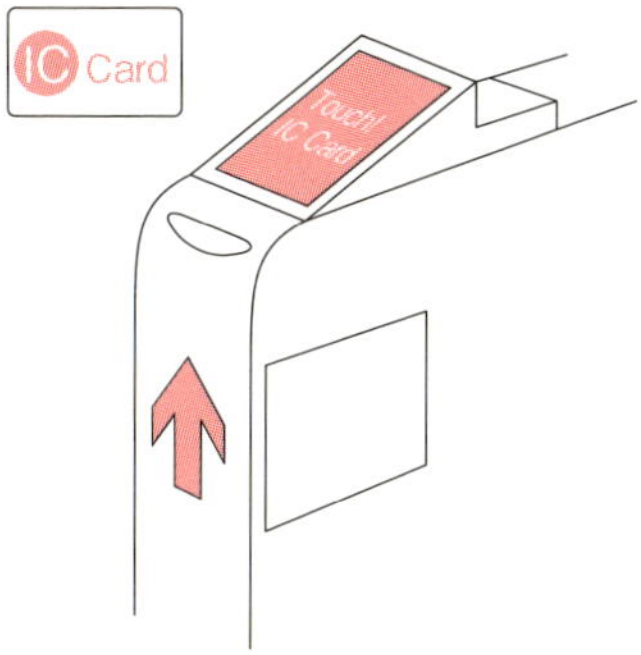


## 昇華型転写方式

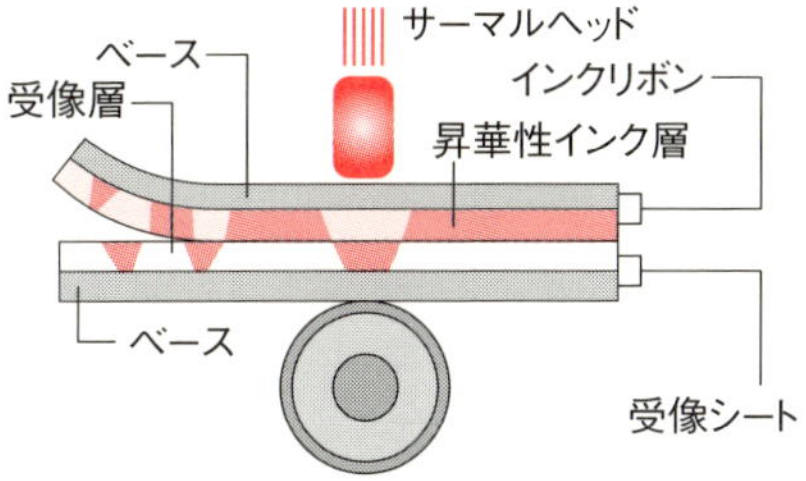


熱で昇華したインクが
受像内部に定着する

## 溶融型転写方式

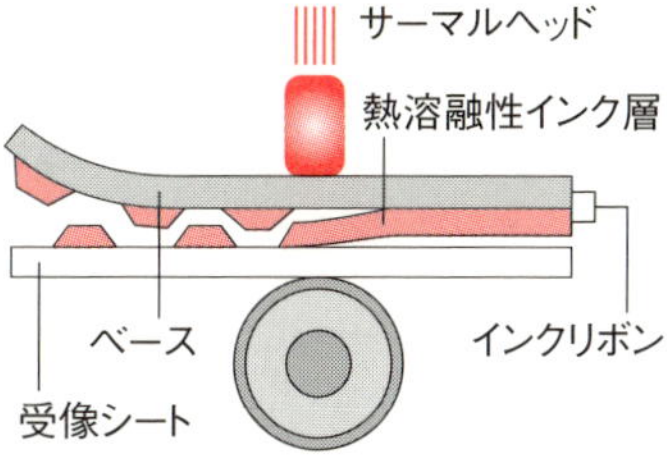


熱で溶融したインクが
受像層表面に転写される

## ダイレクトサーマル方式の化学反応による発色

ロイコ染料(無色)　顕色剤(無色)　発色

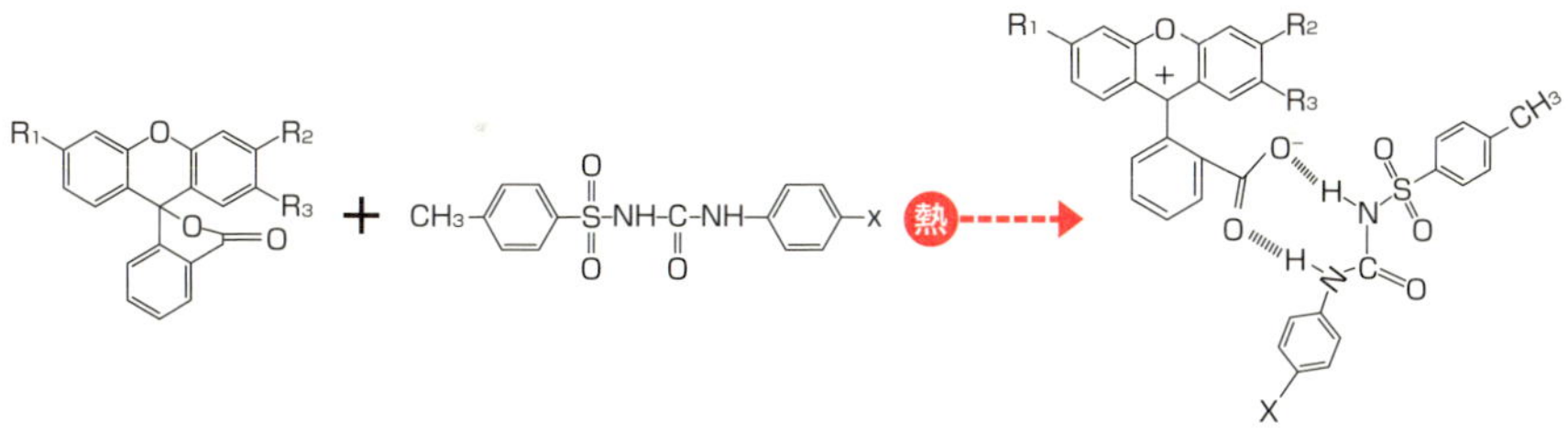


**用語解説**

**昇華**：固体が液体になることなしに、直接気体になること。
**面積階調**：面積当たりのドットの数や大きさを変えて白黒の面積の比率を制御することで疑似的に灰色等を表示する方法。
**濃度階調型**：ドットの濃度を変えることで灰色等を表示する方法。

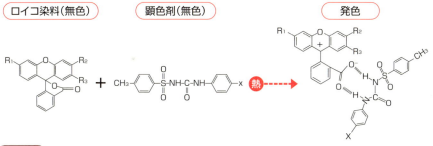

# 60 光も電気も熱も圧力も使う記録方式

電子写真記録方式

試験前になるとあわてて友人のノートのコピーをとる、スマートフォン全盛の現在でも、そんな光景をみることがあります。コピー機やレーザープリンターは電子写真記録方式というプリント方式の上に成り立っています。電子写真方式は、アメリカの弁理士のカールソンによって1938年に発明されました。電子写真は、感光ドラムとよばれる中間体を利用して、最終的に紙の上に画像を形成させる技術です。感光ドラムには、光が当たると絶縁体から導電体に変化する物質が含まれています。感光ドラムは、アルミニウム円筒の上に露光の干渉を防止する層、色素を含む電荷を発生する層（CGL）と発生した電荷を移動させる層（CTL）の積層構造から成ります。ここでのキーマテリアルは、電荷を発生する色素です。例えば金属を有機分子で取り囲んだフタロシアニン顔料等が用いられています。光を電気に変換する点においては、有機EL（66項参照）と真逆のことを行っていることになります。

電子写真記録方式では、帯電、露光、現像、転写、定着、クリーニングの六つの工程からから成り立っています。これらの工程において、光も電気も熱も圧力も使うことになります。これら全てを最適化しなければならないことから、いかにデリケートな技術かということがおわかりいただけるかと思います。

カラーコピーにおける色再現の考え方は、印刷やインクジェットプリンターの場合と同様です。原稿に反射した光をフィルターを通して赤、緑、青の三原色に分けて、その補色と黒の四色のデータに変換します。これをメモリーに保存後、四色それぞれのデータをもとにレーザー光を使って感光ドラムに像をつくり、モノクロと同様の原理で、イエロー、マゼンタ、シアン、ブラックからなるトナー画像を形成します。露光時にはスキャナーによる加法混色、現像時には減法混色を利用している点においても、コピー機のような複雑な装置をよく完成させたものだと感心してしまいます。

要点BOX
- 帯電、露光、現像、転写、定着、クリーニングの六つの工程から成る
- 露光時には加法混色、現像時には減法混色

## 感光ドラムの動作原理

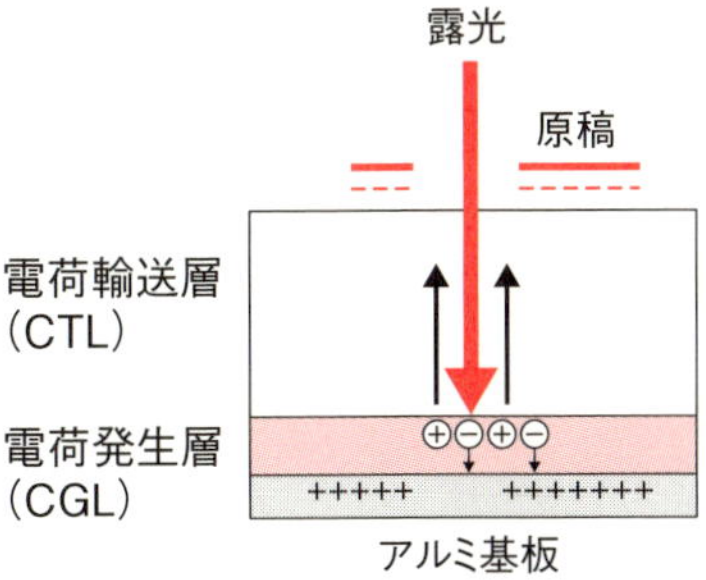


## フタロシアニン系有機色素

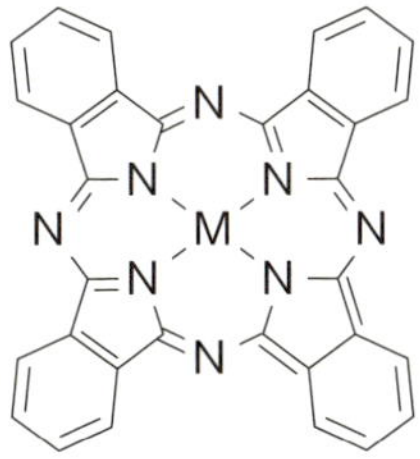

M=TiO, Ga, AlCl

## 電子写真方式の模式図

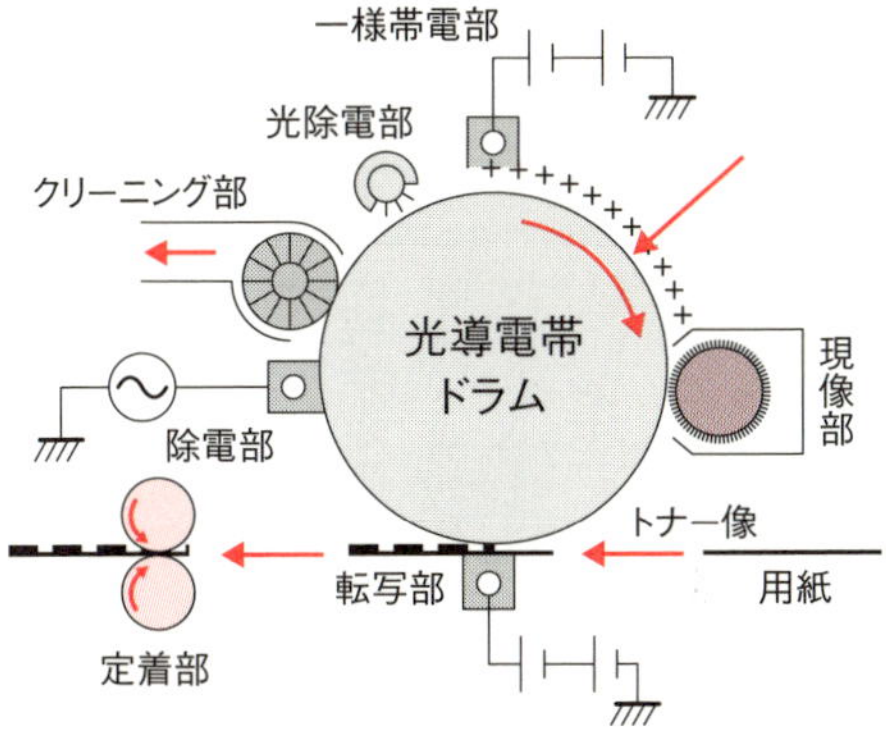




| 工程 | 工程の説明 |
|---|---|
| 帯電 | 感光ドラムの表面全体に一様のプラスの静電気を帯びさせる |
| 露光 | 複写する原稿に光を照射し、その反射光を感光ドラムにあてる。感光ドラムの光が照射された部分では、電荷が中和され帯電が消える。 |
| 現象 | トナー粒子(ここでは負に帯電している粉末状のインク)を感光ドラムに近づけ、感光ドラムの帯電している表面(光が当たらずプラス電荷が残っている部分)に、静電力によって(マイナス帯電の)トナー粒子を付着させる。 |
| 転写 | 感光ドラムに紙をくっつけた状態で裏側からトナー粒子と逆の電荷を与えることによって紙にトナー粒子を転写させる。 |
| 定着 | 紙に熱と圧力を加えてトナー粒子を溶融し紙に定着させる。 |
| クリーニング | 静電気と残ったトナー粒子を回転するブラシを感光ドラムの表面に当て落とす。 |

# 61 色（色素）の助けを借りる太陽電池

## 色素増感型太陽電池

前項（60項）の電子写真記録方式では、感光体を使って光を電気に変換しています。同じ原理を発電に生かしているのが太陽電池です。ただし、太陽電池の場合は、レーザー光ではなく太陽光を利用します。計算上ではありますが、太陽から地球の地表面に到達するエネルギーの1時間分だけで、世界中の人が1年間に利用する全てのエネルギーをまかなうことができるといわれています。これを利用しない手はありません。

さて、数ある太陽電池の中で色彩に大きく関係する太陽電池として、色素増感型太陽電池が挙げられます。色素増感型太陽電池は、光触媒としても知られている酸化チタン微粒子の多孔膜を電極として用いる太陽電池です。酸化チタンは半導体の一種であり、紫外線を電気エネルギーに変える能力を持っているのですが、問題は可視光領域の光をほとんど吸収しないことにあります。この問題のブレークスルーとなったのは、酸化チタン微粒子に可視光領域に吸収を持つ色素を吸着させることです。この太陽電池では、光を吸収するのは半導体である酸化チタンではなく、酸化チタンに吸着された色素であり、これを「色素増感」といいます。酸化チタンに吸着した色素が光を吸収すると、色素の電子が酸化チタンに移動します。このとき、電子を失った色素は不安定な状態になりますが、電子を供与できる還元剤を含む電解液中に共存させることで再生し、再び光を吸収できる状態に戻ります。一方、酸化チタンに移動した電子は、外部回路を通って対極側に移動することで起電力が生じます。

色素としては、ルテニウム錯体や、有機色素を用います。色素の種類によって、赤、黄、緑、青、紫等カラフルな太陽電池をつくることができます。カラーバリエーションが豊富であることは、他の太陽電池にはない加飾性（43項参照）を持たせることができます。

要点BOX
- ●光エネルギーを電気に変える太陽電池
- ●酸化チタンに吸着した色素が光を吸収

## 色素増感太陽電池の発電の模式図

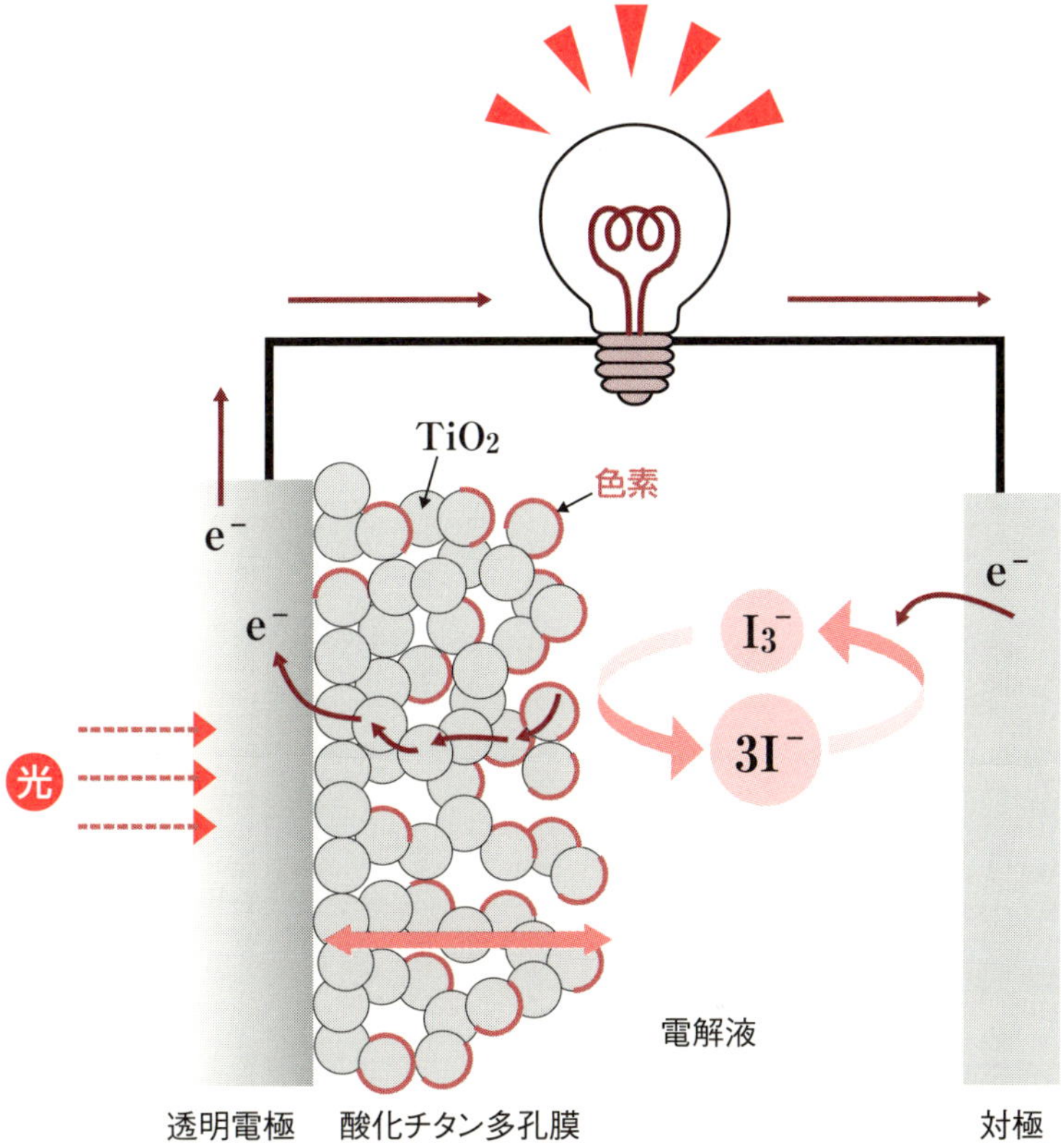


## 代表的な色素

ルテニウム錯体

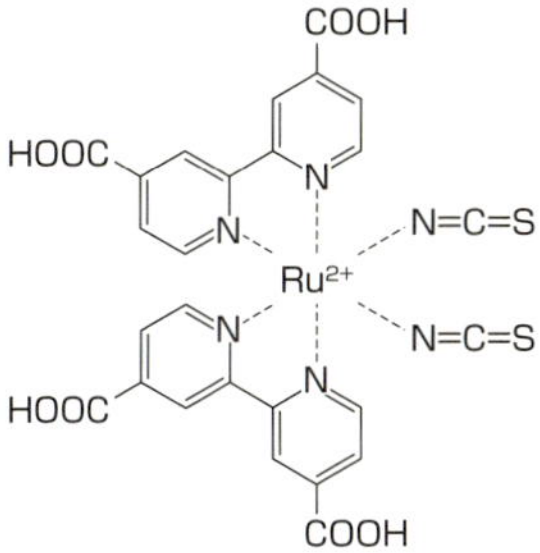


有機色素(ローダミンB)

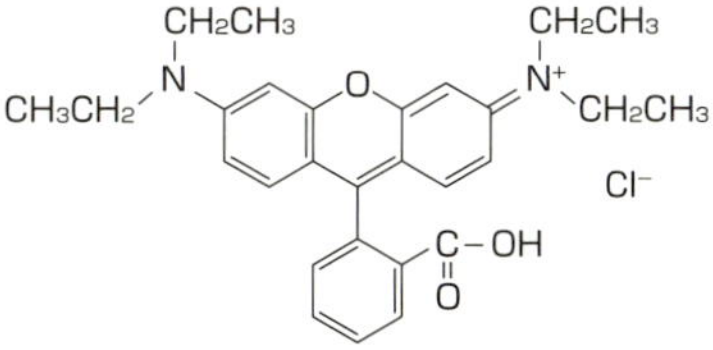

# 62 カラーの影絵、液晶ディスプレイの色再現

液晶ディスプレイのしくみ

家庭のテレビといえば、前世紀はブラウン管（CRT）がほとんどでしたが、現在は液晶ディスプレイが主流です。液晶ディスプレイというと、よく液晶が光っていると勘違いする人がいます。しかし、液晶自体が発光することはありません。また、光を吸収してその補色をみせるというものでもありません。それではどうやって色を出すのだ、という話になります。

色の話の前に、液晶ディスプレイは一種の「影絵」だと考えてください。スクリーンのすぐうしろに遮蔽物をおいて、さらに奥から光をあてればその遮蔽物の影が映ります。液晶ディスプレイにおいて、液晶は光の遮蔽物の役割をします。しかも、ただ遮蔽するだけでなく、必要に応じて光を透過させることもできます。液晶層をサンドイッチのようにはさむ透明電極への電圧印加により、光の透過／遮断をコントロールします。任意の画素の光の透過率を可逆的に制御できるわけです。液晶ディスプレイにおいて光源の役割をするものをバックライトといいます。液晶層は、偏光板等の助けを借りながらではありますが、ブラインドシャッターのように向きを変えて、バックライトからの光を制御します。

さて、これだけではテレビは、明暗は表現できてもカラーにはなりません。そこで、カラーフィルターを用いることになります。カラーフィルターの赤、緑、青の着色層に対応させた液晶層のシャッター機能によって光が透過する割合を制御しながら、そこから発する赤色光、緑色光、青色光を組み合わせてカラー化させます。インクジェット方式（58項参照）や電子写真記録方式（60項参照）は主に減法混色で色再現されていました。それに対して、液晶ディスプレイはR、G、Bの加法混色、特に並置加法混色（24項参照）によって色再現します。液晶ディスプレイの色再現については、次項（63項）の液晶ディスプレイの構成図も参照ください。

要点BOX
- 液晶ディスプレイは影絵
- 液晶は光に対するシャッター

## 液晶ディスプレイの原理は影絵

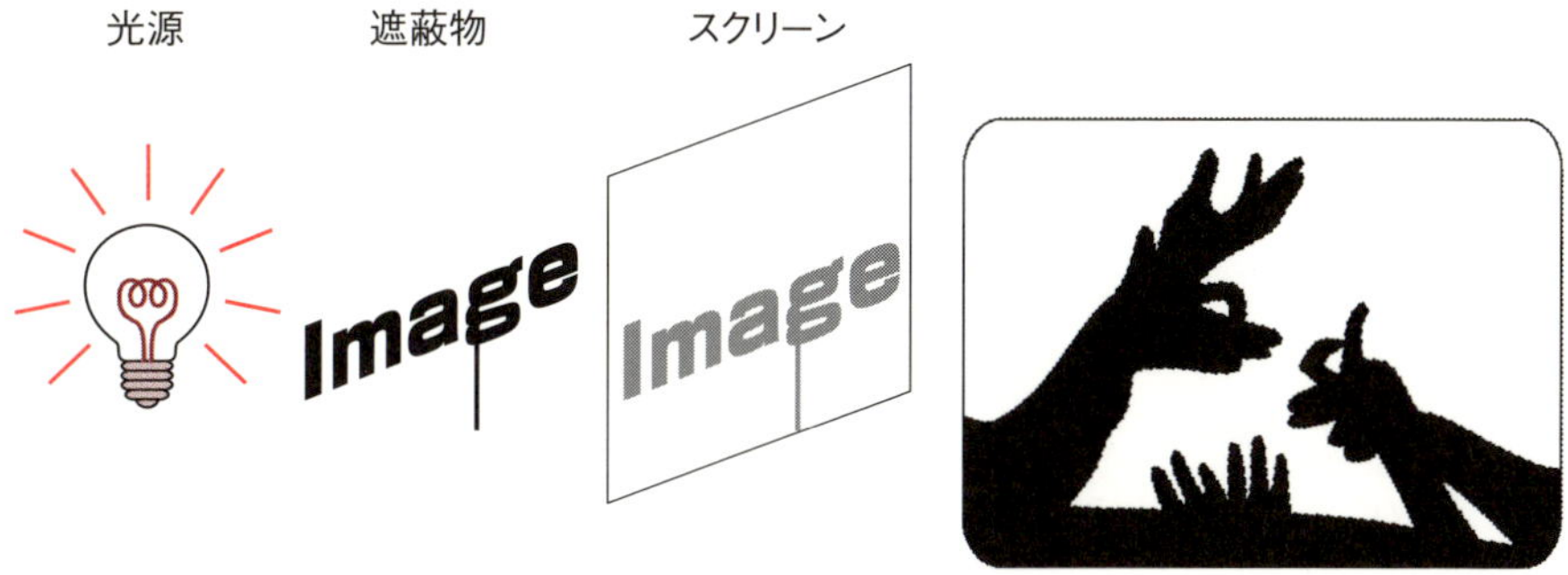


## 液晶の性質

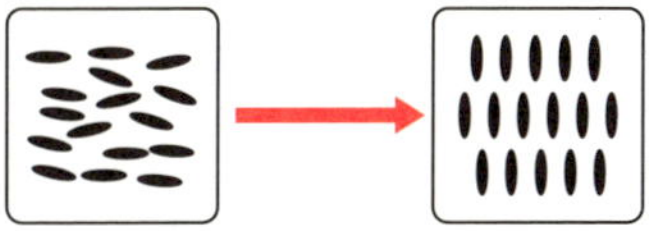

電圧をかけると分子の並び方が変わり、
シャッターの役割を果たす。

## 液晶ディスプレイのカラーフィルターによるカラー化

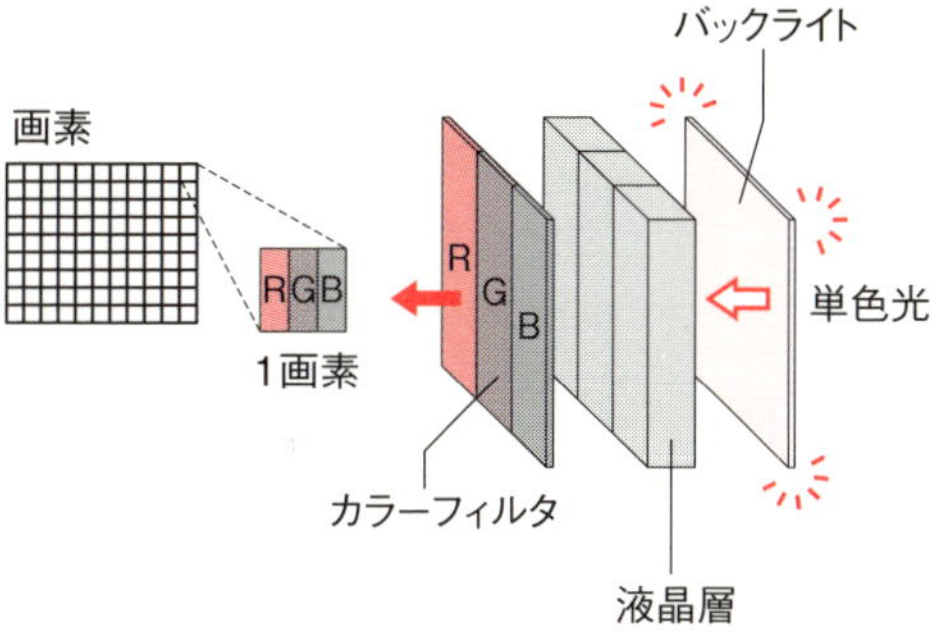


## 代表的なカラーフィルター用の色素

Pigment Red 254

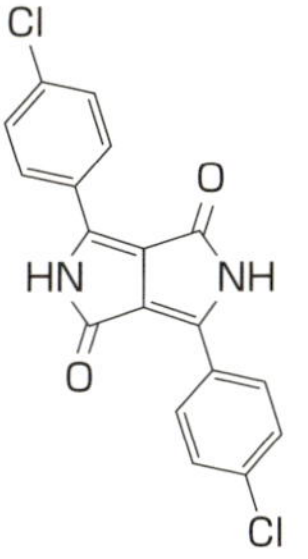

Pigment Blue 15：6

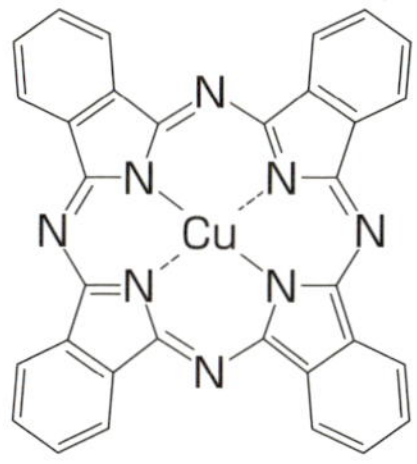

Pigment Green 36

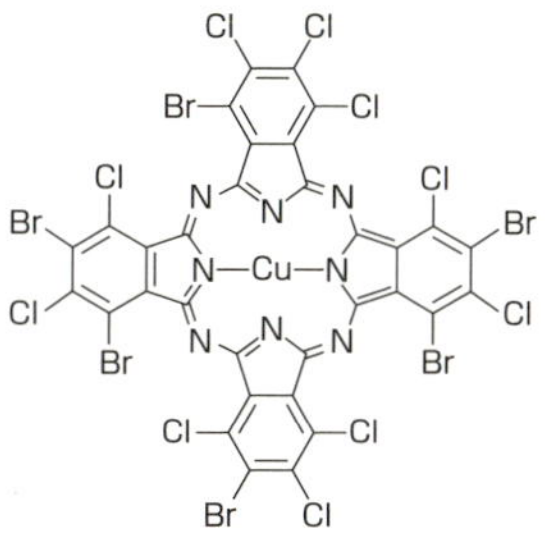

# 63 液晶を支えるバックライト技術

## LEDバックライト

前項（62項）で、液晶ディスプレイは一種の影絵であり、液晶はブラインドシャッターのようなものだと述べました。影絵であれば光源が必要です。液晶ディスプレイにおいてもバックライトとよばれる光源に相当するものがあります。以前は、冷陰極管（CCFL）とよばれる細い蛍光灯のようなものが使われていましたが、現在は低消費電力・長寿命の発光ダイオード（LED）に代替されつつあります。

バックライトでは同時加法混色（22項参照）で白色光をつくります。LEDは、単色光に近いシャープな分光分布を持っています。したがって、白色光を出すには何らかの工夫が必要です。まず、「マルチチップ方式」は、複数色のLEDチップを同一パッケージ内に隣接して発光させ、同時加法混色により白色を得る方式です。補色関係にある二色、例えば、青（B）と黄（Y）のLEDチップを組み合わせる補色方式と、赤（R）、緑（G）、青（B）の三原色のLEDチップを使用し、同時に光らせて混色させることによって白色を得る三原色RGB方式があります。

一方、蛍光励起方式ともいわれる「シングルチップ方式」は、青又はそれよりも波長の短いLEDと蛍光体との組合せで白色を得る方式です。蛍光体に、短波長の照射光（励起光）をあてると、長波長の蛍光（52項参照）が発生します。励起光源のLEDを直接蛍光体で覆うことによって、励起光と蛍光の同時加法混色により白色が合成されます。LEDから青色光を蛍光体に照射して黄色の蛍光を発生させ、補色関係（青と黄）の同時加法混色によって、白を実現するのが「補色蛍光方式」です。励起光として、近紫外あるいは紫色のLEDを用い、R、G、Bの蛍光を発生させるのが「三原色蛍光方式」です。エネルギー効率の点等から、液晶のバックライトの開発は、補色蛍光方式を中心に進められてきました。

**要点BOX**
●液晶バックライトの主流はLED
●白色光をつくるには、補色蛍光方式か三原色蛍光方式

## 液晶ディスプレイの構成

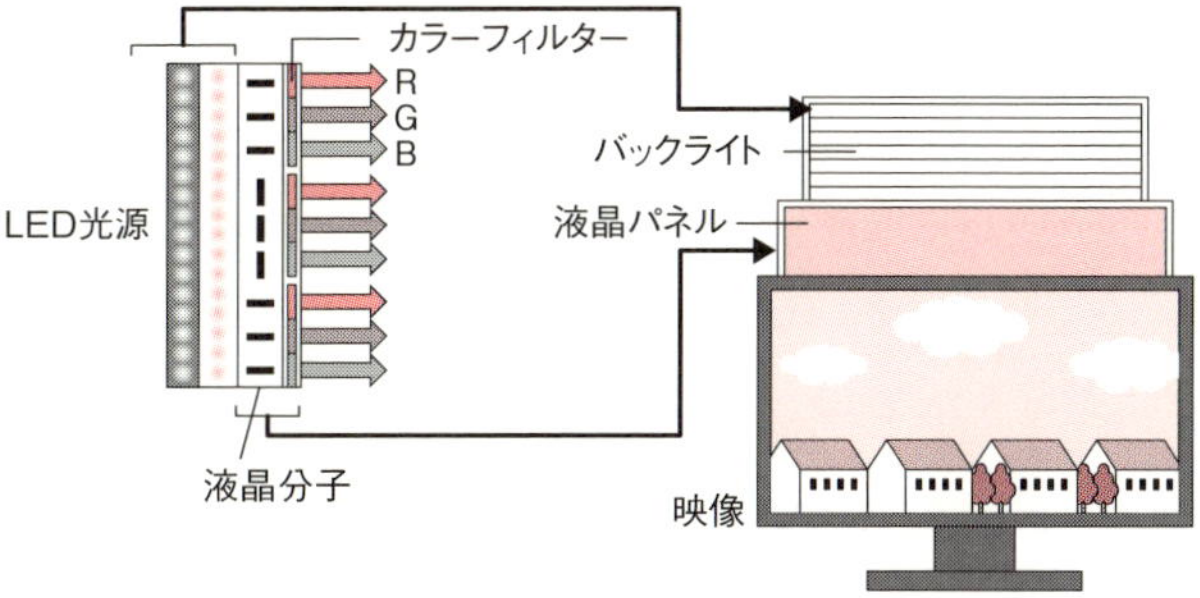


## 各LEDバックライトの原理

| | マルチチップ方式 | シングルチップ方式（蛍光方式） |
|---|---|---|
| 補色方式 B+Y→W | 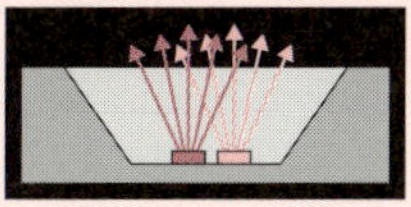 | 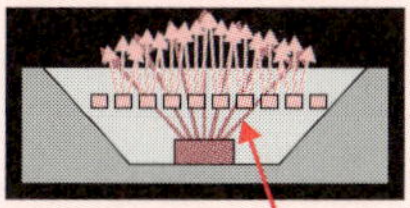 |
| 三原色方式 R+G+B→W | 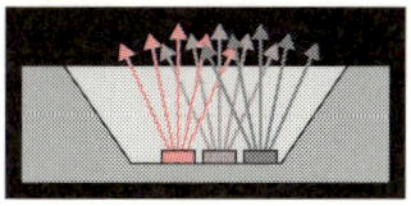 |  |

液晶ディスプレイのバックライトは「補色蛍光方式」を中心に進められてきた。

## 各LEDバックライトの分光分布

| | マルチチップ方式 | シングルチップ方式（蛍光方式） |
|---|---|---|
| 補色方式 B+Y→W | 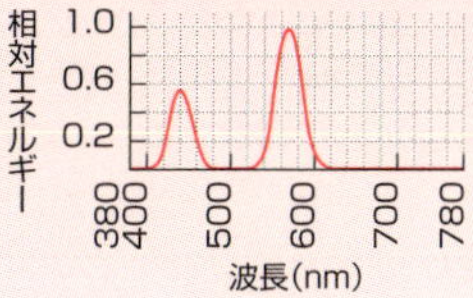 | 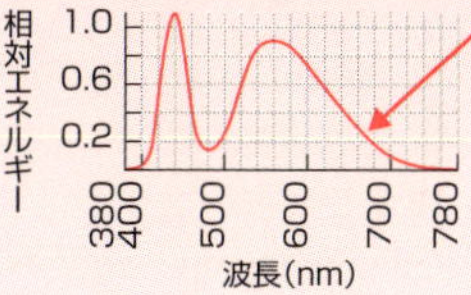 |
| 三原色方式 R+G+B→W | 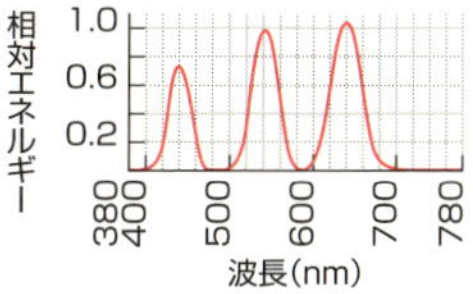 | 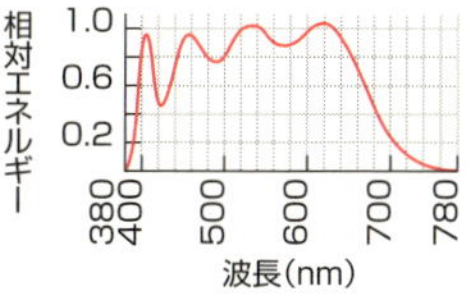 |

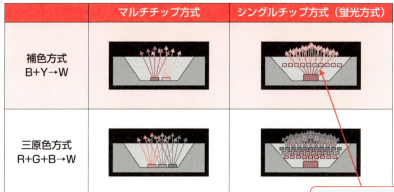

# 64 加法混色による映像の担い手

プロジェクター

プロジェクターは、映画やスライド等の画像を、光源とレンズを用いてスクリーン上に拡大して投影する機械です。プロジェクターの方式は、「透過型液晶方式」、「反射型液晶方式」、「DLP方式」の三つに大別することができます。

まず、「透過型液晶方式」は、透過型液晶パネルを利用してスクリーンに映像を投影する方式です。ホームシアター用プロジェクターとして主流の方式です。映像を映し出す原理は、光源のランプを一旦、光の三原色である赤色光、緑色光、青色光に分解し、透過型液晶パネルで各色の映像をつくった後、プロジェクター内で合成して、レンズから投影するというものです。問題点は、各画素を駆動するための配線が画素間に位置するため、光が透過するときにそれが格子のような影となって映し出されることです。

次は、「反射型液晶方式」です。映像を映し出す原理は透過型液晶と同様ですが、透過型液晶パネルの代わりに反射型液晶パネルを使用するのが特徴です。反射光を利用する方式なので、各画素を駆動するための配線を画素の裏側に設置することができます。そのため、配線等による格子感のない滑らかな映像が得られます。また、高解像度化がしやすくコントラスト比にも優れているので、高精細な画像表示が求められる医療現場、プラネタリウムや3Dシアター等の業務用プロジェクター等、ハイエンド機に採用されています。

最後は、「Digital Light Processing（DLP）方式」です。DLP方式では、半導体の上に画素数分の微小なミラーを形成し、RGBに色分けされた高速回転するカラーホイールを通過した光に対し、ミラーの向きを変えて毎秒5000回以上という高速で光のオン／オフをコントロールして、映像を映し出します。

以上、透過型液晶方式と反射型液晶方式は同時加法混色（22項参照）、DLP方式は継時加法混色（23項参照）による色再現といえます。

**要点BOX**

- 透過型液晶方式と反射型液晶方式とDLP方式
- 透過型液晶方式と反射型液晶方式は同時加法混色、DLP方式は継時加法混色

## 透過型液晶方式

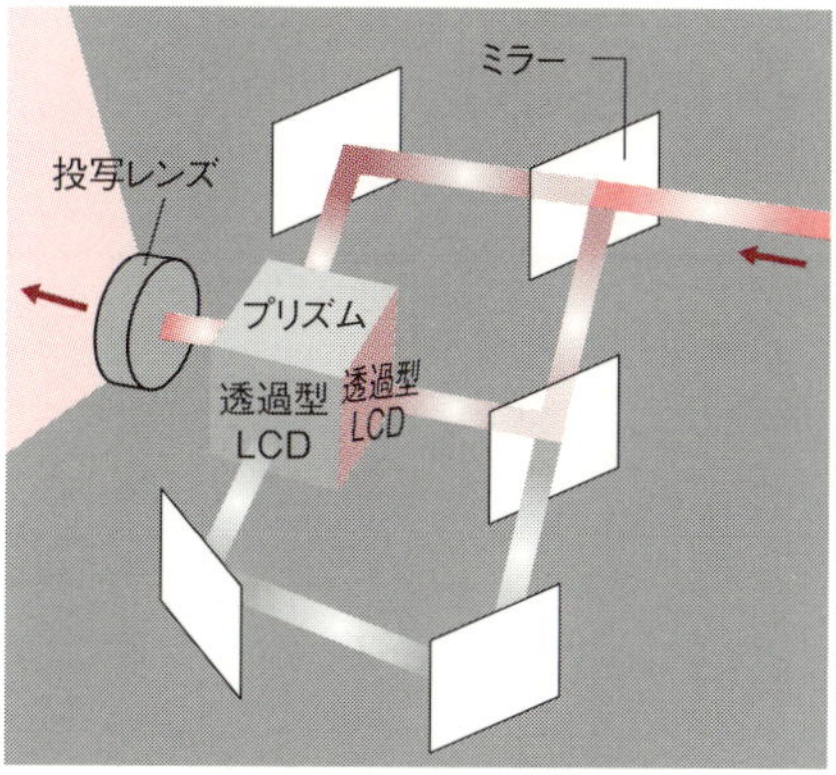


## 反射型液晶方式

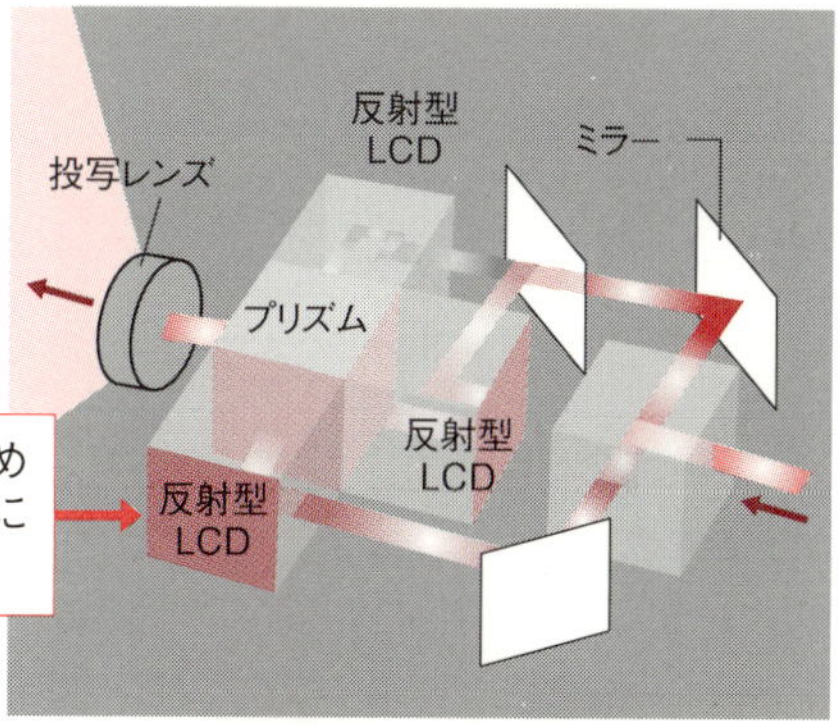


各画素を駆動するための配線を画素の裏側に設置することが可能。



## DLP方式

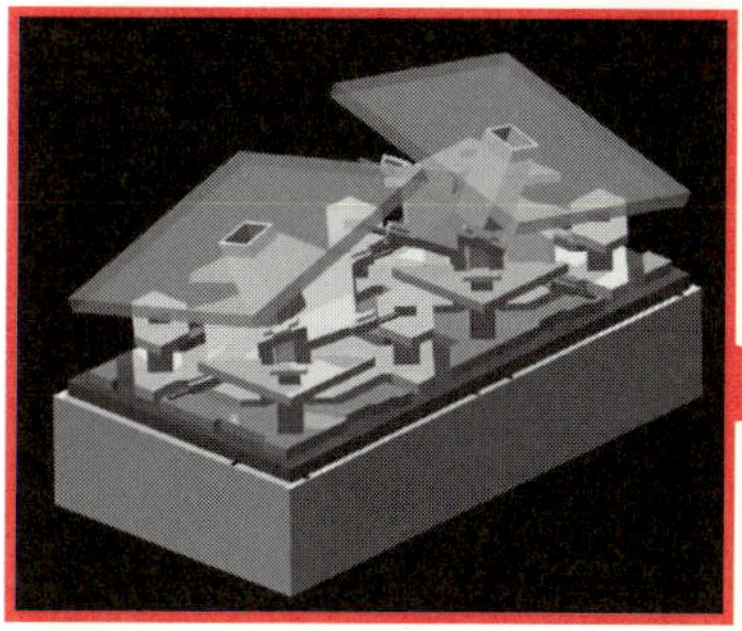

微小ミラー

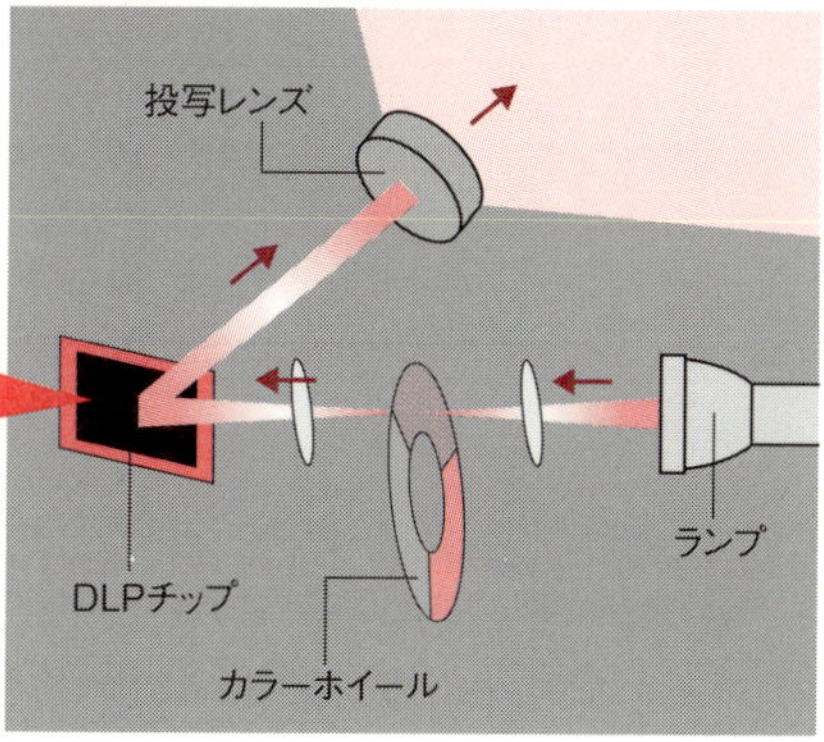

# 65 光の三原色を読み取る

スキャナー

スキャナーは、紙に描かれた文字や絵や写真等を光学的に読み取り、デジタル信号に変換して画像データとして取り込む入力装置です。スキャナーの種類としては、原稿をガラス台の上に置いて読み込むフラットベッドスキャナー、商業印刷用のドラムスキャナー、文書をテキストへ変換するためのドキュメントスキャナー、製本された本や形状が不安定な物体から情報を読み取るのに適した小型のハンディスキャナー等があります。近年ではフラットベッドスキャナーとプリンターの複合機が普及しており、一種のコピー機としても利用できます。またバーコードやQRコード情報を入力するリーダーもスキャナーの一種です。

スキャナーの原稿読み取り方式には二通りあります。「Charge Coupled Devices（CCD）方式」では、白色蛍光ランプの光を原稿にあて、複数のミラーとレンズを用いて、光の反射、集光を繰りかえした後に原稿からの光を撮像素子であるCCDイメージセンサーに導く方式です。装置に一定の大きさが必要ですが、RGBを同時に読み取る高速読み取りが可能です。また、光路長が長く取れるのでピントが合いやすく多少の凹凸がある原稿でも読み取れます。ただし、光源に蛍光ランプを用いているためにウォームアップに時間がかかり、消費電力も大きくなります。

一方、「Contact Image Sensor（CIS）方式」は、R、G、BのLEDからの光を高速で切り替えながら原稿にあてて、原稿に密着させた撮像素子である「Complementary Metal Oxide Semiconductor Image Sensor（CMOS）」イメージセンサーに原稿からの光を直接的に導く方式です。LED、レンズ、センサーが一体化しているので、本体のサイズは小さく、また省電力です。しかし、光源切り換えに時間がかかるため、CCDタイプのものよりも読み取り速度は遅くなります。また、焦点深度が浅く、原稿が原稿台に密着していないとピントが合いにくくなります。

**要点BOX**
- ●原稿の読み取りは、CCD方式とCIS方式
- ●いずれの方式も、RGBを読み取る

## フラットベッドスキャナー（CCD方式）の原理図

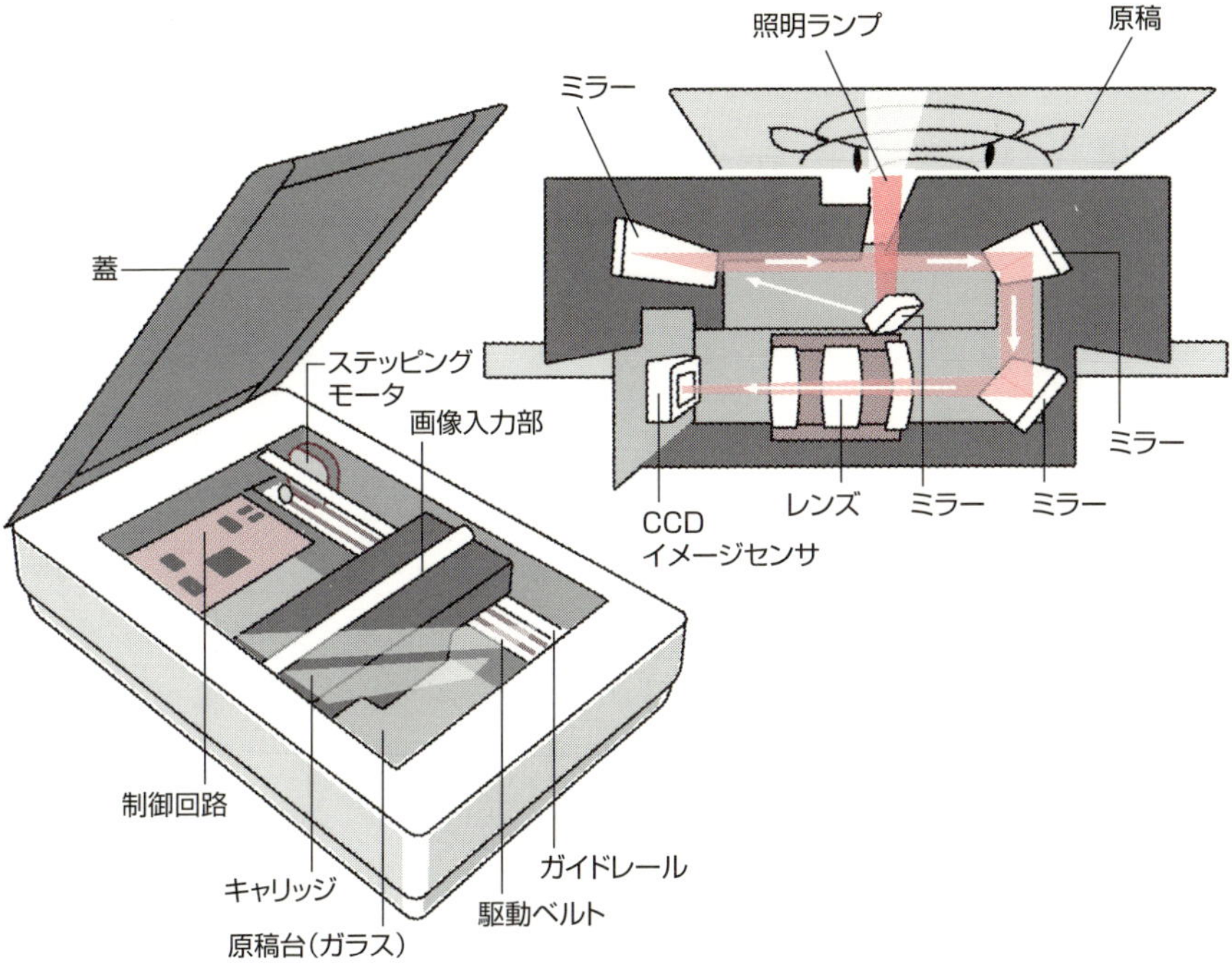




CCD 方式のフラットベッドスキャナーでは、画像を線状に読み取るキャリッジという装置がある。キャリッジにあるリニアイメージセンサーは縦に 1 画素しか入力できないので、キャリッジ全体をモーターで縦方向に移動させながら縦 1 画素分の画像入力を何千回も繰り返して原稿全体を入力する。

## CCD方式とCIS方式の比較

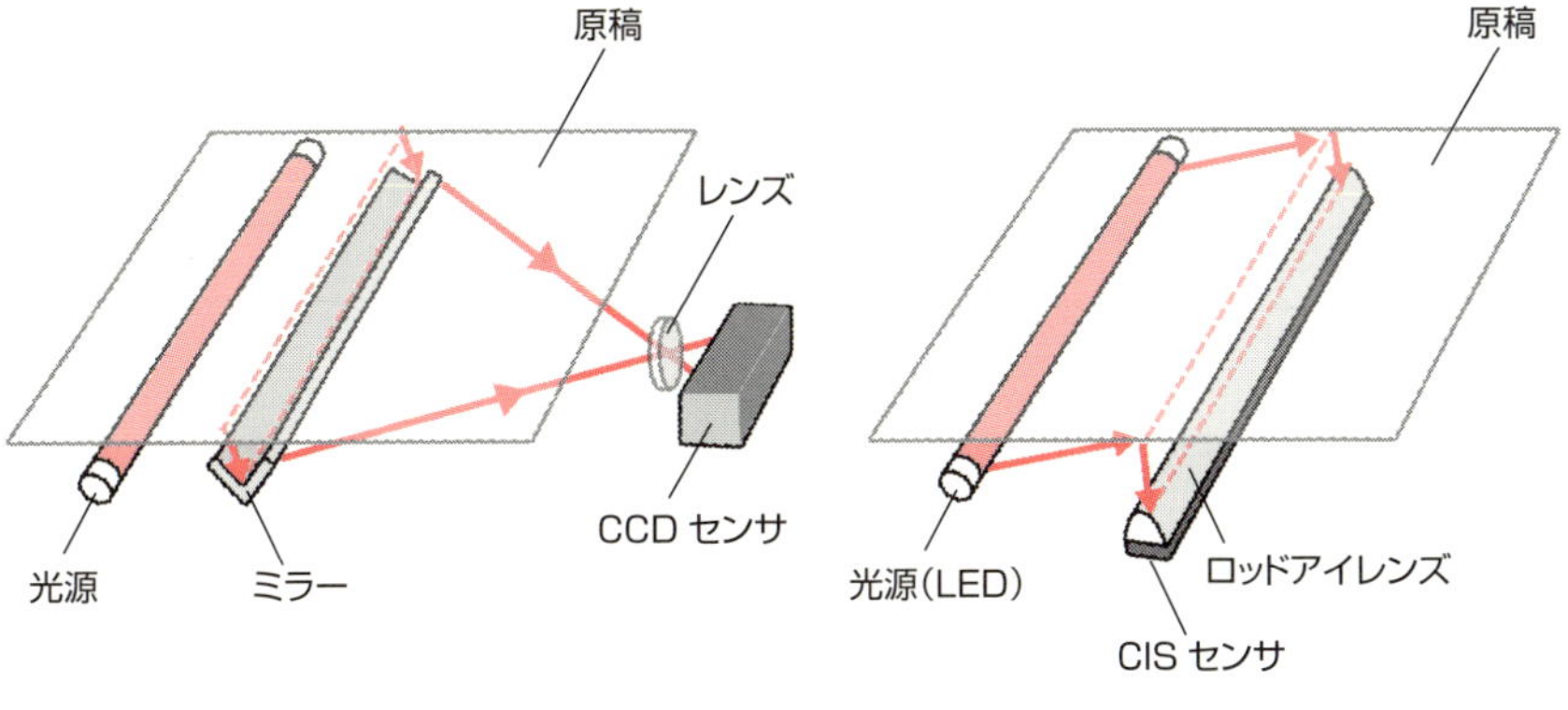

# 66 自ら発光するディスプレイ

有機EL

液晶ディスプレイでは、光源にあたるバックライト部分（63項参照）で同時加法混色（22項参照）によって白色光を合成し、それを液晶層とカラーフィルター（62項参照）によって画素単位で分解し、最終的には並置加法混色（24項参照）によって色を発現しました。光源の段階において画素単位で三原色を発光できれば、もっとずっとシンプルになりそうです。それができるのが有機ELです。液晶自身は光らない、シャッターの役割をするだけだと説明しました（62項参照）が、有機ELは自らが発光するからです。

有機ELディスプレイは、有機EL膜の両側を電極で挟んだ構造になっており、有機EL膜（正孔輸送層＋発光層＋電子輸送層）の両端の電極へ電圧を印加すると、陰極から電子、陽極から正孔が有機EL膜中に流れ込み、発光層で電子と正孔が再結合することで発光します。電気エネルギーを光エネルギーに変換するという点においては、電子写真記録方式の感光体（60項参照）や太陽電池（61項参照）と、まさに逆のことを行っているわけです。

さて、有機ELのカラー化についてです。発光材料が赤色光（R）、緑色光（G）、青色光（B）の三原色を発光できれば、カラーフィルターなしでカラー化が実現できます。しかし、一見シンプルですが、RGB三種類の発光材料を色別に横に正確に配置するとなると、製造工程が複雑でコスト高になります。そこで、RGBの発光材料を積層して縦に配列する方式が考案されています。この方式では、全て同じ性質の発光層を並べればよいのでコスト減につながります。また、発光層を透明電極によって個別にコントロールでき、高解像度も期待できるので、最も注目されている方式です。それ以外では、短波長の光（B）を蛍光体に吸収させ、や中～長波長の光（G、R）を出させるという方式もあります。

要点BOX

- 有機ELは電気エネルギーを光エネルギーに変換
- 有機ELではカラーフィルターなしにカラー化を実現

## 有機ELの発光原理

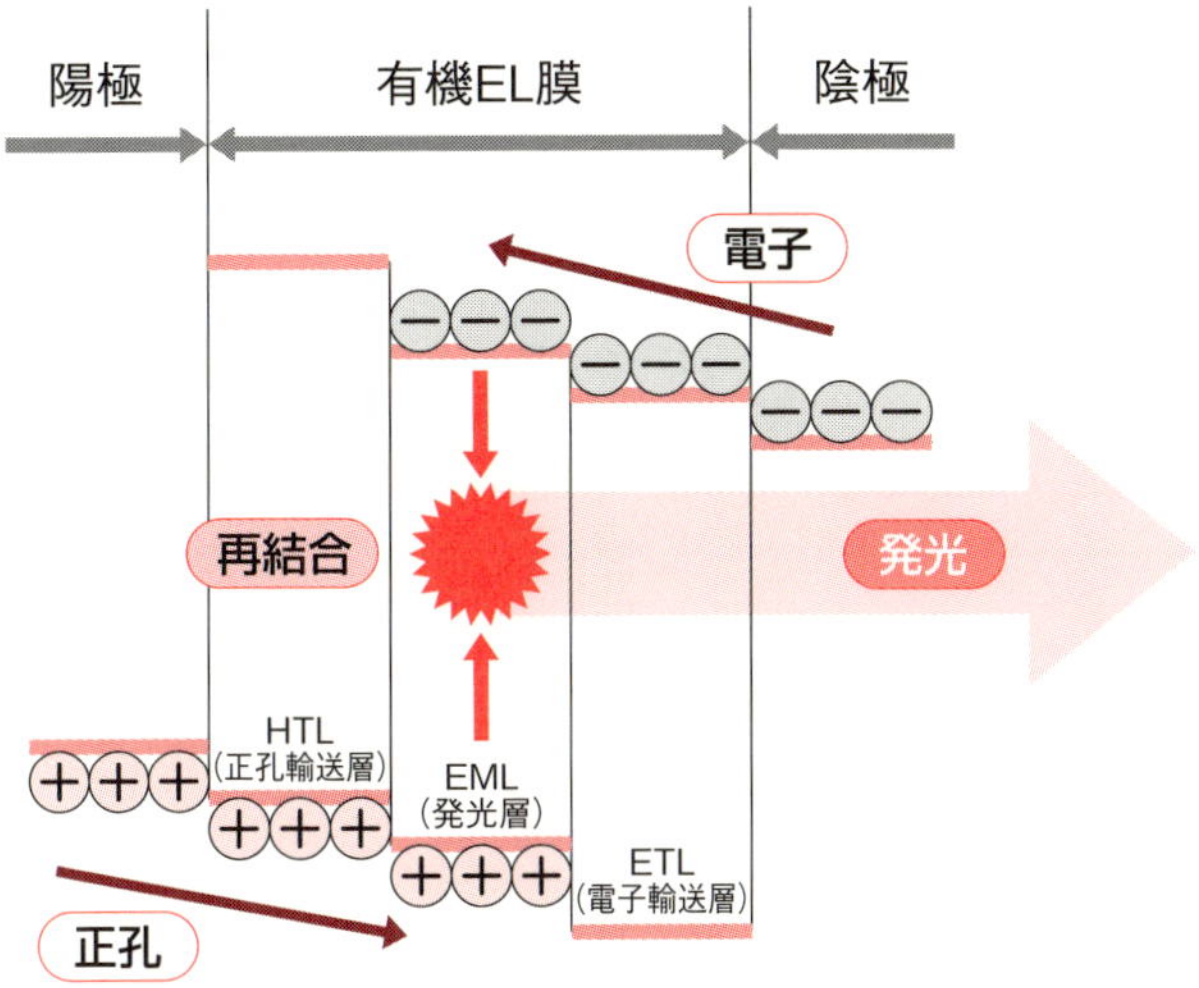


## 有機EL材料

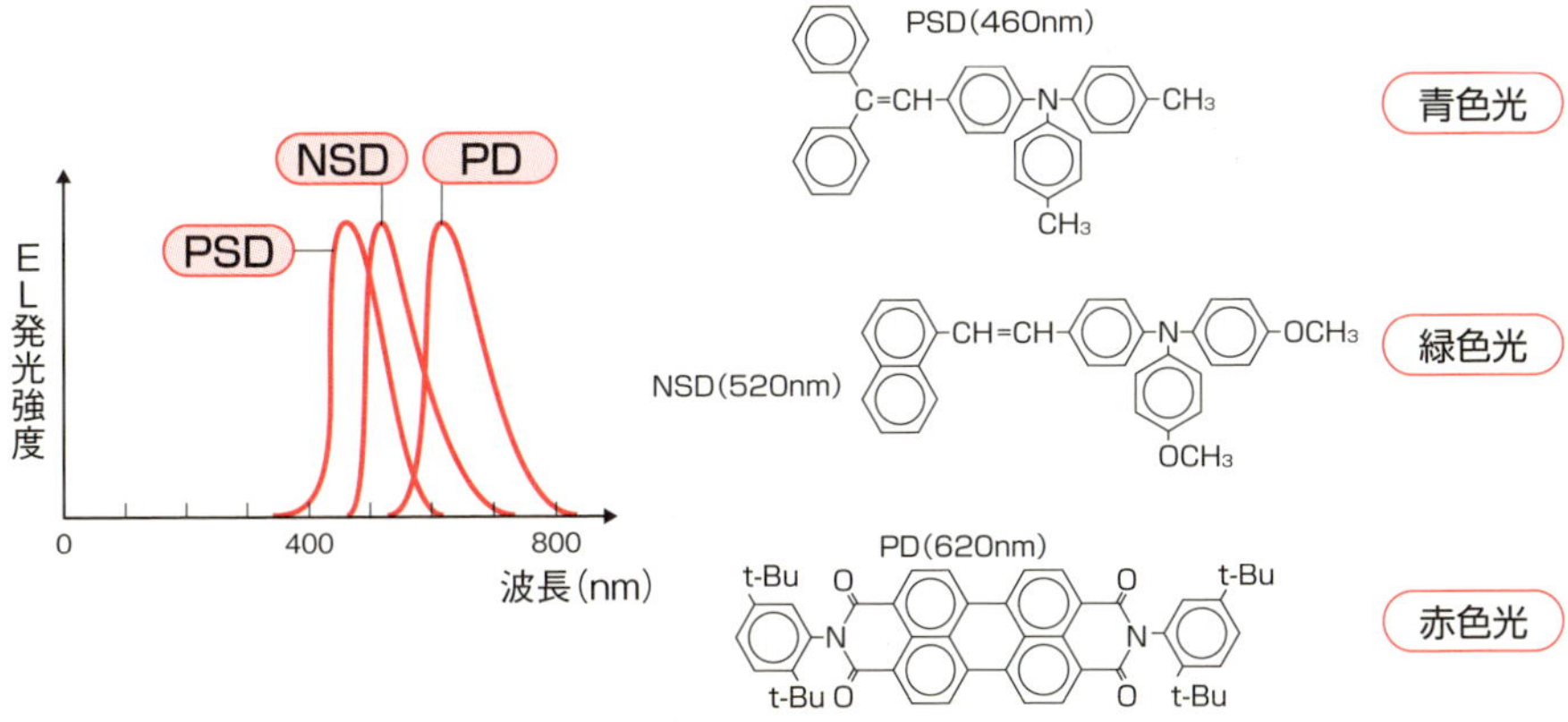

# 67 カラー化を期待される未来の紙

## 電子ペーパー

液晶ディスプレイ（62項参照）のようなバックライトを持たず、有機ELディスプレイ（66項参照）のように自らが発光するわけでもないのに、ディスプレイとして働くものがあります。それが、電子ペーパーです。電子ペーパーは現在、サイネージ、値札、時計等に応用されていますが、一番馴染みがあるのは電子書籍端末ではないでしょうか。電子書籍端末メーカーは、電子ペーパーが液晶ディスプレイに比べて、目に優しいことを盛んにアピールしています。目に優しいとはどういうことでしょうか。一言でいうと、液晶ディスプレイのバックライトや有機ELの発光のように、直接光をみないですむことです。

そのしくみを、電子ペーパーの代表的な方式である「電気泳動方式」で説明します。この方式では、マイクロカプセル中に透明な分散液とプラスに帯電した白色粒子とマイナスに帯電した黒色粒子が封入されています。マイクロカプセルを挟んだ電極間に電界を印加すると帯電粒子はそれぞれ逆の電位方向に移動し、白・黒のコントラストにより文字や画像の表示が可能となります。例えば、背面電極にマイナス電荷パターンを印加するとマイナス帯電の黒色粒子はマイクロカプセルの上部へ移動し、黒色の画像や文字が表現されます。一方、背面電極にプラス帯電を印加した部分では、プラス帯電の白色粒子はマイクロカプセルの上部へ移動し白表示となります。つまり、粒子という物質を移動させ、印刷物と同じように反射光でみているので、目の疲れが緩和されるわけです。

その一方で、発光を伴わないこの方式では、カラー化が難課題となっています。有機ELとは違い自らは光らないので、液晶のようにカラーフィルターを使う方法が検討されています。しかし、反射光だけだとカラーフィルターに大部分の光が吸収されて、十分な明るさを保てないのが現状です。電子ペーパーのカラー化が実現できれば、用途は大きく広がるでしょう。

**要点BOX**

- ●目に優しい電子ペーパー
- ●電子ペーパーの課題はカラー化

## 電子ペーパーの応用例

値札
一種のディスプレイなので紙のように
貼りかえることなく値段の変更が可能。

## マイクロカプセル電気泳動方式の概念図

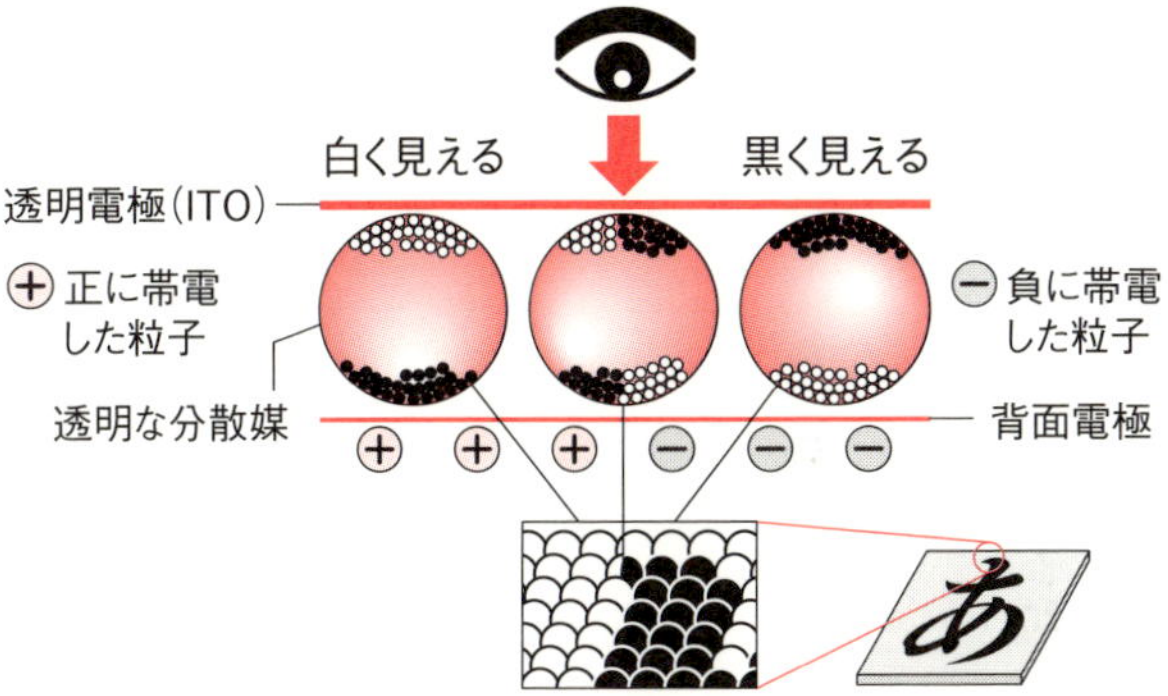


## カラーフィルターを用いた電子ペーパーのカラー化の試み

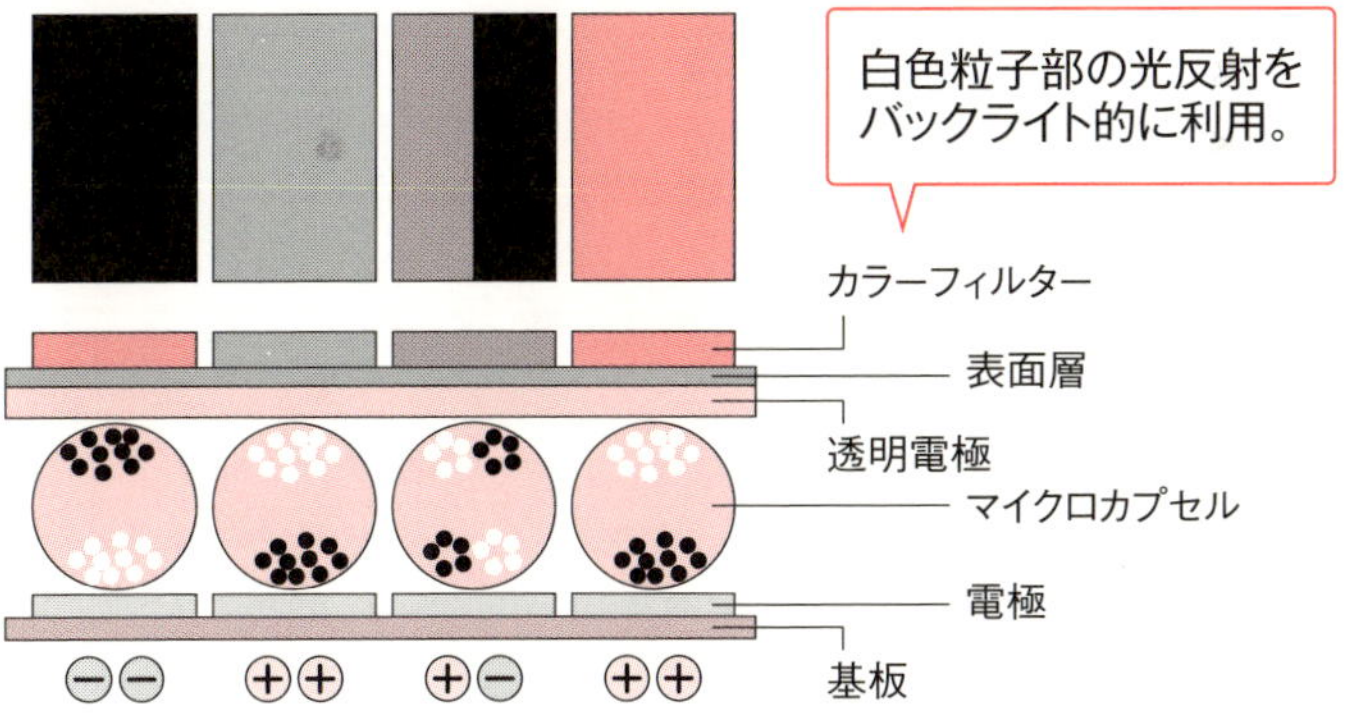

# 68 画像の入力から出力まで

本章のまとめとして、スキャナー（65項参照）による画像の入力から、印刷（57項参照）やプリント（58項参照）による画像出力に至るまでの、カラーマネージメントについて話したいと思います。カラーマネージメントは、スキャナー、ディスプレイ、コンピューター、プリンター、印刷機器等デジタル機器の多様化にともなって困難になってきた機器間の相互の色の伝達を、カラーシステムの変換によって、極力正確に行おうというものです。

例えば、スキャナーではRGBの加法混色でデータを取り込みます。そして、そのデータを可視化するディスプレイもRGBで色再現されます。しかし、紙への出力となると、オフセット印刷や電子写真記録方式ではYMC（K）の減法混色で色が表現されます。したがって、液晶ディスプレイ上でみていた色を印刷すると、違うイメージの色に変わっている、いわゆる「色ずれ」の問題が発生します。これは液晶ディスプレイではRGB、印刷ではYMC（K）といったように、異なる方法で色再現を行っていることに原因があります。例えていえば、英語を日本語への変換する際の翻訳作業がうまくいっていないわけです。カラーマネージメントにおいても、翻訳作業における辞書のように共通のプラットフォームがあると便利です。ここで思い出していただきたいのが、XYZ表色系（30項参照）や$L^*a^*b^*$表色系（32項参照）等の表色系の存在です。

機器の特性に依存しない表色系をカラーベースとして利用することで、色ずれを補正することができます。例えば、YMC（K）で表現されたカラー印刷の紙面をスキャナーで読み取った場合、スキャナーはRGB→$L^*a^*b^*$に変換してデータを記憶します。ディスプレイでは、その$L^*a^*b^*$をRGBに変換した画像が映し出されます。一方、そのデータをレーザープリンターで出力するときは、$L^*a^*b^*$からYMC（K）に変換することで、ある程度正確な色再現が可能になります。

**要点BOX**

- 機器間の相互の色伝達をカラーシステムの変換によって実現
- 表色系をカラーベースとした色ずれを補正

## L*a*b*表色系を利用したカラーマネージメント

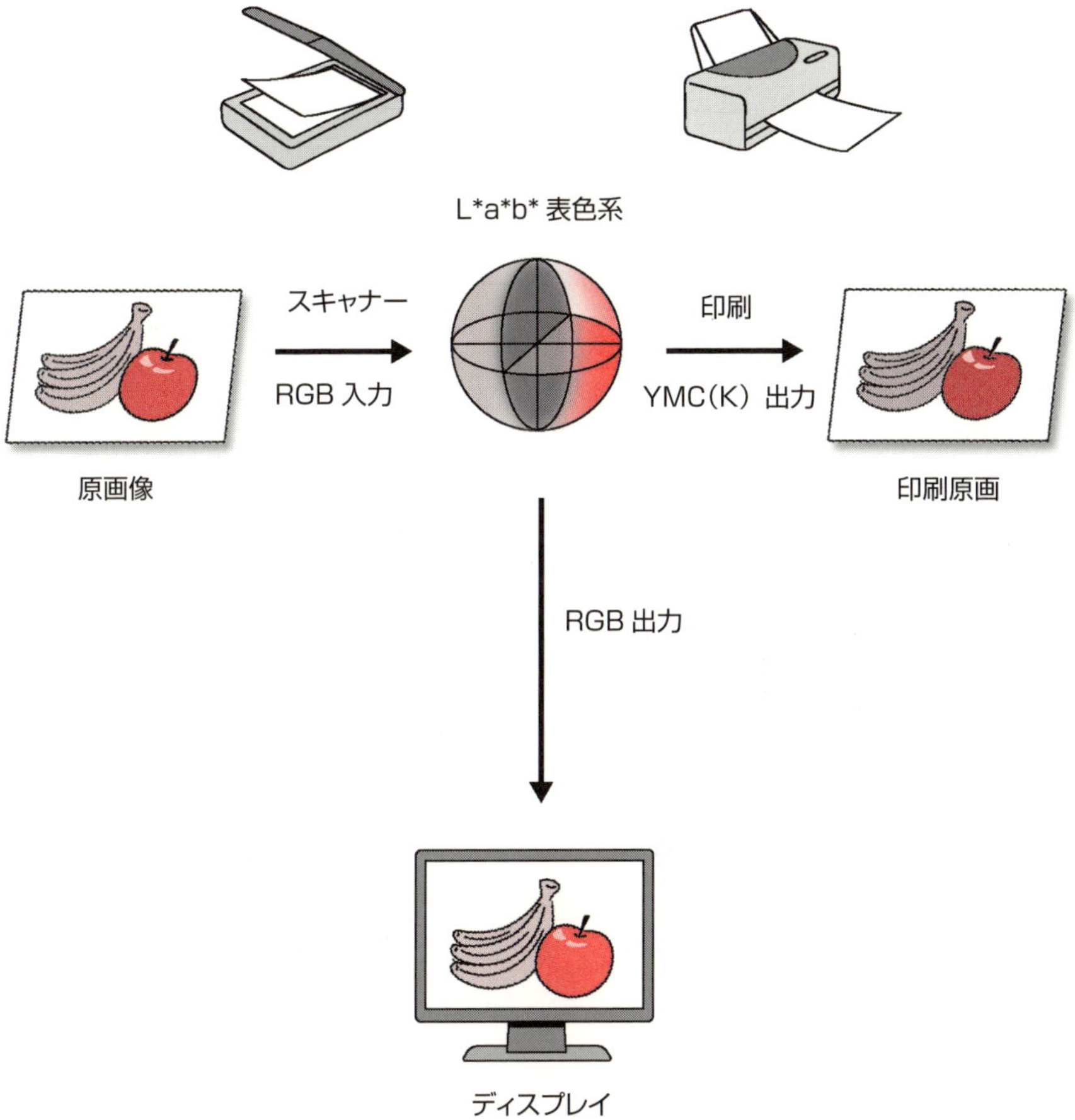

Column

# カラー印刷における ブラック(K)インク

印刷においては、イエロー(Y)、マゼンタ(M)、シアン(C)の他にブラック(K)のインクを用います。色の三原色といわれるように、YMCを均等に混色すれば黒をつくれるので、Kは必要ないように思えます。しかし、印刷においても、電子写真方式においても、インクジェット方式においても、Kを用いているのが現実です。

実際のインクの分光特性は、例えばイエロー(Y)で、青色光領域の透過率が0%で緑色光領域と赤色光領域の透過率が100%といったような単純なものではありません。不透過領域でも透過率は数%あり、透過領域でも透過率は100%には至りません。また、青色光領域と緑色光領域の境界で透過率が急に変化するものではなく、実際は境界部ではなだらかに変化します。したがって、YMCのインクを用いて減法混色しても、全ての波長領域で透過率が均一に下がるのではなく、透過率にある程度の凹凸が残ってしまうことなります。こうなると、YMCのインクだけでは「真っ黒」をつくることができず、どうしても若干の色味が残ってしまいます。そこで、全ての波長領域において透過率が低い材料を用いた黒専用のブラックインクが必要になるわけです。

なお、ブラックインクをKというのには諸説あるようですが、少なくとも黒(Kuro)のKではないようです。外国においても、Kが使用されているからです。印刷で用いられる「Key Plate」のKという説が有力です。いずれにせよ、BlackではBlueと区別できないことが原因となっているでしょう。

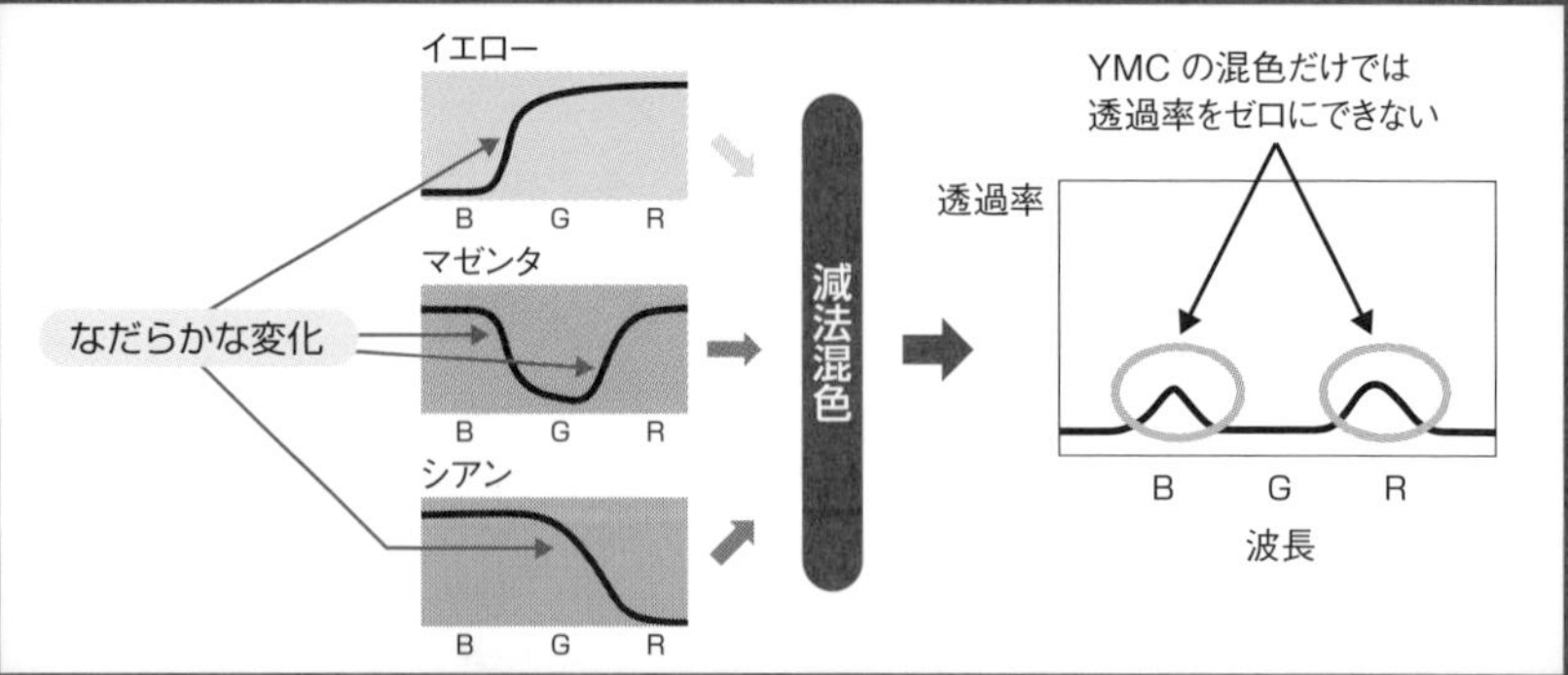

## 【参考文献】

「どうして色は見えるのか」、池田光男、芦澤昌子、平凡社（1992年）
「色彩工学」、大田登、東京電機大学出版局（1993年）
「色彩の科学」、金子隆芳、岩波書店（1988年）
「色彩心理学入門」、大山正、中央公論新社（1994年）
「光と色彩の科学」、齋藤勝裕、講談社（2010年）
「色彩工学入門」、篠田博之、藤枝一郎、森北出版（2007年）
「カラー・マーケティング論」、野村順一、千倉書房（1983年）
「トコトンやさしい染料・顔料の本」、中澄博行、福井寛、日刊工業新聞社（2016年）

## タ



## ナ



## ハ



## マ



## ヤ



## ラ

# 索引

## 英数



## ア



## カ



## サ

今日からモノ知りシリーズ
トコトンやさしい
色彩工学の本

NDC 425.7

2016年9月26日　初版1刷発行


発行者　井水 治博
発行所　日刊工業新聞社
東京都中央区日本橋小網町14-1
(郵便番号103-8548)
電話　書籍編集部　03(5644)7490
販売・管理部　03(5644)7410
FAX　03(5644)7400
振替口座　00190-2-186076
URL　http://pub.nikkan.co.jp/
e-mail　info@media.nikkan.co.jp
印刷・製本　新日本印刷(株)

●DESIGN STAFF
AD────────志岐滋行
表紙イラスト─────黒崎　玄
本文イラスト─────輪島正裕
ブック・デザイン ───奥田陽子
(志岐デザイン事務所)

●
落丁・乱丁本はお取り替えいたします。
2016 Printed in Japan
ISBN　978-4-526-07605-3 C3034


●著者略歴
前田秀一（まえだ しゅういち）

1989年慶應義塾大学理工学研究科修士課程修了。同年王子製紙株式会社入社。同社研究所にて情報記録用紙、電子ペーパー、光学部材等の研究開発に従事。1992～1994年英国Sussex大学高分子科博士課程にて、導電性高分子のコロイド化の研究に従事。2010年より東海大学工学部光・画像工学科にて、電子ペーパー用表示材料、金属ナノ粒子薄膜、3Dスクリーンの研究を開始。技術士（化学部門、総合技術監理部門）。Ph.D.（Sussex大学）。

現在、東海大学工学部光・画像工学科教授。高分子学会（印刷・情報記録・表示研究会運営委員）、日本技術士会（化学部会幹事、広報委員）、International Display Workshop（実行委員）、日本画像学会（学会誌編集委員）、加飾技術研究会（理事、会長）。

●主な著書
「電子ペーパーの最新技術と動向」シーエムシー出版、2004（共著）
「適用事例にみる高分子材料の最先端技術」工業調査会、2007（共著）
「デジタルプリンタ技術－電子ペーパー」東京電機大学出版局、2008（共著）
「電子ペーパーの最新技術動向と応用展開」シーエムシー出版、2011（共著）
「化学系JABEE修了者・修了予定者のためのキャリア形成ハンドブック」納諾相研究所、2011（共著）
「新商品開発における【高級・上質・本物】感を付与・演出する技術」技術情報協会、2012（共著）
「化学便覧　応用化学編　第7版」丸善、2014（共著）
等